# 复变函数与积分变换

主　编　王诗云　王晓远　王利岩

北京理工大学出版社
BEIJING INSTITUTE OF TECHNOLOGY PRESS

## 内 容 简 介

本书共分为 8 章,第 1~5 章为复变函数内容,包括复数、复变函数、复变函数的积分、级数、留数;第 6、7 章为积分变换内容,包括傅里叶变换、拉普拉斯变换;第 8 章为复变函数的 MATLAB 基本操作.每节配有相关的实际应用问题;每章配有相应习题及数学文化赏析,数学文化赏析主要介绍对本章内容有突出贡献的数学家;书后配有习题答案和 3 个附录,附录分别为区域变换表、傅里叶变换简表和拉普拉斯变换简表,方便读者查阅.

本书可作为高等院校"复变函数""复变函数与积分变换"课程的本科教材或参考书,建议学时为 48 学时.

### 图书在版编目(CIP)数据

复变函数与积分变换 / 王诗云,王晓远,王利岩主编. -- 北京:北京理工大学出版社,2023.4
ISBN 978 - 7 - 5763 - 2287 - 3

Ⅰ.①复… Ⅱ.①王… ②王… ③王… Ⅲ.①复变函数 - 高等学校 - 教材②积分变换 - 高等学校 - 教材 Ⅳ.①O174.5②O177.6

中国国家版本馆 CIP 数据核字(2023)第 066232 号

出版发行 / 北京理工大学出版社有限责任公司
社　　址 / 北京市海淀区中关村南大街 5 号
邮　　编 / 100081
电　　话 / (010) 68914775(总编室)
　　　　　 (010) 82562903(教材售后服务热线)
　　　　　 (010) 68944723(其他图书服务热线)
网　　址 / http://www.bitpress.com.cn
经　　销 / 全国各地新华书店
印　　刷 / 涿州市新华印刷有限公司
开　　本 / 787 毫米 × 1092 毫米　1/16
印　　张 / 12.5
字　　数 / 286 千字
版　　次 / 2023 年 4 月第 1 版　2023 年 4 月第 1 次印刷
定　　价 / 85.00 元

责任编辑 / 陈莉华
文案编辑 / 陈莉华
责任校对 / 周瑞红
责任印制 / 李志强

# 前 言 PREFACE

党的二十大报告对于教育的战略地位进行了充分的肯定和强调,其中提出"加强基础学科、新兴学科、交叉学科建设,加快建设中国特色、世界一流的大学和优势学科""加强教材建设和管理";还提到"统筹职业教育、高等教育、继续教育协同创新""推进职普融通、产教融合、科教融汇".党的二十大报告对高等教育提出的新要求,是挑战也是机遇,高等教育对人才的培养模式也应逐步由主要传授理论知识向创新性人才和应用型人才的培养模式转变.

面对当今科学技术的飞速发展以及对多学科融合的需求,更好地为国家培养高级创新型人才是广大数学教师的责任与追求."复变函数"一直是高校某些工科类专业的必修课程,与"高等数学"紧密联系,而且在力学、电学、信号处理、自动控制、图形图像处理等领域有着重要的应用.所以如何将"复变函数"与各专业课程相融合,促进"复变函数"课堂教学效果,更好地为各专业服务,是有必要思考与探索的问题.编者长期从事"复变函数"的教学工作,在对该课程的教学研究中融合了某些后继专业课程以及其他实践中的问题.因此,本书吸收了众多优秀教材和文献的研究成果,以几经修订的讲义为基础,并结合编者多年的教学经验编撰而成.

本书主要包括复变函数、积分变换和数学实验这三方面的内容.复变函数部分,大多数内容承袭了复变函数理论的主要内容以及展开和叙述方式,个别知识点的引入和证明中可感受到编者思考加工的痕迹,在每一节的后面,都配有一定量的应用例题,将本节知识点在其他学科的应用中显现一二,这也体现了我们编写本书的一个初衷,也是本书的一个特点.积分变换部分,主要介绍了傅里叶变换和拉普拉斯变换的主要理论,并将傅里叶变换和拉普拉斯变换简表作为附录方便读者查找.数学实验部分,介绍了本书涉及的主要理论的 MATLAB 实现命令.

由于编者水平有限,书中难免有不足和疏漏之处,恳请读者批评指正.

编 者
2023 年 5 月

# 目 录 CONTENTS

# 第1章 复数

本章主要介绍复数的概念和表示方法、复数的四则运算、复数的乘幂与方根运算，以及区域的概念.

## 1.1 复数及其表示方法

### 1.1.1 基本定义

初等代数里，我们已经知道在实数范围内方程 $x^2 = -1$ 是无解的. 由于解方程的需要，人们引进一个新数 i，规定 $i^2 = -1$，并称 i 为**虚数**单位，从而扩充了数域.

对于任意实数 $x$ 和 $y$，称 $x + yi$ 或 $x + iy$ 为复数，即复数 $z$ 可记为 $z = x + yi$ 或 $z = x + iy$，称 $x$ 为复数 $z$ 的**实部**，$y$ 为复数 $z$ 的**虚部**，分别记为 $x = \text{Re}(z)$，$y = \text{Im}(z)$. 当 $x = 0$ 时，$z$ 为**纯虚数**；当 $y = 0$ 时，$z$ 为实数.

两个复数 $z_1 = x_1 + iy_1$ 和 $z_2 = x_2 + iy_2$ 相等，当且仅当 $x_1 = x_2$ 和 $y_1 = y_2$ 同时成立. 对于两个复数 $z_1 = x_1 + iy_1$ 和 $z_2 = x_2 + iy_2$ 的代数运算定义如下：

加法公式

$$z_1 + z_2 = (x_1 + iy_1) + (x_2 + iy_2) = (x_1 + x_2) + i(y_1 + y_2).$$

减法则定义为加法的逆运算，即

$$z_1 - z_2 = (x_1 + iy_1) - (x_2 + iy_2) = (x_1 - x_2) + i(y_1 - y_2).$$

乘法公式

$$z_1 \cdot z_2 = (x_1 + iy_1)(x_2 + iy_2) = (x_1 x_2 - y_1 y_2) + i(x_1 y_2 + y_1 x_2).$$

我们称实部相同而虚部互为相反数的两个复数为共轭复数. 记 $z$ 的共轭复数为 $\bar{z}$. 设复数 $z = x + iy$，则称 $x - iy$ 为复数 $z$ 的**共轭复数**，记作 $\bar{z} = x - iy$.

计算共轭复数 $x + iy$ 与 $x - iy$ 的乘积为

$$(x + iy)(x - iy) = x^2 + y^2,$$

即两个共轭复数的乘积是一个实数.

除法公式

$$\frac{z_1}{z_2} = \frac{x_1 + iy_1}{x_2 + iy_2} = \frac{(x_1 + iy_1)(x_2 - iy_2)}{(x_2 + iy_2)(x_2 - iy_2)} = \frac{x_1 x_2 + y_1 y_2}{x_2^2 + y_2^2} + i\frac{x_2 y_1 - x_1 y_2}{x_2^2 + y_2^2}.$$

不难证明，复数的运算和实数情形一样，也满足交换律、结合律、分配律等.

(1) $z_1 + z_2 = z_2 + z_1$，$z_1 z_2 = z_2 z_1$；

(2) $(z_1 + z_2) + z_3 = z_1 + (z_2 + z_3)$，$z_1 \cdot (z_2 \cdot z_3) = (z_1 \cdot z_2) \cdot z_3$；

(3) $z_1 \cdot (z_2 + z_3) = z_1 \cdot z_2 + z_1 \cdot z_3$.

容易证明共轭复数有如下性质:

(1) $\overline{\overline{z}} = z$, $\overline{z_1 \pm z_2} = \overline{z_1} \pm \overline{z_2}$, $\overline{z_1 \cdot z_2} = \overline{z_1} \cdot \overline{z_2}$, $\overline{\left(\dfrac{z_1}{z_2}\right)} = \dfrac{\overline{z_1}}{\overline{z_2}}$;

(2) $z \cdot \overline{z} = [\operatorname{Re}(z)]^2 + [\operatorname{Im}(z)]^2$;

(3) $z + \overline{z} = 2\operatorname{Re}(z)$, $z - \overline{z} = 2\mathrm{i}\operatorname{Im}(z)$.

### 1.1.2 实数对表示法

由于一个复数 $z = x + \mathrm{i}y$ 由一对有序实数 $(x, y)$ 唯一确定,所以对于平面上给定的直角坐标系,复数的全体与该平面上的点的全体成一一对应关系,从而复数 $z = x + \mathrm{i}y$ 可以用该平面上坐标为 $(x, y)$ 的点来表示,这是复数的一个常用表示方法. 此时,$x$ 轴称为**实轴**,$y$ 轴称为**虚轴**,两轴所在的平面称为**复平面**或 $z$ **平面**. 这样,复数与复平面上的点成一一对应关系,并且把"点 $z$"作为"数 $z$"的同义词,从而使我们能借助于几何语言和方法研究复变函数的问题,也为复变函数应用于实际奠定了基础.

在复平面上,复数 $z$ 还与从原点指向点 $z = x + \mathrm{i}y$ 的平面向量一一对应,因此复数 $z$ 也能用向量 $\overrightarrow{OP}$ 来表示(图 1.1). 向量的长度称为 $z$ 的**模**或**绝对值**,记作

$$|z| = r = \sqrt{x^2 + y^2}.$$

显然,下列各式成立:

$$|x| \leqslant |z|, \quad |y| \leqslant |z|, \quad |z| \leqslant |x| + |y|, \quad z\overline{z} = |z|^2 = |z^2|.$$

根据复数的运算法则可知,两个复数 $z_1$ 和 $z_2$ 的加、减法运算和相应向量的加、减法运算一致(图 1.2). 我们又知道,$|z_1 - z_2|$ 表示点 $z_1$ 与 $z_2$ 之间的距离(图 1.3),因此由图 1.2 和图 1.3,有

$$|z_1 + z_2| \leqslant |z_1| + |z_2| \text{(三角不等式)},$$
$$|z_1 - z_2| \geqslant \|z_1| - |z_2\|.$$

图 1.1

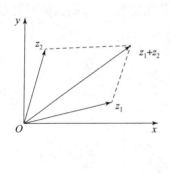

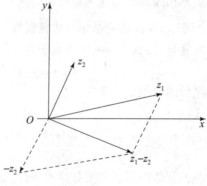

图 1.2

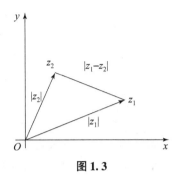

图 1.3

### 1.1.3 三角表示法与指数表示法

当 $z \neq 0$ 时，以正实轴为始边，以表示 $z$ 的向量 $\overrightarrow{OP}$ 为终边的角的弧度数 $\theta$ 称为 $z$ 的辐角（argument），记作

$$\mathrm{Arg}(z) = \theta.$$

这时，有 $\tan[\mathrm{Arg}(z)] = \dfrac{y}{x}$. 我们知道，任何一个复数 $z \neq 0$ 有无穷多个辐角. 如果 $\theta_1$ 是其中的一个，那么 $z$（$\neq 0$）的全部辐角可表示为 $\mathrm{Arg}(z) = \theta_1 + 2k\pi$（$k$ 为任意整数）. 当 $z = 0$ 时，$|z| = 0$，而辐角不确定. 在 $z$（$\neq 0$）的辐角中，我们把满足 $-\pi < \theta_0 \leqslant \pi$ 的 $\theta_0$ 称为 $\mathrm{Arg}(z)$ 的主值，记作 $\theta_0 = \arg(z)$. 即

$$\mathrm{Arg}(z) = \arg(z) + 2k\pi (k \text{ 为任意整数}).$$

辐角的主值 $\arg(z)(z \neq 0)$ 可以由反正切 $\arctan \dfrac{y}{x}$ 按下列关系来确定：

$$\arg(z)(z \neq 0) = \begin{cases} \arctan \dfrac{y}{x}, & x > 0; \\[2mm] \pm \dfrac{\pi}{2}, & x = 0, y \neq 0; \\[2mm] \arctan \dfrac{y}{x} \pm \pi, & x < 0, y \neq 0; \\[2mm] \pi, & x < 0, y = 0. \end{cases}$$

其中 $-\dfrac{\pi}{2} < \arctan \dfrac{y}{x} < \dfrac{\pi}{2}$.

由于一对共轭复数 $z$ 和 $\bar{z}$ 在复平面内的位置是关于实轴对称的（图 1.4），因而 $|z| = |\bar{z}|$，如果 $z$ 不在负实轴和原点上，还有

$$\arg(z) = -\arg(\bar{z}).$$

利用直角坐标系与极坐标系的关系，可知

$$x = r\cos\theta, \quad y = r\sin\theta.$$

这样，还可以把 $z$ 表示成下面的形式：

$$z = r(\cos\theta + i\sin\theta),$$

称为复数的**三角表示式**，其中 $r$ 为 $z$ 的模，$\theta$ 为 $z$ 的一个辐

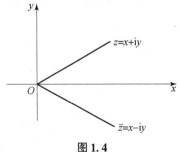

图 1.4

角. 再利用**欧拉（Euler）**公式：

$$e^{i\theta} = \cos\theta + i\sin\theta,$$

于是又可以得到

$$z = re^{i\theta},$$

这种表示形式称为复数的**指数表示式**. 此时，

$$\bar{z} = r(\cos\theta - i\sin\theta) = r[\cos(-\theta) + i\sin(-\theta)] = re^{-i\theta}.$$

复数的各种表示法可以互相转换，以适应讨论不同问题时的需要.

**例1** 求下列复数的辐角主值和全部辐角：$-1$，$i$，$3+4i$.

**解**

$$\arg(-1) = \pi, \quad \text{Arg}(-1) = \pi + 2k\pi(k = 0, \pm1, \pm2, \cdots)$$

$$\arg(i) = \frac{\pi}{2}, \quad \text{Arg}(-1) = \frac{\pi}{2} + 2k\pi(k = 0, \pm1, \pm2, \cdots)$$

$$\arg(3+4i) = \arctan\frac{4}{3}, \quad \text{Arg}(3+4i) = \arctan\frac{4}{3} + 2k\pi(k = 0, \pm1, \pm2, \cdots)$$

**例2** 把复数 (1) $z = -1 + \sqrt{3}i$ 与 (2) $z = \sin\frac{\pi}{5} + i\cos\frac{\pi}{5}$ 用三角式和指数式表示出来.

**解** (1) 原式为代数式，其模 $r = \sqrt{(-1)^2 + (\sqrt{3})^2} = 2$，由于此点在第二象限，所以辐角主值 $\varphi = \pi + \arctan\left(\frac{\sqrt{3}}{-1}\right) = \frac{2\pi}{3}$，所以指数表示式为 $z = 2e^{i\frac{2}{3}\pi}$.

(2) 显然，$r = |z| = 1$，由

$$\sin\frac{\pi}{5} = \cos\left(\frac{\pi}{2} - \frac{\pi}{5}\right) = \cos\frac{3}{10}\pi,$$

$$\cos\frac{\pi}{5} = \sin\left(\frac{\pi}{2} - \frac{\pi}{5}\right) = \sin\frac{3}{10}\pi,$$

故 $z$ 的三角表示式为 $z = \cos\frac{3}{10}\pi + i\sin\frac{3}{10}\pi$，$z$ 的指数表示式为 $z = e^{\frac{3}{10}\pi i}$.

### 1.1.4 复球面

除了用平面内的点或向量来表示复数外，还可以用球面上的点来表示复数. 现在我们来介绍这种表示方法.

取一个与复平面相切于原点 $z = 0$ 的球面，球面上的一点 $S$ 与原点重合（图1.5）. 通过 $S$ 作垂直于复平面的直线与球面相交于另一点 $N$. 我们称 $N$ 为北极，$S$ 为南极.

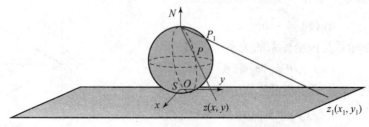

**图1.5**

对于复平面内的任何一点 $z$，如果用一直线段把点 $z$ 与北极 $N$ 连接起来，那么该直线段一定与球面相交于异于 $N$ 的一点 $P$. 反过来，对于球面上任何一个异于 $N$ 的点 $P$，用一直线段把 $P$ 与 $N$ 连接起来，这条直线段的延长线就与复平面相交于一点 $z$. 这就说明：球面上的点，除去北极 $N$ 外，与复平面内的点之间存在着一一对应的关系. 前面已经讲过，复数可以看作是复平面内的点，因此球面上的点，除去北极 $N$ 外，与复数一一对应. 所以我们就可以用球面上的点来表示复数.

但是，对于球面上的北极 $N$，还没有复平面内的一个点与它对应. 从图 1.5 中容易看到，当 $z$ 点无限地远离原点时，或者说，当复数 $z$ 的模 $|z|$ 无限地变大时，点 $P$ 就无限地接近于 $N$. 为了使复平面与球面上的点无例外地都能一一对应起来，我们规定：复平面上有一个唯一的"无穷远点"，它与球面上的北极 $N$ 相对应. 相应地，我们又规定：复数中有唯一的"无穷大"与复平面上无穷远点相对应，并把它记作∞. 因而球面上的北极 $N$ 就是复数无穷大（∞）的几何表示. 这样一来，球面上的每一个点，就有唯一的一个复数与它对应，这样的球面称为复球面.

我们把包括无穷远点在内的复平面称为**扩充复平面**. 不包括无穷远点在内的复平面称为**有限平面**，或者就称为**复平面**. 对于复数∞来说，实部、虚部与辐角的概念均无意义. 但它的模则规定为正无穷大，即 $|\infty| = +\infty$. 对于其他每一个复数 $z$ 则有 $|z| < +\infty$.

复球面能把扩充复平面的无穷远点明显地表示出来，这就是它比复平面优越的地方. 为了今后的需要，关于∞四则运算做如下规定：

加法：$\alpha + \infty = \infty + \alpha = \infty (\alpha \neq \infty)$；

减法：$\alpha - \infty = \infty - \alpha = \infty (\alpha \neq \infty)$；

乘法：$\alpha \cdot \infty = \infty \cdot \alpha = \infty (\alpha \neq 0)$；

除法：$\dfrac{\alpha}{\infty} = 0 (\alpha \neq \infty), \dfrac{\infty}{\alpha} (\alpha \neq \infty) = \infty, \dfrac{\alpha}{0} = \infty (\alpha \neq 0,$ 但可为∞$)$.

至于其他运算：$\infty \pm \infty$，$0 \cdot \infty$，$\dfrac{\infty}{\infty}$，我们不规定其意义. 像在实变数中一样，$\dfrac{0}{0}$ 仍然不确定.

我们引进的扩充复平面与无穷远点，在很多讨论中，能够带来方便与和谐. 但在本书以后各处，如无特殊声明，所谓"平面"一般仍指有限平面，所谓"点"仍指有限平面上的点.

### 1.1.5 应用

**1. 几何应用**

复数在几何上的应用主要体现在两个方面：一方面，很多平面图形能用复数形式的方程表示；另一方面，对于给定的复数形式的方程可确定它表示的平面图形.

**例 3** 将通过两点 $z_1 = x_1 + iy_1$ 与 $z_2 = x_2 + iy_2$ 的直线用复数形式的方程来表示.

**解**：我们知道，通过点 $(x_1, y_1)$ 与 $(x_2, y_2)$ 的直线可以用参数方程表示为

$$\begin{cases} x = x_1 + t(x_2 - x_1), \\ y = y_1 + t(y_2 - y_1). \end{cases} (-\infty < t < +\infty)$$

因此，直线的复数形式的参数方程为

$$z = z_1 + t(z_2 - z_1) \quad (-\infty < t < +\infty).$$

由此得知由 $z_1$ 到 $z_2$ 的直线段的参数方程可以写成

$$z = z_1 + t(z_2 - z_1) \quad (0 \leq t \leq 1).$$

取 $t = \dfrac{1}{2}$，得知线段 $\overline{z_1 z_2}$ 的中点为 $z = \dfrac{z_1 + z_2}{2}$.

**例4** 求下列方程所表示的曲线：

（1）$|z + 2 - 3i| = 5$；（2）$\mathrm{Re}(z + 2) = -1$.

**解：**（1）在几何上不难看出，方程 $|z + 2 - 3i| = 5$ 表示所有与点 $-2 + 3i$ 距离为 5 的点的轨迹，即中心为 $-2 + 3i$，半径为 5 的圆. 下面用代数方法求出该圆的直角坐标方程.

设 $z = x + iy$，方程变为 $|x + 2 + (y - 3)i| = 5$，也就是 $\sqrt{(x+2)^2 + (y-3)^2} = 5$，或 $(x+2)^2 + (y-3)^2 = 25$.

（2）设 $z = x + iy$，方程变为 $x + 2 = -1$，从而所求曲线的方程为 $x = -3$，这是一条垂直于 $x$ 轴的直线.

不难知道，$|z| = R$（$R$ 为常数）表示一个以坐标原点为圆心，$R$ 为半径的圆周；$|z| < R$（$R$ 为常数）表示一个以坐标原点为圆心，$R$ 为半径的开圆面；$|z - z_0| < R$（$R$ 为常数）表示一个以 $z_0$ 圆心，$R$ 为半径的开圆面；$\arg(z) = \varphi$（$\varphi$ 为常数）表示一条从坐标原点引出的极角为 $\varphi$ 的射线.

**2. 其他应用**

我们日常生活中的电流都是交流电，其电压是用三角函数表达的. 如果相位用三角函数计算就会非常烦琐. 若将正弦电压用复数表示，则较大地简化了计算量，相位问题也就迎刃而解了. 另外，打电话、发短信都是通过电磁波传递信号的. 因此信号方面的后继课程也会应用到复数. 复数的模 $|z|$ 表示信号的幅度，复数的辐角 $\arg(z)$ 表示正弦波的相位. 在弹性力学中，解强迫振动荷载为简谐荷载的运动方程时，通常也将荷载写成复数的指数表达式. 由于质量、刚度等都为实的，那么实的外荷载一定得到实的解. 故当我们用复数计算出结果之后，再取实部得到最后的结果，这在工程许多计算中得到应用.

**例5** 矩阵 $A \in \mathbf{C}^{n \times n}$，则 $\det \overline{A} = \overline{\det A}$，且若 $\lambda$ 为矩阵 $A$ 的特征值，则 $\overline{\lambda}$ 为 $\overline{A}$ 的特征值. 这是因为：

$$\det(\lambda I - A) = \overline{\overline{\det(\lambda I - A)}} = \overline{\det\,\overline{(\lambda I - A)}} = \overline{\det(\overline{\lambda} I - \overline{A})}.$$

这个结论在研究生的数学基础课程"矩阵论"中是常用的一个结论.

**例6** 工程中的许多问题，会用到三角函数，特别是正弦函数与余弦函数. 在信号系统中，我们也时常会用傅里叶变换，也需要处理烦琐的三角函数运算. 复数的引入大大简化了运算过程. 借用的主要工具为欧拉公式与复数的三角表达形式. 例如，我们要计算

$$5\cos \omega t + 10\sin(\omega t - 30°),$$

可利用以下公式

$$A\cos x = \mathrm{Re}(A e^{ix}), \quad A\cos(\omega t + \theta) = \mathrm{Re}(A e^{i(\omega t + \theta)}),$$

$$\sin \theta = \cos\left(\frac{\pi}{2} - \theta\right) = \cos\left(\theta - \frac{\pi}{2}\right), \mathrm{Re}(z_1) + \mathrm{Re}(z_2) = \mathrm{Re}(z_1 + z_2)$$

来计算，具体的计算过程如下：

$$5\cos\omega t + 10\sin(\omega t - 30°) = 5\cos\omega t + 10\cos(\omega t - 120°)$$

$$= \operatorname{Re}(5\mathrm{e}^{\mathrm{i}\omega t}) + \operatorname{Re}\left[10\mathrm{e}^{\mathrm{i}\left(\omega t - \frac{2}{3}\pi\right)}\right] = \operatorname{Re}(5\mathrm{e}^{\mathrm{i}\cdot 0}\mathrm{e}^{\mathrm{i}\omega t}) + \operatorname{Re}\left[10\mathrm{e}^{\mathrm{i}\cdot\left(-\frac{2}{3}\pi\right)}\mathrm{e}^{\mathrm{i}\omega t}\right]$$

$$= \operatorname{Re}\left[(5\mathrm{e}^{\mathrm{i}\cdot 0} + 10\mathrm{e}^{\mathrm{i}\cdot\left(-\frac{2}{3}\pi\right)})\mathrm{e}^{\mathrm{i}\omega t}\right] = \operatorname{Re}\left[(5 - 5 - 5\sqrt{3}\mathrm{i})\mathrm{e}^{\mathrm{i}\omega t}\right]$$

$$= \operatorname{Re}\left[5\sqrt{3}\mathrm{e}^{\mathrm{i}\left(-\frac{\pi}{2}\right)}\mathrm{e}^{\mathrm{i}\omega t}\right] = 5\sqrt{3}\cos\left(\omega t - \frac{\pi}{2}\right).$$

# 1.2 复数的乘幂与方根

## 1.2.1 乘幂

如果设 $z_1 = r_1(\cos\theta_1 + \mathrm{i}\sin\theta_1)$，$z_2 = r_2(\cos\theta_2 + \mathrm{i}\sin\theta_2)$，那么

$$\begin{aligned} z_1 z_2 &= r_1 r_2(\cos\theta_1 + \mathrm{i}\sin\theta_1)(\cos\theta_2 + \mathrm{i}\sin\theta_2) \\ &= r_1 r_2(\cos\theta_1\cos\theta_2 - \sin\theta_1\sin\theta_2) + \mathrm{i}(\sin\theta_1\cos\theta_2 + \cos\theta_1\sin\theta_2) \\ &= r_1 r_2[\cos(\theta_1 + \theta_2) + \mathrm{i}\sin(\theta_1 + \theta_2)]. \end{aligned}$$

于是
$$|z_1 z_2| = |z_1\|z_2|, \tag{1.1}$$
$$\operatorname{Arg}(z_1 z_2) = \operatorname{Arg}(z_1) + \operatorname{Arg}(z_2). \tag{1.2}$$

如果 $z_1 = r_1\mathrm{e}^{\mathrm{i}\theta_1}$，$z_2 = r_2\mathrm{e}^{\mathrm{i}\theta_2}$，那么乘积 $z_1 z_2$ 有指数形式为

$$z_1 z_2 = r_1\mathrm{e}^{\mathrm{i}\theta_1}r_2\mathrm{e}^{\mathrm{i}\theta_2} = r_1 r_2\mathrm{e}^{\mathrm{i}\theta_1}\mathrm{e}^{\mathrm{i}\theta_2} = (r_1 r_2)\mathrm{e}^{\mathrm{i}(\theta_1 + \theta_2)}. \tag{1.3}$$

**定理 1** 两个复数乘积的模等于两个复数的模的乘积，两个复数的乘积的辐角等于两个复数的辐角的和.

注意：由于辐角的多值性，等式（1.2）两端都是由无穷多个数构成的两个数集，等式（1.2）表示两端可能取的值的全体是相同的.

此外，若 $z_2 \neq 0$，则有

$$\frac{z_1}{z_2} = \frac{r_1\mathrm{e}^{\mathrm{i}\theta_1}}{r_2\mathrm{e}^{\mathrm{i}\theta_2}} = \frac{r_1}{r_2}\cdot\frac{\mathrm{e}^{\mathrm{i}\theta_1}\mathrm{e}^{-\mathrm{i}\theta_2}}{\mathrm{e}^{\mathrm{i}\theta_2}\mathrm{e}^{-\mathrm{i}\theta_2}} = \frac{r_1}{r_2}\cdot\frac{\mathrm{e}^{\mathrm{i}(\theta_1 - \theta_2)}}{\mathrm{e}^{\mathrm{i}0}} = \frac{r_1}{r_2}\mathrm{e}^{\mathrm{i}(\theta_1 - \theta_2)}. \tag{1.4}$$

**定理 2** 两个复数的商的模等于两个复数的模的商，两个复数的商的辐角等于两个复数的辐角的差.

注意，由式（1.4）可以得到任何一个非零复数 $z = r\mathrm{e}^{\mathrm{i}\theta}$ 的逆元：

$$z^{-1} = \frac{1}{z} = \frac{1\mathrm{e}^{\mathrm{i}0}}{r\mathrm{e}^{\mathrm{i}\theta}} = \frac{1}{r}\mathrm{e}^{\mathrm{i}(0 - \theta)} = \frac{1}{r}\mathrm{e}^{-\mathrm{i}\theta}. \tag{1.5}$$

当然，式（1.3）、式（1.4）和式（1.5）可以通过针对实数和 $\mathrm{e}^x$ 的通常的代数法则来记忆.

$n$ 个相同复数 $z$ 的乘积称为 $z$ 的 $n$ 次幂，记作 $z^n$.

**定理 3** 复数 $z = r\mathrm{e}^{\mathrm{i}\theta}$ 的 $n$ 次幂为

$$z^n = r^n\mathrm{e}^{\mathrm{i}n\theta}(n = 0, \pm 1, \pm 2, \cdots).$$

即

$$[r(\cos\theta + i\sin\theta)]^n = r^n(\cos n\theta + i\sin n\theta)(n=0,\pm1,\pm2,\cdots). \tag{1.6}$$

**例1** 求 $(-1+i)^7$.

**解** 为了把 $(-1+i)^7$ 写成直角坐标形式，我们先将 $(-1+i)^7$ 写为

$$(-1+i)^7 = (\sqrt{2}e^{i3\pi/4})^7 = 2^{7/2}e^{i21\pi/4} = (2^3 e^{i5\pi})(2^{1/2}e^{i\pi/4}).$$

因为

$$2^3 e^{i5\pi} = (8)(-1) = -8$$

和

$$2^{1/2}e^{i\pi/4} = \sqrt{2}\left(\cos\frac{\pi}{4} + i\sin\frac{\pi}{4}\right) = \sqrt{2}\left(\frac{1}{\sqrt{2}} + \frac{i}{\sqrt{2}}\right) = 1+i,$$

这样我们就得到结论：$(-1+i)^7 = -8(1+i) = -8 - 8i$.

## 1.2.2 方根

下面我们求方程 $w^n = z$ 的根 $w$，其中 $z$ 为已知复数.

我们即将看到，当 $z$ 的值不等于零时，$w$ 有 $n$ 个不同的值，每一个这样的值称为 $z$ 的 $n$ 次根，都记作 $\sqrt[n]{z}$，即

$$w = \sqrt[n]{z}.$$

为了求出根 $w$，令

$$z = r(\cos\theta + i\sin\theta), \quad w = \rho(\cos\varphi + i\sin\varphi),$$

根据式 (1.6) 有

$$\rho^n(\cos n\varphi + i\sin n\varphi) = r(\cos\theta + i\sin\theta),$$

于是

$$\rho^n = r, \quad \cos n\varphi = \cos\theta, \quad \sin n\varphi = \sin\theta.$$

显然，后两式成立的充要条件是

$$n\varphi = \theta + 2k\pi(k=0,\pm1,\pm2,\cdots).$$

由此可得

$$\rho = r^{\frac{1}{n}}, \quad \varphi = \frac{\theta + 2k\pi}{n},$$

其中，$r^{\frac{1}{n}}$ 是算术根，所以

$$w = \sqrt[n]{z} = r^{\frac{1}{n}}\left(\cos\frac{\theta+2k\pi}{n} + i\sin\frac{\theta+2k\pi}{n}\right). \tag{1.7}$$

当 $k=0,1,2,\cdots,n-1$ 时，得到 $n$ 个相异的根. 这 $n$ 个根是内接于中心在原点、半径为 $r^{\frac{1}{n}}$ 的圆的正方形的 $n$ 个顶点.

**例2** 求 $\sqrt[4]{1+i}$.

**解** 因为 $1+i = \sqrt{2}\left(\cos\frac{\pi}{4} + i\sin\frac{\pi}{4}\right)$，所以

$$\sqrt[4]{1+i} = \sqrt[8]{2}\left(\cos\frac{\frac{\pi}{4}+2k\pi}{4} + i\sin\frac{\frac{\pi}{4}+2k\pi}{4}\right)(k=0,1,2,3)$$

即

$$w_0 = \sqrt[8]{2}\left(\cos\frac{\pi}{16} + \mathrm{i}\sin\frac{\pi}{16}\right), \quad w_1 = \sqrt[8]{2}\left(\cos\frac{9\pi}{16} + \mathrm{i}\sin\frac{9\pi}{16}\right),$$

$$w_2 = \sqrt[8]{2}\left(\cos\frac{17\pi}{16} + \mathrm{i}\sin\frac{17\pi}{16}\right), \quad w_3 = \sqrt[8]{2}\left(\cos\frac{25\pi}{16} + \mathrm{i}\sin\frac{25\pi}{16}\right).$$

这四个根是内接于中心在原点、半径为$\sqrt[8]{2}$的圆的正方形的四个顶点（图1.6），并且

$$w_1 = \mathrm{i}w_0, \quad w_2 = -w_0, \quad w_3 = -\mathrm{i}w_0.$$

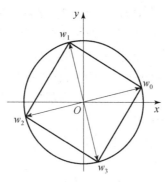

图1.6

**例3** 求下列根式的值：(1) $\sqrt[3]{\dfrac{\mathrm{i}}{8}}$；(2) $\sqrt[4]{-128 - 128\sqrt{3}\mathrm{i}}$.

**解** (1) 由于 $\dfrac{\mathrm{i}}{8} = \dfrac{1}{2^3}\left(\cos\dfrac{\pi}{2} + \mathrm{i}\sin\dfrac{\pi}{2}\right)$，因此

$$\sqrt[3]{\frac{\mathrm{i}}{8}} = \frac{1}{2}\left(\cos\frac{\dfrac{\pi}{2} + 2k\pi}{3} + \mathrm{i}\sin\frac{\dfrac{\pi}{2} + 2k\pi}{3}\right) \quad (k = 0,1,2)$$

即

$$z_1 = \frac{\sqrt{3}}{4} + \frac{\mathrm{i}}{4}, \quad z_2 = -\frac{\sqrt{3}}{4} + \frac{\mathrm{i}}{4}, \quad z_3 = -\frac{1}{2}\mathrm{i}.$$

(2) 由于 $-128 - 128\sqrt{3}\mathrm{i} = 4^4\left[\cos\left(-\dfrac{2\pi}{3}\right) + \mathrm{i}\sin\left(-\dfrac{2\pi}{3}\right)\right]$，因此

$$\sqrt[4]{-128 - 128\sqrt{3}\mathrm{i}} = 4\left(\cos\frac{-\dfrac{2\pi}{3} + 2k\pi}{4} + \mathrm{i}\sin\frac{-\dfrac{2\pi}{3} + 2k\pi}{4}\right) \quad (k = 0,1,2,3)$$

即

$$z_1 = 2\sqrt{3} - 2\mathrm{i}, \quad z_2 = 2 + 2\sqrt{3}\mathrm{i}, \quad z_3 = -2\sqrt{3} + 2\mathrm{i}, \quad z_4 = -2 - 2\sqrt{3}\mathrm{i}.$$

### 1.2.3 应用

在电子技术中，复数的三角表达式和指数表达式被广泛地用来计算交流电路问题. 利用复数，可以将正弦电路的电压用复数表示为

$$V = V_0\cos(\omega t) + \mathrm{i}V_0\sin(\omega t)\ (= V_0\mathrm{e}^{\mathrm{i}\omega t}).$$

在这样表达电压后，就可以得到用复数表达的电流、电容和电感. 复数形式的电阻、容抗和感抗的优点是避免了求解微分方程. 有了复数表示容抗和感抗的方法，在正弦激励的电路中，就可以将电容和电感看作是频敏电阻，这是一个很重要的假设. 用这些频敏电阻代替直流电路分析中的标准电阻，把直流电源换成正弦电源，在电路分析时，把所有的电压、电流、电阻及阻抗均以复数形式给出，然后再利用电路中的欧姆定理、基尔霍夫定律以及戴维南定理等，可以建立某些方程. 通过复数的运算规则就可以得到方程的解，要比不用复数表示时的运算量降低很多.

下面我们介绍一个《电路》学中的具体实例，来加强同学们对复数应用背景的感受. 我们日常中的电流都是交流三相的，而相位如果通过三角函数计算则较为复杂和抽象，很多工程问题无法解决，引入虚数则较大简化了计算的过程，使很多工程问题迎刃而解. 我们可以通过 $RCL$ 电路用虚数去处理相角关系，当然电感本身并不是虚的，这是人为的定义，但这也在一定意义上揭示了虚数有可能存在的某些物理特征，成功而且巧妙地解决了电流的相位问题. 这里列举一个《电路》中的例子.

**例 4**  某 $RL$ 串联电路的电源激励，电压 $V = 12\ V_{AC}$，频率 $f = 60\ Hz$，电感 $L = 265\ mH$，电阻 $R = 50\ \Omega$. 则

感抗：$X_L = \mathrm{i}\omega L = \mathrm{i}(2\pi \times 60 \times 265 \times 10^{-3}) = 100\mathrm{e}^{\mathrm{i}90°}(\Omega)$（$\omega$ 表示角频率）；

阻抗：$Z = R + X_L = 50\ \Omega + 100\mathrm{e}^{\mathrm{i}90°}\ \Omega = 112\mathrm{e}^{\mathrm{i}63.4°}\ \Omega$，那么 $Z$ 的模即为阻抗；

电流：$I = \dfrac{V}{Z} = \dfrac{12}{112\mathrm{e}^{\mathrm{i}63.4°}} = 0.107\mathrm{e}^{-\mathrm{i}63.4°}(A)$，表示电流滞后于电源电压 $63.4°$；

电阻两端的电压：$V_R = IR = 0.107\mathrm{e}^{-\mathrm{i}63.4°} \times 50 = 5.35\mathrm{e}^{-\mathrm{i}63.4°}(V)$；

电感两端的电压：$V_L = IX_L = 0.107\mathrm{e}^{-\mathrm{i}63.4°} \times 100\mathrm{i} = 10.7\mathrm{e}^{\mathrm{i}26.6°}(V)$.

# 1.3  区域

同实变数一样，每一个复变数都有自己的变化范围. 本节，我们将研究复变数变化范围的问题. 在今后的讨论中，所遇到的复变数的变化范围主要是所谓区域.

## 1.3.1  区域

在讲区域之前，需要先介绍复平面上一点的邻域、集合的内点与开集的概念. 平面上以 $z_0$ 为中心，$\delta$（任意的正数）为半径的圆

$$|z - z_0| < \delta$$

内部的点的集合称为 $z_0$ 的**邻域**（图 1.7），而称由不等式 $0 < |z - z_0| < \delta$ 所确定的点集为 $z_0$ 的**去心邻域**.

设 $G$ 为一平面点集，$z_0$ 为 $G$ 中任意一点. 如果存在 $z_0$ 的一个邻域，该邻域内的所有点都属于 $G$，那么称 $z_0$ 为 $G$ 的内点. 如果 $G$ 内的每个点都是它的**内点**，那么称 $G$ 为**开集**.

平面点集 $D$ 称为一个**区域**，那么它满足下列两个条件：

（1）$D$ 是一个开集；

（2）$D$ 是连通的，就是说 $D$ 中任何两点都可以用完全属于 $D$ 的一条折线连接起来（图 1.7）.

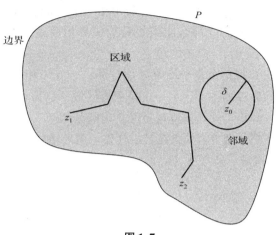

**图 1.7**

设 $D$ 为复平面内的一个区域, 如果点 $P$ 不一定属于 $D$, 但在 $P$ 的任意邻域内既有 $D$ 中的点也有非 $D$ 中的点, 这样的点 $P$ 我们称为 $D$ 的**边界点**. $D$ 的所有边界点组成 $D$ 的边界 (图 1.7). 区域的边界可能是由几条曲线和一些孤立的点所组成的图.

区域 $D$ 与它的边界一起构成**闭区域**或**闭域**, 记作 $\bar{D}$.

如果一个区域 $D$ 可以被包含在一个以原点为中心的圆里面, 即存在正数 $M$, 使区域 $D$ 的每个点 $z$ 都满足 $|z| < M$, 那么 $D$ 称为**有界**的, 否则称为**无界**的.

例如, 满足不等式 $r_1 < |z - z_0| < r_2$ 的所有点构成一个区域, 而且是有界的, 区域的边界由两个圆周 $|z - z_0| = r_1$ 和 $|z - z_0| = r_2$ 组成, 称为圆环域. 如果在圆环域内去掉一个 (或几个) 点, 它仍然构成区域, 只是区域的边界由两个圆周和一个 (或几个) 孤立的点所组成. 这两个区域都是有界的, 而圆的外部 ($|z - z_0| > R$)、上半平面 ($\mathrm{Im}(z) > 0$)、角形域 ($0 < \arg(z) < \varphi$)、带形域 ($a < \mathrm{Im}(z) < b$) 等都是无界区域.

### 1.3.2 单连通域与多连通域

先介绍几个有关平面曲线的概念. 我们知道, 如果 $x(t)$ 和 $y(t)$ 是两个连续的实变函数, 那么, 方程组

$$x = x(t), \quad y = y(t), \quad (a \le t \le b)$$

代表一条平面曲线, 称为**连续曲线**. 如果令

$$z(t) = x(t) + \mathrm{i} y(t),$$

那么这条曲线就可以用一个方程

$$z = z(t) \ (a \le t \le b)$$

来代表, 这就是平面曲线的复数表示式. 如果在区间 $[a, b]$ 上 $x'(t)$ 和 $y'(t)$ 都是连续的, 且对于 $t$ 的每一个值, 有

$$[x'(t)]^2 + [y'(t)]^2 \ne 0,$$

那么这条曲线称为**光滑曲线**. 由几段依次相接的光滑曲线所组成的曲线称为**按段光滑曲线**.

设 $C: z = z(t) \ (a \le t \le b)$ 为一条连续曲线, $z(a)$ 与 $z(b)$ 分别称为 $C$ 的起点和终点. 对于满足 $a < t_1 < b$, $a \le t_2 \le b$ 的 $t_1$ 与 $t_2$, 当 $t_1 \ne t_2$ 而有 $z(t_1) = z(t_2)$ 时, 点 $z(t_1)$ 称为曲线 $C$ 的**重**

点. 没有重点的连续曲线 $C$，称为**简单曲线**或**若尔当（Jordan）曲线**. 如果简单曲线 $C$ 的起点与终点重合，即 $z(a) = z(b)$，那么曲线 $C$ 称为**简单闭曲线**. 由此可知，简单曲线自身不会相交.

任意一条简单闭曲线 $C$ 把整个复平面唯一地分成三个互不相交的点集，其中除去 $C$ 以外，一个是有界区域，称为 $C$ 的**内部**，另一个是无界区域，称为 $C$ 的**外部**，$C$ 为它们的**公共边界**. 简单闭曲线的这一性质，其几何直观意义是很清楚的.

**定义**　复平面上的一个区域 $B$，如果在其中任作一条简单闭曲线，而曲线的内部总属于 $B$，则称区域 $B$ 为**单连通**区域（图 1.8 (a)）. 一个区域如果不是单连通区域，则称为**多连通**区域（图 1.8 (b)）.

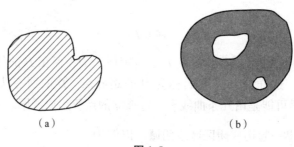

（a）　　　　　　　　　（b）

**图 1.8**

# 数学文化赏析——欧拉

欧拉（L. Euler，1707—1783）是瑞士数学家. 生于瑞士的巴塞尔（Basel），卒于彼得堡（Petepbypt）. 他不但在数学上作出了伟大贡献，而且把数学成功地应用到了其他领域.

欧拉渊博的知识，无穷无尽的创作精力和空前丰富的著作，都是令人惊叹不已的！他从 19 岁开始发表论文，直到 76 岁，据统计他一生共写下了 886 本书籍和论文，其中包括分析、代数、数论、几何、物理和力学、天文学、弹道学、航海学、建筑学等. 彼得堡科学院为了整理他的著作，足足忙碌了 47 年. 到今，几乎每一个数学领域都可以看到欧拉的名字，从初等几何的欧拉线、多面体的欧拉定理、立体解析几何的欧拉变换公式、四次方程的欧拉解法，到数论中的欧拉函数、微分方程的欧拉方程、级数论的欧拉常数、变分学的欧拉方程、复变函数的欧拉公式等，课本上常见的如 $f(x)$（1734 年）、$\pi$（1736 年）、i（1777 年）、e（1748 年）、sin 和 cos（1748 年）、tan（1753 年）、$\Delta x$（1755 年）、$\Sigma$（1755 年）等，都是他创立并推广的.

欧拉著作的惊人多产并不是偶然的，他可以在任何不良的环境中工作. 他那顽强的毅力和孜孜不倦的治学精神，使他在双目失明以后，也没有停止对数学的研究，在失明后的 17 年间，他还口述了几本书和 400 篇左右的论文. 19 世纪伟大数学家高斯曾说："研究欧拉的著作永远是了解数学的最好方法."

欧拉的一生，是为数学发展而奋斗的一生，他杰出的智慧、顽强的毅力、孜孜不倦的奋斗精神和高尚的科学道德，永远值得我们学习.

## 第1章 习题

1. 设 $z = \dfrac{1-\sqrt{3}i}{2}$，求 $|z|$ 及 $\mathrm{Arg}(z)$.

2. 求下列复数的实部、虚部、模、幅角主值及共轭复数：

（1）$\dfrac{1}{3+2i}$；（2）$\dfrac{i}{(i-1)(i-2)}$；

（3）$\dfrac{1}{i} - \dfrac{3i}{1-i}$；（4）$-i^8 + 4i^{21} - i$.

3. 将下列复数化为三角表达式和指数表达式：

（1）$i$；（2）$-1+\sqrt{3}i$；（3）$r(\sin\theta + i\cos\theta)$；

（4）$r(\cos\theta - i\sin\theta)$；（5）$1-\cos\theta + i\sin\theta$，$(0 \leqslant \theta \leqslant 2\pi)$.

4. 用复数的代数形式 $a+ib$ 表示下列复数：

（1）$e^{-i\pi/4}$；（2）$\dfrac{3+5i}{7i+1}$；（3）$(2+i)(4+3i)$；（4）$\dfrac{1}{i} + \dfrac{3}{1+i}$.

5. 证明 $|z_1+z_2|^2 + |z_1-z_2|^2 = 2(|z_1|+|z_2|)^2$，并说明其几何意义.

6. 证明：$|z+w| \leqslant |z| + |w|$.

7. 设 $z_1 = \dfrac{1+i}{\sqrt{2}}$，$z_2 = \sqrt{3}-1$，试用指数形式表示 $z_1z_2$ 及 $\dfrac{z_1}{z_2}$.

8. 求下列方程（$t$ 是实参数）给出的曲线.

（1）$z = (1+i)t$；（2）$z = a\cos t + ib\sin t$；

（3）$z = t + \dfrac{i}{t}$；（4）$z = t^2 + \dfrac{i}{t}$.

9. 试用 $z_1$、$z_2$、$z_3$ 来表述使这三个点共线的条件.

10. 设 $z_1$、$z_2$、$z_3$ 三点适合条件：$z_1+z_2+z_3 = 0$，$|z_1| = |z_2| = |z_3| = 1$. 证明 $z_1$、$z_2$、$z_3$ 是内接于单位圆 $|z| = 1$ 的一个正三角形的顶点.

11. 解二项方程 $z^4 + a^4 = 0$，$(a>0)$.

12. 下列关系表示点 $z$ 的轨迹的图形是什么？它是不是区域？

（1）$|z-z_1| = |z-z_2|$，$(z_1 \neq z_2)$；（2）$|z| \leqslant |z-4|$；（3）$\left|\dfrac{z-1}{z+1}\right| < 1$；

（4）$0 < \arg(z-1) < \dfrac{\pi}{4}$，且 $2 \leqslant \mathrm{Re}(z) \leqslant 3$；（5）$|z| > 2$，且 $|z-3| > 1$；

（6）$\mathrm{Im}(z) > 1$，且 $|z| < 2$；（7）$|z| < 2$，且 $0 < \arg(z) < \dfrac{\pi}{4}$；

（8）$\left|z - \dfrac{i}{2}\right| > \dfrac{1}{2}$，且 $\left|z - \dfrac{3}{2}i\right| > \dfrac{1}{2}$.

13. 指出下列各式中点 $z$ 所确定的平面图形，并作出草图.

（1）$\arg(z) = \pi$；

(2) $|z-1| = |z|$;

(3) $1 < |z+i| < 2$;

(4) $\text{Re}(z) > \text{Im}(z)$;

(5) $\text{Im}(z) > 1$ 且 $|z| < 2$.

# 第2章 复变函数

复变函数就是自变量为复数的函数，是本课程研究的主要对象. 本章首先介绍复变函数的概念、复变函数的极限与连续；接着，介绍复变函数的可微性与解析性，着重讲解解析函数的概念和判别方法；最后把我们熟知的初等函数推广到复数域上来，并研究其性质.

## 2.1 复变函数

### 2.1.1 基本定义

**定义** 设 $G$ 是一个复数 $z = x + iy$ 的集合. 若存在一个确定的法则 $f$，按照这一法则，集合 $G$ 的每一个复数 $z$，都有一个或几个复数 $w = u + iv$ 与之对应，那么称 $f$ 是定义在 $G$ 上的关于复变数 $z$ 的函数（简称**复变函数**），复变数 $w$ 为 $f$ 在 $z$ 处的**函数值**，记作

$$w = f(z).$$

如果 $z$ 的一个值对应着 $w$ 的一个值，那么我们称函数 $f(z)$ 是**单值**的；如果 $z$ 的一个值对应着 $w$ 的两个或两个以上的值，那么我们称函数 $f(z)$ 是**多值**的. 集合 $G$ 称为 $f(z)$ 的**定义集合**，对应于 $G$ 中所有 $z$ 的一切 $w$ 值组成的集合 $G^*$，称为**函数值集合**.

在以后的讨论中，集合 $G$ 常常是一个平面区域，称之为定义域. 并且，如无特别声明，所讨论的函数均为单值函数.

由于给定了一个复数 $z = x + iy$ 就相当于给定了两个实数 $x$ 和 $y$，而复数 $w = u + iv$ 亦同样地对应着一对实数 $u$ 和 $v$，所以复变函数 $w$ 和自变量 $z$ 之间的关系 $w = f(z)$ 也可以写作 $u + iv = f(x + iy)$，这说明 $u$ 和 $v$ 都是关于 $x$ 和 $y$ 的函数，即相当于两个关系式：

$$u = u(x, y), \quad v = v(x, y),$$

它们确定了自变量为 $x$ 和 $y$ 的两个二元实变函数.

例如，$f(z) = z^2$，那么 $u(x, y) = x^2 - y^2$，$v(x, y) = 2xy$.

### 2.1.2 映射

在《高等数学》中，我们常常将实变函数用几何图形来表示，这些几何图形，可以直观地帮助我们理解和研究函数的性质. 对于复变函数，由于它反映了两对变量 $u$、$v$ 和 $x$、$y$ 之间的对应关系，因而无法用同一个平面内的几何图形表示出来，必须把它看成两个复平面上的点集之间的对应关系.

如果用 $z$ 平面上的点表示自变量 $z$ 的值，而用另一个平面（$w$ 平面）上的点表示函数 $w$ 的值，那么函数 $w = f(z)$ 在几何上就可以看作是把 $z$ 平面上的一个点集 $G$（定义域）变到 $w$ 平面上的一个点集 $G^*$（值域）的映射（或变换）. 这个映射通常简称为由函数 $w = f(z)$ 所构

成的映射. 如果 $G$ 中的点 $z$ 被映射 $w = f(z)$ 映射成 $G^*$ 中的点 $w$,那么 $w$ 称为 $z$ 的像(映像),而 $z$ 称为 $w$ 的原像. 今后,我们不再区分函数与映射(变换).

例如,函数 $w = \bar{z}$ 所构成的映射,显然把 $z$ 平面上的点 $z = a + ib$ 映射成 $w$ 平面上的点 $w = a - ib$;那么 $\triangle ABC$ 映射成了 $\triangle A'B'C'$(图2.1). 如果把 $z$ 平面和 $w$ 平面重叠在一起,不难看出,函数 $w = \bar{z}$ 是关于实轴的一个对称映射. 因此,一般地,通过映射 $w = \bar{z}$,$z$ 平面上的任一图形的映像是关于实轴对称的一个全同图形.

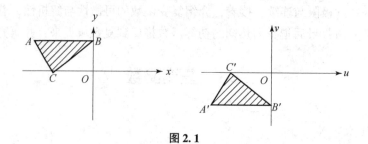

图 2.1

再比如,函数 $w = z^2$ 所构成的映射. 根据乘法的模与辐角的计算方法可知,映射 $w = z^2$ 将 $z$ 的辐角增大一倍,模变为原来的平方. 如图2.2中阴影部分所示.

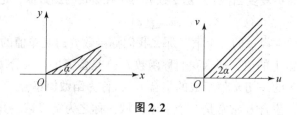

图 2.2

### 2.1.3　反函数与复合函数

跟实变函数一样,复变函数也有反函数的概念. 假定函数 $w = f(z)$ 的定义集合为 $z$ 平面上的集合 $G$,函数值集合为 $w$ 平面上的集合 $G^*$,那么 $G^*$ 中的每一个点 $w$ 必将对应着 $G$ 中的一个(或几个)点. 按照函数的定义,在 $G^*$ 上就确定了一个单值(或多值)函数 $z = f^{-1}(w)$,它被称为函数 $w = f(z)$ 的**反函数**,也被称为映射 $w = f(z)$ 的**逆映射**.

从反函数的定义可知,对于任意的 $w \in G^*$,有
$$w = f[f^{-1}(w)],$$
当反函数为单值函数时,也有
$$z = f^{-1}[f(z)], \quad z \in G.$$

如果函数(映射)$w = f(z)$ 与它的反函数(逆映射)$z = f^{-1}(w)$ 都是单值的,那么称函数(映射)$w = f(z)$ 是一一对应的. 此时,我们也称集合 $G$ 与集合 $G^*$ 是一一对应的.

如果函数 $w = f(z)$ 把集合 $M$ 映射成集合 $N$,而函数 $w = g(z)$ 把集合 $N$ 映射成集合 $P$,那么函数 $w = h(z) = g(f(z))$ 称为由 $f$ 和 $g$ 构成的**复合函数**,称集合 $M$ 到集合 $P$ 的映射 $h$ 为映射 $f$ 和 $g$ 的复合.

### 2.1.4 应用

在物理学或力学中，可以用复变函数来建立"平面场"的数学模型. 例如在流体力学中，平面流速场的速度分布可用复变函数

$$V(z) = V_1(x,y) + iV_2(x,y)$$

表示，其中，$V_1(x,y)$ 与 $V_2(x,y)$ 是坐标轴方向的速度分量，$V(z)$ 则称为复速度. 再比如，垂直于均匀带电的无限长直导线的所有平面上，任一点处的电流强度为

$$E(z) = E_1(x,y) + iE_2(x,y).$$

同时在静电学中，平面静电场也可以用复函数 $E(z) = E_1(x,y) + iE_2(x,y)$ 来表示，$E_1(x,y)$ 与 $E_2(x,y)$ 是坐标轴方向的场强分量，$E(z)$ 称为复场强.

## 2.2 复变函数的极限与连续

### 2.2.1 极限

**定义 1** 设 $z_0$、$w_0$ 为给定的复数，函数 $w = f(z)$ 在 $z_0$ 的某去心邻域内有定义，若函数 $f(z)$ 满足：对于预先给定的任意小的正数 $\varepsilon$，都存在一个正数 $\delta$，使当 $0 < |z - z_0| < \delta$ 时，就有 $|f(z) - w_0| < \varepsilon$，则称复数 $w_0$ 为函数 $f(z)$ 当 $z \to z_0$ 时的**极限**，记作 $\lim\limits_{z \to z_0} f(z) = w_0$.

由定义可得，如果 $w_0$ 是函数 $w = f(z)$ 当 $z \to z_0$ 时的极限，那么这个值 $w_0$ 不依赖于 $z$ 趋近于 $z_0$ 的方式. 注意，$z \to z_0$ 的方式是任意的.

若设 $z_0 = x_0 + iy_0$，$f(z) = u(x,y) + iv(x,y)$，$w_0 = u_0 + iv_0$，则由定义还得出，如果这个极限存在，那么有如下定理：

**定理 1** 设 $f(z) = u(x,y) + iv(x,y)$，$w_0 = u_0 + iv_0$，$z_0 = x_0 + iy_0$，那么 $\lim\limits_{z \to z_0} f(z) = w_0$ 的充要条件是 $\lim\limits_{\substack{x \to x_0 \\ y \to y_0}} u(x,y) = u_0$，$\lim\limits_{\substack{x \to x_0 \\ y \to y_0}} v(x,y) = v_0$.

**证** 如果 $\lim\limits_{z \to z_0} f(z) = w_0$，那么根据极限的定义，就有：$\forall \varepsilon > 0$，$\exists \delta$，当 $0 < |(x + iy) - (x_0 + iy_0)| < \delta$ 时，

$$|(u + iv) - (u_0 + iv_0)| < \varepsilon.$$

或当 $0 < \sqrt{(x - x_0)^2 + (y - y_0)^2} < \delta$ 时，

$$|(u - u_0) + i(v - v_0)| < \varepsilon.$$

因此，当 $0 < \sqrt{(x - x_0)^2 + (y - y_0)^2} < \delta$ 时，

$$|u - u_0| < \varepsilon, \quad |v - v_0| < \varepsilon.$$

这就是说

$$\lim\limits_{\substack{x \to x_0 \\ y \to y_0}} u(x,y) = u_0, \quad \lim\limits_{\substack{x \to x_0 \\ y \to y_0}} v(x,y) = v_0.$$

反之，$\forall \varepsilon > 0$，$\exists \delta$，那么当 $0 < \sqrt{(x - x_0)^2 + (y - y_0)^2} < \delta$ 时，有

$$|u - u_0| < \frac{\varepsilon}{2}, \quad |v - v_0| < \frac{\varepsilon}{2}.$$

而 $|f(z) - w_0| = |(u - u_0) + i(v - v_0)| \leqslant |u - u_0| + |v - v_0|$，所以，当 $0 < |z - z_0| < \delta$ 时，有

$$|f(z) - w_0| < \frac{\varepsilon}{2} + \frac{\varepsilon}{2} = \varepsilon,$$

即

$$\lim_{z \to z_0} f(z) = w_0. \qquad\qquad (证毕)$$

这个定理将求复变函数 $f(z) = u(x,y) + iv(x,y)$ 的极限问题转化为求两个二元实变函数 $u = u(x,y)$ 和 $v = (x,y)$ 的极限问题.

**定理 2**　实变函数的极限的四则运算，对于复变函数同样是成立的. 即如果 $\lim\limits_{z \to z_0} f_1(z)$ 和 $\lim\limits_{z \to z_0} f_2(z)$ 存在，则

$$\lim_{z \to z_0} [c_1 f_1(z) \pm c_2 f_2(z)] = c_1 \lim_{z \to z_0} f_1(z) \pm c_2 \lim_{z \to z_0} f_2(z) \, (c_1 \text{ 和 } c_2 \text{ 是复常数});$$

$$\lim_{z \to z_0} [f_1(z) f_2(z)] = [\lim_{z \to z_0} f_1(z)] \cdot [\lim_{z \to z_0} f_2(z)];$$

$$\lim_{z \to z_0} \frac{f_1(z)}{f_2(z)} = \frac{\lim\limits_{z \to z_0} f_1(z)}{\lim\limits_{z \to z_0} f_2(z)} \, (\lim_{z \to z_0} f_2(z) \neq 0).$$

**例 1**　证明当 $z \to 0$ 时函数 $f(z) = \dfrac{\mathrm{Re}(z)}{|z|}$ 的极限不存在.

**证**　**证法 1**　令 $z = x + iy$，则

$$f(z) = \frac{x}{\sqrt{x^2 + y^2}},$$

由此得 $u(x,y) = \dfrac{x}{\sqrt{x^2 + y^2}}$，$v(x,y) = 0$. 让 $z$ 沿直线 $y = kx$ 趋于零，有

$$\lim_{\substack{x \to x_0 \\ (y = kx)}} u(x,y) = \lim_{\substack{x \to x_0 \\ (y = kx)}} \frac{x}{\sqrt{x^2 + y^2}} = \lim_{x \to 0} \frac{x}{\sqrt{(1 + k^2) x^2}} = \pm \frac{1}{\sqrt{1 + k^2}}.$$

显然，它随 $k$ 的不同而不同，所以 $\lim\limits_{\substack{x \to 0 \\ y \to 0}} u(x,y)$ 不存在. 虽然 $\lim\limits_{\substack{x \to 0 \\ y \to 0}} v(x,y) = 0$，但根据定理 1，$\lim\limits_{z \to z_0} f(z)$ 不存在.

**证法 2**　令 $z = r(\cos\theta + i\sin\theta)$，则

$$f(z) = \frac{r\cos\theta}{r} = \cos\theta.$$

当 $z$ 沿不同射线 $\arg(z) = \theta$ 趋于零时，$f(z)$ 趋于不同的值. 例如，$z$ 沿正实轴 $\arg(z) = 0$ 趋于 0 时，$f(z) \to 1$；$z$ 沿 $\arg(z) = \dfrac{\pi}{2}$ 趋于 0 时，$f(z) \to 0$. 故 $\lim\limits_{z \to z_0} f(z)$ 不存在. 　　　(证毕)

**例 2**　证明当 $z \to 0$ 时函数 $f(z) = \dfrac{1}{2i}\left(\dfrac{z}{\bar{z}} - \dfrac{\bar{z}}{z}\right)$ 极限不存在.

**证**　**证法 1**　令 $z = re^{i\theta}$，则 $\bar{z} = re^{-i\theta}$，且

$$f(z) = \frac{1}{2i}\left(\frac{re^{i\theta}}{re^{-i\theta}} - \frac{re^{-i\theta}}{re^{i\theta}}\right) = \frac{1}{2i}(e^{i2\theta} - e^{-i2\theta}) = \sin 2\theta.$$

因为

$$\lim_{\substack{|z|\to 0 \\ \arg z=0}} f(z)=0, \quad \lim_{\substack{|z|\to 0 \\ \arg z=\frac{\pi}{4}}} f(z)=1,$$

所以 $f(z)$ 在 $z=0$ 处无极限.

**证法 2** 令 $z=x+\mathrm{i}y$，则 $f(z)=\dfrac{1}{2\mathrm{i}}\dfrac{z^2-z^{-2}}{z\bar z}=\dfrac{2xy}{x^2+y^2}$.

令 $z$ 沿直线 $y=kx$ 趋向于零，有

$$\lim_{\substack{x\to 0 \\ y=kx}} u(x,y)=\lim_{\substack{x\to 0 \\ y=kx}}\frac{2xy}{x^2+y^2}=\lim_{\substack{x\to 0 \\ y=kx}}\frac{2kx^2}{x^2(1+k^2)}=\frac{2k}{1+k^2}.$$

显然，当 $k$ 取不同值时，$u(x,y)$ 趋于不同的值. 所以 $f(z)$ 在 $z=0$ 处无极限. （证毕）

### 2.2.2 连续

**定义 2** 如果 $\lim\limits_{z\to z_0} f(z)=f(z_0)$，那么我们就说 $f(z)$ 在 $z_0$ 处连续. 如果 $f(z)$ 在区域 $D$ 内处处连续，我们就说 $f(z)$ 在 $D$ 内**连续**.

根据这个定义和上述定理 1，容易证明下面的定理 3.

**定理 3** 函数 $f(z)=u(x,y)+\mathrm{i}v(x,y)$ 在 $z_0=x_0+\mathrm{i}y_0$ 处连续的充要条件是 $u(x,y)$ 和 $v(x,y)$ 在 $(x_0,y_0)$ 处连续.

例如，函数 $f(z)=\ln(x^2+y^2)+\mathrm{i}(x^2-y^2)$ 在复平面内除原点外处处连续，因为 $u=\ln(x^2+y^2)$ 除原点外是处处连续的，而 $v=(x^2-y^2)$ 是处处连续的.

由定理 2 和定理 3，还可以推得下面的定理 4.

**定理 4**

（1）在 $z_0$ 连续的两个函数 $f(z)$ 与 $g(x)$ 的和、差、积、商（分母在 $z_0$ 不为零）在 $z_0$ 处仍连续；

（2）如果函数 $h=g(z)$ 在 $z_0$ 连续，函数 $w=f(h)$ 在 $h_0=g(z_0)$ 连续，那么复合函数 $w=f[g(z)]$ 在 $z_0$ 处连续.

从以上这些定理，我们可以推得有理整函数（多项式）

$$w=P(z)=a_0+a_1z+a_2z^2+\cdots+a_nz^n$$

对复平面内所有的 $z$ 都是连续的. 而有理分式函数

$$w=\frac{P(z)}{Q(z)},$$

其中 $P(z)$ 和 $Q(z)$ 都是多项式，在复平面内使分母不为零的点也是连续的.

还应指出，所谓函数 $f(z)$ 在曲线 $C$ 上 $z_0$ 点处连续的意义是

$$\lim_{z\to z_0} f(z)=f(z_0),\quad z\in C.$$

闭区域上的连续函数一定有界，且在闭曲线或包括曲线端点在内的曲线段上连续的函数 $f(z)$，在曲线上也是有界的. 即存在一正数 $M$，在曲线上恒有 $|f(z)|\le M$.

**例 3** 证明：在除去原点和负实轴以外的点，$\arg(z)$ 是连续的.

**证** 首先，$\arg(z)$ 在原点无定义，因而不连续. 由 $\arg(z)$ 的定义不难看出，当 $z$ 由实轴上方趋于 $x_0$ 时，$\arg(z)\to\pi$，而当 $z$ 由实轴下方趋于 $x_0$ 时，$\arg(z)\to-\pi$，由此说明 $\lim\limits_{z\to x_0}\arg(z)$

不存在，因而 $\arg(z)$ 在 $x_0$ 点不连续，即在负实轴上不连续，结论得证.　　　　　（证毕）

# 2.3　复变函数的可微性与解析性

## 2.3.1　可微性

**定义1**　设函数 $f(z)$ 在区域 $D$ 内有定义，点 $z\in D$，$z+\Delta z\in D$. 若极限

$$\lim_{\Delta z\to 0}\frac{f(z+\Delta z)-f(z)}{\Delta z}=f'(z)$$

存在，则称它是函数 $f(z)$ 关于复变量 $z$ 的**导数**.

注意：定义中 $\Delta z\to 0$ 的方式是任意的，对于导数的这一限制比对一元实变函数的类似限制要严格得多，从而使复变可导函数具有许多独特的性质和应用.

如果 $f(z)$ 在区域 $D$ 内处处可导，那么称 $f(z)$ 在 $D$ 内可导.

**定义2**　如果函数 $f(z)$ 在点 $z$ 处的增量 $\Delta f=f(z+\Delta z)-f(z)$ 能表示为 $\Delta z$ 的线性主部与高阶无穷小的和，即

$$f(z+\Delta z)-f(z)=c\cdot\Delta z+\gamma(\Delta z)\cdot\Delta z,$$

并且当 $\Delta z\to 0$ 时，$\gamma(\Delta z)\to 0$，则称函数 $f(z)$ 在点 $z$ 处是**可微**的. 由定义得出

$$\frac{f(z+\Delta z)-f(z)}{\Delta z}=c+\gamma(\Delta z)\to c（当\ \Delta z\to 0\ 时）.$$

这意味着在点 $z$ 可微的函数必在该点可导，导数 $f'(z)=c$. 容易证明相反的论断：如果函数 $f(z)$ 在某点有导数，则它必在这点可微.

如果 $f(z)$ 在区域 $D$ 内处处可微，则称 $f(z)$ 在 $D$ 内可微.

**例1**　求 $f(z)=z^2$ 的导数.

**解**　因为

$$\lim_{\Delta z\to 0}\frac{f(z+\Delta z)-f(z)}{\Delta z}=\lim_{\Delta z\to 0}\frac{(z+\Delta z)^2-z^2}{\Delta z}=\lim_{\Delta z\to 0}(2z+\Delta z)=2z,$$

所以 $f'(z)=2z$.

**例2**　$f(z)=x+2\mathrm{i}y$ 是否可导？

**解**　由于

$$\lim_{\Delta z\to 0}\frac{f(z+\Delta z)-f(z)}{\Delta z}=\lim_{\Delta z\to 0}\frac{(x+\Delta x)+2(y+\Delta y)\mathrm{i}-x-2y\mathrm{i}}{\Delta z}=\lim_{\Delta z\to 0}\frac{\Delta x+2\Delta y\mathrm{i}}{\Delta x+\Delta y\mathrm{i}},$$

设 $z+\Delta z$ 沿着平行于 $x$ 轴的直线趋于 $z$（图2.3），因而 $\Delta y=0$. 这时极限

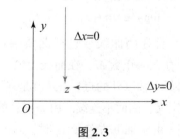

图2.3

$$\lim_{\Delta z \to 0} \frac{\Delta x + 2\Delta y \mathrm{i}}{\Delta x + \Delta y \mathrm{i}} = \lim_{\Delta x \to 0} \frac{\Delta x}{\Delta x} = 1.$$

设 $z + \Delta z$ 沿着平行于 $y$ 轴的直线趋于 $z$（图 2.3），因而 $\Delta x = 0$. 这时极限

$$\lim_{\Delta z \to 0} \frac{\Delta x + 2\Delta y \mathrm{i}}{\Delta x + \Delta y \mathrm{i}} = \lim_{\Delta y \to 0} \frac{2\Delta y \mathrm{i}}{\Delta y \mathrm{i}} = 2.$$

所以 $f(z) = x + 2\mathrm{i}y$ 的导数不存在.

可导与连续：由上例可以看出，函数在复平面内处处连续却可能处处不可导，反过来很容易证明函数在点 $z$ 处可导必在这点连续.

**定理 1（可导的充要条件）** 如果函数 $f(z) = u(x, y) + \mathrm{i}v(x, y)$ 在点 $z = x + \mathrm{i}y$ 的某个邻域内有定义，并且函数 $u(x, y)$ 和 $v(x, y)$ 在 $z$ 点可微，则 $f(z)$ 在点 $z$ 可导的充要条件是在这点处有下述等式成立：

$$\frac{\partial u}{\partial x} = \frac{\partial v}{\partial y}, \quad \frac{\partial u}{\partial y} = -\frac{\partial v}{\partial x}$$

这两个等式称为**柯西 – 黎曼方程**.

**证** **必要性**：假设函数 $f(z)$ 在点 $z$ 可导，即存在

$$f'(z) = \lim_{\Delta z \to 0} \frac{f(z + \Delta z) - f(z)}{\Delta z},$$

由于极限不依赖于 $\Delta z \to 0$ 的方式，因而可首先假设 $\Delta z$ 是实数，即 $\Delta z = \Delta x$，$\Delta y = 0$. 此时

$$f'(z) = \lim_{\Delta x \to 0} \frac{[u(x + \Delta x, y) + \mathrm{i}v(x + \Delta x, y)] - [u(x, y) + \mathrm{i}v(x, y)]}{\Delta x}$$

$$= \lim_{\Delta x \to 0} \frac{[u(x + \Delta x, y) - u(x, y)] + \mathrm{i}[v(x + \Delta x, y) - v(x, y)]}{\Delta x}$$

$$= \frac{\partial u}{\partial x} + \mathrm{i}\frac{\partial v}{\partial x}.$$

现在假设 $\Delta z$ 是一个纯虚数，即 $\Delta z = \mathrm{i}\Delta y$，$\Delta x = 0$. 在这种情况下，

$$f'(z) = \lim_{\Delta y \to 0} \frac{[u(x, y + \Delta y) + \mathrm{i}v(x, y + \Delta y)] - [u(x, y) + \mathrm{i}v(x, y)]}{\mathrm{i}\Delta y}$$

$$= \lim_{\Delta y \to 0} \frac{[u(x, y + \Delta y) - u(x, y)] + \mathrm{i}[v(x, y + \Delta y) - v(x, y)]}{\mathrm{i}\Delta y}$$

$$= -\mathrm{i}\frac{\partial u}{\partial y} + \frac{\partial v}{\partial y} = \frac{\partial v}{\partial y} - \mathrm{i}\frac{\partial u}{\partial y}.$$

比较上述极限得

$$\frac{\partial u}{\partial x} + \mathrm{i}\frac{\partial v}{\partial x} = \frac{\partial v}{\partial y} - \mathrm{i}\frac{\partial u}{\partial y},$$

即

$$\frac{\partial u}{\partial x} = \frac{\partial v}{\partial y}, \quad \frac{\partial u}{\partial y} = -\frac{\partial v}{\partial x}.$$

**充分性**：现在假设在点 $z$ 的某个邻域内 $f(z)$ 满足柯西 – 黎曼条件 $\frac{\partial u}{\partial x} = \frac{\partial v}{\partial y}$，$\frac{\partial u}{\partial y} = -\frac{\partial v}{\partial x}$，因为定理条件规定函数 $u(x, y)$ 和 $v(x, y)$ 是可微的，所以它们的全增量可表示为

$$\Delta u = \frac{\partial u}{\partial x}\Delta x + \frac{\partial u}{\partial y}\Delta y + \alpha_1 |\Delta z|, \quad \Delta v = \frac{\partial v}{\partial x}\Delta x + \frac{\partial v}{\partial y}\Delta y + \alpha_2 |\Delta z|,$$

其中 $|\Delta z| = \sqrt{(\Delta x)^2 + (\Delta y)^2}$，当 $|\Delta z| \to 0$ 时，$\alpha_1 \to 0$，$\alpha_2 \to 0$. 由于 $\Delta f = \Delta u + i\Delta v$，$\Delta z = \Delta x + i\Delta y$，从而

$$\frac{\Delta f}{\Delta z} = \frac{\Delta u + i\Delta v}{\Delta x + i\Delta y}$$

$$= \frac{\dfrac{\partial u}{\partial x}\Delta x + \dfrac{\partial u}{\partial y}\Delta y + \alpha_1 |\Delta z| + i\left(\dfrac{\partial v}{\partial x}\Delta x + \dfrac{\partial v}{\partial y}\Delta y + \alpha_2 |\Delta z|\right)}{\Delta x + i\Delta y}$$

$$= \frac{\left(\dfrac{\partial u}{\partial x}\Delta x + i\dfrac{\partial v}{\partial x}\Delta x\right) + \left(\dfrac{\partial u}{\partial y}\Delta y + i\dfrac{\partial v}{\partial y}\Delta y\right)}{\Delta x + i\Delta y} + (\alpha_1 + i\alpha_2)\frac{|\Delta z|}{\Delta z}$$

$$= \frac{\left(\dfrac{\partial u}{\partial x} + i\dfrac{\partial v}{\partial x}\right)\Delta x + i\left(i\dfrac{\partial v}{\partial x} + \dfrac{\partial u}{\partial x}\right)\Delta y}{\Delta x + i\Delta y} + (\alpha_1 + i\alpha_2)\frac{|\Delta z|}{\Delta z}$$

$$= \frac{\left(\dfrac{\partial u}{\partial x} + i\dfrac{\partial v}{\partial x}\right)(\Delta x + i\Delta y)}{\Delta x + i\Delta y} + (\alpha_1 + i\alpha_2)\frac{|\Delta z|}{\Delta z}$$

$$= \left(\frac{\partial u}{\partial x} + i\frac{\partial v}{\partial x}\right) + (\alpha_1 + i\alpha_2)\frac{|\Delta z|}{\Delta z},$$

由此得 $f'(z) = \lim\limits_{\Delta z \to 0} \dfrac{\Delta f}{\Delta z} = \dfrac{\partial u}{\partial x} + i\dfrac{\partial v}{\partial x}$.　　　　　　　　　　　　　　　（证毕）

**定理 2（导数计算公式）**　设 $f(z) = u + iv$ 在 $z$ 处可导，则

$$f'(z) = \frac{\partial u}{\partial x} + i\frac{\partial v}{\partial x} = \frac{\partial v}{\partial y} + i\frac{\partial v}{\partial x} = \frac{\partial u}{\partial x} - i\frac{\partial u}{\partial y} = \frac{\partial v}{\partial y} - i\frac{\partial u}{\partial y}.$$

**定理 3（求导法则）**

(1) $(c)' = 0$，其中 $c$ 为复常数.

(2) $(z^n)' = nz^{n-1}$，其中 $n$ 为正整数.

(3) $[f(z) \pm g(z)]' = f'(z) + g'(z)$.

(4) $[f(z)g(z)]' = f'(z)g(z) + f(z)g'(z)$.

(5) $\left[\dfrac{f(z)}{g(z)}\right]' = \dfrac{1}{g^2(z)}[g(z)f'(z) - f(z)g'(z)]$.

(6) $\{f[g(z)]\}' = f'(w)g'(z)$，其中 $w = g(z)$.

(7) $f'(z) = \dfrac{1}{\varphi'(w)}$，其中 $w = f(z)$ 与 $z = \varphi(w)$ 是两个互为反函数的单值函数，且 $\varphi'(w) \neq 0$.

**例 3**　讨论 $f(z) = x^2 + y^2 + i(y^2 - x^2)$ 的可导性，如果可导，求出导数.

**解：**令 $u = x^2 + y^2$，$v = y^2 - x^2$，$\dfrac{\partial u}{\partial x} = 2x$，$\dfrac{\partial u}{\partial y} = 2y$，$\dfrac{\partial v}{\partial x} = -2x$，$\dfrac{\partial v}{\partial y} = 2y$.

若柯西－黎曼方程成立，则一定有 $x = y$，即函数 $f(z)$ 在直线 $x = y$ 上可导，此时，

$$f'(z) = \frac{\partial u}{\partial x} + i\frac{\partial v}{\partial x} = 2x + i(-2x) = 2x - 2xi.$$

### 2.3.2　解析性

**定义 3**　如果函数 $f(z)$ 在 $z_0$ 及 $z_0$ 的某邻域内处处可导，那么称 $f(z)$ 在 $z_0$ 解析. 如果

$f(z)$ 在区域 $D$ 内每一点解析, 那么称 $f(z)$ 在 $D$ 内**解析**, 或称 $f(z)$ 是 $D$ 内的一个**解析函数**( 全纯函数或正则函数). 不解析的点称为**奇点**.

**定理 4**

( 1 ) 在区域 $D$ 内解析的两个函数 $f(z)$ 与 $g(z)$ 的和、差、积、商 ( 除去分母为零的点) 在 $D$ 内解析.

( 2 ) 设函数 $h = g(z)$ 在 $z$ 平面上的区域 $D$ 内解析, 函数 $w = f(h)$ 在 $h$ 平面上的区域 $G$ 内解析. 如果对 $D$ 内的每一个点 $z$, 函数 $g(z)$ 的对应值 $h$ 都属于 $G$, 那么复合函数 $w = f[g(z)]$ 在 $D$ 内解析.

**定理 5** 函数 $f(z) = u(x,y) + iv(x,y)$ 在其定义域 $D$ 内解析的充要条件是: $u(x,y)$ 与 $v(x,y)$ 在 $D$ 内可微, 并且满足柯西 - 黎曼方程.

**例 4** 判定下列函数在何处可导, 在何处解析:

( 1 ) $w = \bar{z}$ ; ( 2 ) $f(z) = e^x(\cos y + i\sin y)$ ; ( 3 ) $w = z\mathrm{Re}(z)$.

**解** ( 1 ) 因为 $u = x$, $v = -y$, 则 $\dfrac{\partial u}{\partial x} = 1$, $\dfrac{\partial u}{\partial y} = 0$, $\dfrac{\partial v}{\partial x} = 0$, $\dfrac{\partial v}{\partial y} = -1$. 可知柯西 - 黎曼方程不满足, 所以 $w = \bar{z}$ 在复平面内处处不可导, 处处不解析.

( 2 ) 因为 $u = e^x\cos y$, $v = e^x\sin y$, 则 $\dfrac{\partial u}{\partial x} = e^x\cos y$, $\dfrac{\partial u}{\partial y} = -e^x\sin y$, $\dfrac{\partial v}{\partial x} = e^x\sin y$, $\dfrac{\partial v}{\partial y} = e^x\cos y$, 从而 $\dfrac{\partial u}{\partial x} = \dfrac{\partial v}{\partial y}$, $\dfrac{\partial u}{\partial y} = -\dfrac{\partial v}{\partial x}$. 并且由于上面四个一阶偏导数都是连续的, 所以 $f(z)$ 在复平面内处处可导, 处处解析, 并且根据定理 2, 即

$$f'(z) = \frac{\partial u}{\partial x} + i\frac{\partial v}{\partial x} = \frac{1}{i}\frac{\partial u}{\partial y} + \frac{\partial v}{\partial y},$$

有

$$f'(z) = e^x(\cos y + i\sin y) = f(z).$$

这个函数的特点在于它的导数是其本身, 今后我们将知道这个函数就是复变函数中的指数函数.

( 3 ) 由 $w = z\mathrm{Re}(z) = x^2 + ixy$, 得 $u = x^2$, $v = xy$, 所以 $\dfrac{\partial u}{\partial x} = 2x$, $\dfrac{\partial u}{\partial y} = 0$, $\dfrac{\partial v}{\partial x} = y$, $\dfrac{\partial v}{\partial y} = x$. 容易看出, 这四个偏导数处处连续, 但是仅当 $x = y = 0$ 时, 它们才满足柯西 - 黎曼方程, 因此函数仅在 $z = 0$ 可导, 但在复平面内任何地方都不解析.

**例 5** 如果 $f'(z)$ 在区域 $D$ 处处为零, 那么 $f(z)$ 在 $D$ 内为一常数.

**证** 因为 $f'(z) = \dfrac{\partial u}{\partial x} + i\dfrac{\partial v}{\partial x} = \dfrac{\partial v}{\partial y} - i\dfrac{\partial u}{\partial y} \equiv 0$, 故

$$\frac{\partial u}{\partial x} = \frac{\partial u}{\partial y} = \frac{\partial v}{\partial x} = \frac{\partial v}{\partial y} \equiv 0,$$

所以 $u =$ 常数, $v =$ 常数, 因而 $f(z)$ 在 $D$ 内是常数.

### 2.3.3 应用

在历史上, 复变函数的发生和发展是和应用相联系的, 例如, 达朗贝尔及欧拉由流体力

学导出了著名的柯西 – 黎曼条件；因此一段时间内，人们提到这两个方程时，把它们叫作"达朗贝尔 – 欧拉"方程. 到了 19 世纪，上述两个方程在柯西和黎曼研究流体力学时，做了更为详细的研究，所以这两个方程也被叫作"柯西 – 黎曼条件". 俄国科学家茹科夫斯基应用复变函数证明了关于飞机机翼升力的公式，并且这一重要的结果反过来推动了复变函数的研究. 此外，工程中不规则几何体边界条件的研究，也推动了保形变换的发展. 复变函数的发展还和电磁学、热学、弹性力学、断裂力学等学科以及数学中的其他分支联系着. 在这里，我们只讲述解析函数对平面场的应用，特别是对稳定平面流场和静电场的应用.

物理中有许多不同的稳定平面场，都可以用解析函数来描述，这种平面场的物理现象，可以用相应的解析函数的性质来描述.

如果平面平行向量场不随时间变化，我们称其为平面定常向量场. 假设 $z = x + iy$，对平面上的任意点，可以用一个解析函数来表示. 例如：一个平面定常流速场可以用复变函数表示为

$$v = v(z) = v_x(x, y) + iv_y(x, y).$$

垂直于均匀带电的无限长直导线的所有平面上，电场的分布是相同的，可以表示为

$$E = E(z) = E_x(x, y) + iE_y(x, y).$$

现在考虑不可压缩流体的平面稳定流动，所谓不可压缩流体，是指密度不因压缩而改变的流体，平面流动是指在流动中，垂直于某一平面的每一垂线上所有各质点的速度相同，且与已知平面平行. 稳定流动是指在流动中，各质点的速度只与各质点的位置有关.

**定义 4** 曲线积分 $N_c = \int_c A_n ds$ 称为向量场通过曲线的流量，其中 $A_n ds = A_x(x, y) dy - A_y(x, y) dx$，如果 $N_c = 0$，则存在函数 $v(x, y)$，使

$$d(v(x, y)) = A_x(x, y) dy - A_y(x, y) dx = 0,$$

那么称 $v(x, y)$ 为向量场 $A(x, y)$ 的**流函数**.

**定义 5** 曲线积分 $\Gamma_c = \int_c A_s(x, y) ds = \int_c A_x(x, y) dx + A_y(x, y) dy$ 称为向量场沿曲线的**环量**. 如果 $\Gamma_c = 0$，则存在函数 $u(x, y)$，使 $d(u(x, y)) = A_x(x, y) dx + A_y(x, y) dy$，那么称 $u(x, y)$ 为向量场 $A(x, y)$ 的**势函数**.

所以在无源无旋场中，流函数 $v(x, y)$ 是势函数 $u(x, y)$ 的共轭调和函数（$u(x, y)$、$v(x, y)$ 满足柯西 – 黎曼方程），因此可以做一解析函数 $f(z) = u(x, y) + iv(x, y)$，称此解析函数为向量场的复势.

**例 6** 利用解析函数计算平面流速场的复势.

设向量场 $V$ 是不可压缩的定常的理想流体的流速场，在 $(x, y)$ 处的流速为

$$V(x, y) = (V_1(x, y), V_2(x, y)),$$

其中 $V_1$、$V_2$ 都有连续的偏导数.

若 $V$ 在单连通域 $B$ 是无源场（管量场），即

$$\frac{\partial V_1}{\partial x} = -\frac{\partial V_2}{\partial y},$$

这意味着 $-V_2 dx + V_1 dy = 0$ 为全微分方程，即存在二元函数 $\varphi(x, y)$，使

$$d\varphi = -V_2 dx + V_1 dy,$$

其中,

$$\frac{\partial \varphi}{\partial x} = -V_2, \quad \frac{\partial \varphi}{\partial y} = V_1. \tag{2.1}$$

函数 $\varphi(x,y)$ 称为 $V$ 的流函数.

若单连通域 $B$ 是无旋场（势量场），即

$$\frac{\partial V_2}{\partial x} = \frac{\partial V_1}{\partial y},$$

这意味着 $V_1 dx + V_2 dy = 0$ 为全微分方程，即存在二元函数 $\psi(x,y)$，使

$$d\psi = V_1 dx + V_2 dy,$$

其中,

$$\frac{\partial \psi}{\partial x} = V_1, \quad \frac{\partial \psi}{\partial y} = V_2. \tag{2.2}$$

若单连通域 $B$ 既是无源场又是无旋场，则式（2.1）、式（2.2）同时成立，即有

$$\frac{\partial \psi}{\partial x} = \frac{\partial \varphi}{\partial y}, \quad \frac{\partial \psi}{\partial y} = -\frac{\partial \varphi}{\partial x_2}. \tag{2.3}$$

这正是柯西－黎曼方程. 这说明存在某个解析函数 $f(z)$ 以 $\psi(x,y)$ 为实部，以 $\varphi(x,y)$ 为虚部，即

$$W = f(z) = \psi(x,y) + i\varphi(x,y)$$

为解析函数，该函数即为流速场的复势. 同时

$$f'(z) = \frac{\partial \psi}{\partial x} + i\frac{\partial \varphi}{\partial x} = V_1 - iV_2,$$

$$V = V_1 + iV_2$$

则

$$\overline{f'(z)} = \overline{V_1 - iV_2} = V_1 + iV_2 = V$$

因此，平面流速场的复势与流速之间的关系为 $V = \overline{f'(z)}$.

在研究一般的剖面绕流问题时，特别是机翼剖面绕流问题时，我们只要求出平面稳定绕流的复势，即可求出绕流的速度分布.

**例 7** 利用解析函数计算静电场的复势.

**解** 设静电场 $E(z) = E_1(x,y) + iE_2(x,y)$. 若 $E$ 是无源场，即

$$\frac{\partial E_1}{\partial x} = -\frac{\partial E_2}{\partial y},$$

则与流速场一样，存在二元函数 $u(x,y)$，使

$$du = -E_2 dx + E_1 dy,$$

则称函数 $u(x,y)$ 为 $E$ 的力函数.

若 $E$ 是无旋场，即

$$\frac{\partial E_2}{\partial x} = \frac{\partial E_1}{\partial y},$$

存在二元函数 $v(x,y)$，使

$$dv = -E_1 dx - E_2 dy,$$

则称函数 $v(x,y)$ 为 $E$ 的势函数（电势或电位）. 解析函数

$$W = f(z) = u(x,y) + iv(x,y)$$

被称为静电场的复势或复电位. 且

$$-\overline{if'(z)} = -\frac{\partial v}{\partial x} - i\frac{\partial u}{\partial v} = E.$$

这是电工学中的习惯用法.

以上两个例子是复势在流体力学中的应用. 在热力学的热传导理论中, 已经证明, 介质的热量与温度梯度成正比, 和流体力学中的势函数一样, 我们也可以构造热流场的复势:

$$w = f(z) = \varphi(x,y) + i\phi(x,y),$$

那么, $\varphi(x,y)$ 称为温度函数（或势函数）, $\varphi(x,y) = c_1$ 称为等温线; $\phi(x,y)$ 称为热流函数, $\phi(x,y) = c_2$ 是热量流动所沿的曲线. 热流场可以用复变函数 $Q(z) = -k\overline{f'(z)}$ 表示.

在空间静电场中, 我们也可以构造复势

$$w = f(z) = \varphi(x,y) + i\phi(x,y),$$

其中

$$d\varphi(x,y) = -[E_x(x,y)dx + E_y(x,y)dy], d\phi(x,y) = -E_y(x,y)dx + E_x(x,y)dy.$$

其中, $\varphi(x,y)$ 称为力函数, $w = f(z) = \varphi(x,y) + i\phi(x,y)$ 称为静电场的复势, 是一个解析函数.

## 2.4　初等函数

### 2.4.1　指数函数

**定义**　对任意 $z = x + iy$, 定义**指数函数**为

$$e^z = e^{x+iy} = e^x(\cos y + i\sin y).$$

由此定义, 我们可以看出, 当 $y = 0$ 时, $e^z$ 就成了微积分通常意义下的指数函数.

**定理1**　指数函数 $e^z$ 具有如下性质:

(1) 任意 $z$, $e^z \neq 0$;

(2) $|e^z| = e^x$;

(3) $\text{Arg}(e^z) = y + 2k\pi(k = \pm 1, \pm 2, \cdots)$;

(4) $e^{z_1}e^{z_2} = e^{z_1+z_2}$;

(5) $e^{z+2k\pi i} = e^z$, 即 $e^z$ 的周期为 $2k\pi i(k = \pm 1, \pm 2, \cdots)$;

(6) $e^z$ 在复平面内处处解析, 且 $(e^z)' = e^z$;

(7) $e^z = 1$ 的充要条件为 $z = 2k\pi i(k = 0, \pm 1, \pm 2, \cdots)$.

### 2.4.2　对数函数

和实变函数一样, 对数函数定义为指数函数的反函数. 我们把满足方程

$$e^w = z(z \neq 0)$$

的反函数 $w = f(z)$ 称为**对数函数**. 令 $w = u + iv$, $z = re^{i\theta}$, 那么 $e^{u+iv} = re^{i\theta}$, 所以

$$u = \ln r, \quad v = \theta.$$

因此

$$w = \ln |z| + \mathrm{iArg}(z).$$

由于 $\mathrm{Arg}(z)$ 为多值函数，所以对数函数 $w = f(z)$ 为多值函数，并且每两个值相差 $2\pi\mathrm{i}$ 的整数倍，记作

$$\mathrm{Ln}\, z = \ln |z| + \mathrm{iArg}(z).$$

如果规定上式中的 $\mathrm{Arg}(z)$ 取主值 $\arg(z)$，那么 $\mathrm{Ln}\, z$ 为一单值函数，记作 $\ln z$，称为 $\mathrm{Ln}\, z$ 的主值. 这样，就有

$$\ln z = \ln |z| + \mathrm{iarg}(z).$$

而其余各个值可由

$$\mathrm{Ln}\, z = \ln z + 2k\pi\mathrm{i} \quad (k = \pm 1, \pm 2, \cdots) \tag{2.4}$$

表达. 对于每一个固定的 $k$，式（2.4）为一单值函数，称为 $\mathrm{Ln}\, z$ 的一个分支.

特别，当 $z = x > 0$ 时，$\mathrm{Ln}\, z$ 的主值 $\ln z = \ln x$，就是实变数对数函数. 需要注意的是，由于在原点处不定义辐角，因此 $\mathrm{Ln}\, z$ 和 $\ln z$ 在原点处没有定义.

**例 1** 求 $\mathrm{Ln}\, 2$、$\mathrm{Ln}(-1)$ 以及与它们相应的主值.

**解** 因为 $\mathrm{Ln}\, 2 = \ln 2 + 2k\pi\mathrm{i}$，所以它的主值就是 $\ln 2$. 而

$$\mathrm{Ln}(-1) = \ln 1 + \mathrm{iArg}(-1) = (2k+1)\pi\mathrm{i}\,(k \text{ 为整数}),$$

所以它的主值是 $\ln(-1) = \pi\mathrm{i}$.

在实变函数中，负数无对数. 此例说明这个事实在复数范围内不再成立，而且正实数的对数也是无穷多值的.

**定理 2** 对数函数具有如下性质：

（1）$\mathrm{Ln}\, z$ 与 $\ln z$ 的定义域为 $z \neq 0$；

（2）$\mathrm{Ln}(z_1 z_2) = \mathrm{Ln}\, z_1 + \mathrm{Ln}\, z_2$；

（3）$\dfrac{\mathrm{Ln}\, z_1}{\mathrm{Ln}\, z_2} = \mathrm{Ln}(z_1 - z_2)$；

（4）$\ln z$ 在除去原点和负实轴的任意点处连续、可导、解析，且 $(\ln z)' = \dfrac{1}{z}$；

（5）$z = x > 0$ 时，$\ln z = \ln x$ 就是实变数中的对数函数.

**注意**：等式 $\mathrm{Ln}(z^n) = n\mathrm{Ln}\, z$，$\mathrm{Ln}(\sqrt[n]{z}) = \dfrac{1}{n}\mathrm{Ln}\, z$ 不再成立，其中 $n$ 为大于 1 的正整数.

## 2.4.3 乘幂与幂函数

对任意复数 $a \neq 0$，$b$，我们定义

$$a^b = \mathrm{e}^{b\mathrm{Ln}\, a}.$$

$a^b$ 通常是多值的. 当 $b$ 为整数时，$a^b$ 为单值；当 $b = \dfrac{p}{q}$（$p$ 与 $q$ 为互质的整数，$q > 0$）时，$a^b$ 有 $q$ 个不同的值.

$$a^b = \mathrm{e}^{\frac{p}{q}\mathrm{Ln}|a| + \mathrm{i}\frac{p}{q}[\arg(a) + 2k\pi]}$$

$$= e^{\frac{p}{q}\mathrm{Ln}|a|}\left\{\cos\frac{p}{q}[\arg(a)+2k\pi]+\mathrm{i}\sin\frac{p}{q}[\arg(a)+2k\pi]\right\}(k=0,1,2,\cdots,q-1).$$

除此而外, $a^b$ 有无穷多个不同的值. 当 $a$ 为正实数, $b$ 为实数时, 与实变数中的定义一致.

**例 2** 求 $1^{\sqrt{2}}$、$1^{\frac{2}{3}}$、$\mathrm{i}^{\mathrm{i}}$ 的值.

**解** $1^{\sqrt{2}} = e^{\sqrt{2}\mathrm{Ln}1} = e^{2k\pi\mathrm{i}\sqrt{2}} = \cos(2k\pi\sqrt{2}) + \mathrm{i}\sin(2k\pi\sqrt{2})\,(k=0,\pm1,\pm2,\cdots);$

$$1^{\frac{2}{3}} = e^{\frac{2}{3}\mathrm{Ln}1} = e^{\frac{4k\pi\mathrm{i}}{3}} = \cos\frac{4k\pi}{3} + \mathrm{i}\sin\frac{4k\pi}{3}\,(k=0,1,2);$$

3 个根依次为 $1$, $\cos\dfrac{4\pi}{3}+\mathrm{i}\sin\dfrac{4\pi}{3}=-\dfrac{1}{2}-\dfrac{\sqrt{3}}{2}\mathrm{i}$, $\cos\dfrac{2\pi}{3}+\mathrm{i}\sin\dfrac{2\pi}{3}=-\dfrac{1}{2}+\dfrac{\sqrt{3}}{2}\mathrm{i}$;

$$\mathrm{i}^{\mathrm{i}} = e^{\mathrm{i}\mathrm{Ln}\mathrm{i}} = e^{\mathrm{i}\left(\frac{\pi}{2}\mathrm{i}+2k\pi\mathrm{i}\right)} = e^{-\left(\frac{\pi}{2}+2k\pi\right)}\,(k=0,\pm1,\pm2,\cdots).$$

由此可见, $\mathrm{i}^{\mathrm{i}}$ 的值都是正实数, 它的主值是 $e^{-\frac{\pi}{2}}$.

**定理 3** 如果 $a=z$ 为复变量时, $z^b$ 为幂函数. 当 $b$ 为整数时, 即 $b=n$ 时, $z^n$ 在复平面内处处解析, $(z^n)'=nz^{n-1}$. 当 $z^b$ 为多值函数时, 它的各个分支在除去原点和负实轴的平面内解析, 且 $(z^b)'=bz^{b-1}$.

### 2.4.4　三角函数与双曲函数

我们知道 $\qquad e^{\mathrm{i}y}=\cos y+\mathrm{i}\sin y,\quad e^{-\mathrm{i}y}=\cos y-\mathrm{i}\sin y.$

两式相加与相减得到 $\quad \cos y=\dfrac{1}{2}(e^{\mathrm{i}y}+e^{-\mathrm{i}y}),\quad \sin y=\dfrac{1}{2\mathrm{i}}(e^{\mathrm{i}y}-e^{-\mathrm{i}y}).$

所以我们定义余弦与正弦函数为

$$\cos z=\frac{1}{2}(e^{\mathrm{i}z}+e^{-\mathrm{i}z}),\quad \sin z=\frac{1}{2\mathrm{i}}(e^{\mathrm{i}z}-e^{-\mathrm{i}z}).$$

**定理 4** 正弦与余弦函数有如下性质:

(1) $\cos z$ 与 $\sin z$ 以 $2\pi$ 为周期;

(2) $\cos(-z)=\cos z$;

(3) $\sin(-z)=-\sin z$;

(4) $e^{\mathrm{i}z}=\cos z+\mathrm{i}\sin z$;

(5) $\cos z$ 与 $\sin z$ 处处解析且 $(\cos z)'=-\sin z$, $(\sin z)'=\cos z$;

(6) $\cos^2 z+\sin^2 z=1$;

(7) $\cos(z_1+z_2)=\cos z_1\cos z_2-\sin z_1\sin z_2$, $\sin(z_1+z_2)=\sin z_1\cos z_2+\cos z_1\sin z_2$.

**注意**: $|\sin z|\leqslant 1$ 和 $|\cos z|\leqslant 1$ 在复数范围内不再成立.

$$\cos\mathrm{i}y=\frac{1}{2}(e^y+e^{-y}),\quad \sin\mathrm{i}y=\frac{1}{2\mathrm{i}}(e^{-y}-e^y).$$

当 $y\to\infty$ 时, $|\sin\mathrm{i}y|$ 和 $|\cos\mathrm{i}y|$ 都趋于无穷大.

其他复变数三角函数的定义如下:

$$\tan z=\frac{\sin z}{\cos z},\quad \cot z=\frac{\cos z}{\sin z},$$

$$\sec z = \frac{1}{\cos z}, \quad \csc z = \frac{1}{\sin z}.$$

读者可仿照 $\sin z$ 与 $\cos z$ 讨论它们的周期性、奇偶性与解析性等.

定义双曲余弦与双曲正弦函数为

$$\operatorname{ch} z = \frac{1}{2}(\mathrm{e}^z + \mathrm{e}^{-z}), \quad \operatorname{sh} z = \frac{1}{2}(\mathrm{e}^z - \mathrm{e}^{-z}).$$

**定理 5**　双曲余弦与双曲正弦函数有如下性质:

（1）$\operatorname{ch} z$ 与 $\operatorname{sh} z$ 以 $2\pi\mathrm{i}$ 为周期;

（2）$\operatorname{ch}(-z) = \operatorname{ch} z$; $\operatorname{sh}(-z) = -\operatorname{sh} z$;

（3）$(\operatorname{ch} z)' = \operatorname{sh} z, (\operatorname{sh} z)' = \operatorname{ch} z.$

### 2.4.5　反三角函数与反双曲函数

反三角函数定义为三角函数的反函数. 设

$$z = \cos w,$$

那么称 $w$ 为 $z$ 的**反余弦函数**, 记作

$$w = \arccos z.$$

由 $z = \cos w = \frac{1}{2}(\mathrm{e}^{\mathrm{i}w} + \mathrm{e}^{-\mathrm{i}w})$ 得 $\mathrm{e}^{\mathrm{i}w}$ 的二次方程:

$$\mathrm{e}^{2\mathrm{i}w} - 2z\mathrm{e}^{\mathrm{i}w} + 1 = 0,$$

它的根为

$$\mathrm{e}^{\mathrm{i}w} = z + \sqrt{z^2 - 1},$$

其中 $\sqrt{z^2 - 1}$ 应理解为双值函数. 因此, 两端取对数, 得

$$\arccos z = -\mathrm{i}\operatorname{Ln}(z + \sqrt{z^2 - 1}).$$

显然, $\arccos z$ 是一个多值函数, 它的多值性正是 $\cos w$ 的偶性和周期性的反映.

用同样的方法可以定义反正弦函数和反正切函数, 并且重复上述步骤, 可以得到它们的表达式:

$$\begin{cases} \arcsin z = -\mathrm{i}\operatorname{Ln}(\mathrm{i}z + \sqrt{1 - z^2}), \\ \operatorname{arccot} z = -\dfrac{\mathrm{i}}{2}\operatorname{Ln}\dfrac{1 + \mathrm{i}z}{1 - \mathrm{i}z}. \end{cases}$$

反双曲函数定义为双曲函数的反函数. 用与推导反三角函数表达式完全类似的步骤, 可以得到各反双曲函数的表达式, 它们都是多值函数.

反双曲正弦: $\operatorname{arsh} z = \operatorname{Ln}(z + \sqrt{z^2 + 1})$;

反双曲余弦: $\operatorname{arch} z = \operatorname{Ln}(z + \sqrt{z^2 - 1})$;

反双曲正切: $\operatorname{arth} z = \dfrac{1}{2}\operatorname{Ln}\dfrac{1 + z}{1 - z}.$

### 2.4.6　应用

初等复变函数在电磁场理论中经常遇到, 特别是借助于函数 $\operatorname{sh} z$、$\operatorname{ch} z$、$\tan z$ 可表述复杂

的现象，如平面的通电导线的表面效应及两条彼此相近、平行放置且通过正弦电流的导线间的临近作用等. 下面，我们举两个初等函数在其他学科中应用的例子.

**例3** 在通信中，基本的信号大都可以用函数来表示，其中复指数函数就是一类常见的信号函数，这也是初等函数的应用背景之一. 复指数信号表达式为

$$f(t) = e^{A(\sigma + \omega i)t},$$

其中，$A > 0$ 表示信号的幅度，$\omega$ 表示正、余弦信号的角频率. 将信号函数改写成三角形式，则为

$$f(t) = e^{A\sigma t}(\cos A\omega t + i\sin A\omega t),$$

那么我们不难发现该表达式的实际意义：

(1) $\sigma > 0$ 表示 $f(t)$ 的实部与虚部为增强的正、余弦信号；

(2) $\sigma < 0$ 表示 $f(t)$ 的实部与虚部为衰减的正、余弦信号；

(3) $\sigma = 0(\omega \neq 0)$ 表示 $f(t)$ 的实部与虚部为等幅的正、余弦信号；

(4) $\sigma = 0(\omega = 0)$ 表示 $f(t)$ 为直流信号.

# 数学文化赏析——柯西与黎曼

## 柯西

柯西（Augustin – Louis Cauchy，1789—1857）是法国的数学家、物理学家、天文学家. 柯西于 1789 年 8 月 21 日出生于巴黎，少年时代就与当时法国的大数学家拉格朗日与拉普拉斯有交往，他的数学才华颇受这两位数学家的赞赏. 他于 1805 年考入综合工科学校，在那里主要学习数学和力学；1807 年考入桥梁公路学校，1810 年以优异成绩毕业，前往瑟堡参加海港建设工程. 柯西去瑟堡时携带了拉格朗日的《解析函数论》和拉普拉斯的《天体力学》，后来还陆续收到从巴黎寄出或从当地借得的一些数学书. 他在业余时间悉心攻读有关数学各分支方面的书籍，从数论直到天文学方面. 柯西于 1816 年先后被任命为法国科学院院士和综合工科学校教授. 1821 年又被任命为巴黎大学力学教授，还曾在法兰西学院授课.

柯西在数学上的最大贡献是在微积分中引进了极限概念，并以极限为基础建立了逻辑清晰的分析体系. 这是微积分发展史上的精华，也是柯西对人类科学发展所做的巨大贡献. 19 世纪初期，微积分已发展成一个庞大的分支，内容丰富，应用非常广泛. 与此同时，它的薄弱之处也越来越暴露出来，微积分的理论基础并不严格. 为解决新问题并澄清微积分概念，数学家们展开了数学分析严谨化的工作，在分析基础的奠基工作中，作出卓越贡献的要首推伟大的数学家柯西. 1821 年柯西提出极限定义的方法，把极限过程用不等式来刻画，后经魏尔斯特拉斯改进，成为现在所说的柯西极限定义. 当今所有微积分的教科书都还（至少是在本质上）沿用着柯西等人关于极限、连续、导数、收敛等概念的定义. 他对微积分的解释被后人普遍采用. 柯西对定积分做了最系统的开创性工作，他把定积分定义为和的"极限". 在定积分运算之前，强调必须确立积分的存在性. 他利用中值定理首先严格证明了微积分基本定理. 通过柯西以及后来魏尔斯特拉斯的艰苦工作，使数学分析的基本概念得到严格的论述. 柯西首先准确地证明了泰勒公式，他给出了级数收敛的定义和一些判别法. 在一次学术会议上柯西提出了级数收敛性理论. 会后，拉普拉斯急忙赶回家中，根据柯西的严谨判别法，逐一检查其巨著《天体力学》中所用到的级数是否都收敛.

复变函数的微积分理论也是由柯西创立的. 柯西于 1832—1833 年任意大利都灵大学数学物理教授，并参加当地科学院的学术活动. 那时他研究了复变函数的级数展开和微分方程（强级数法），并为此作出重要贡献. 1838 年他在创办不久的法国科学院报告和他自己编写的"期刊分析及数学物理习题"上发表了关于复变函数、天体力学、弹性力学等方面的大批重要论文. 柯西最重要和最有首创性的工作是关于单复变函数论. 18 世纪的数学家们采用过上、下限是虚数的定积分，但没有给出明确的定义. 柯西首先阐明了有关概念，并且用这种积分来研究多种多样的问题，如实定积分的计算、级数与无穷乘积的展开、用含参变量的积分表示微分方程的解等.

柯西的数学成就不仅辉煌，而且数量惊人. 柯西全集有 27 卷，其论著有 800 多篇，在数学史上是仅次于欧拉的多产数学家. 他的光辉名字与许多定理、准则一起记载在当今许多教材中. 从柯西卷帙浩大的论著和成果，人们不难想象他一生是怎样孜孜不倦地勤奋工作. 1857 年 5 月 23 日柯西在巴黎病逝，他临终的一句名言"人总是要死的，但是，他们的业绩永存"，长久地叩击着一代又一代学子的心扉.

### 黎曼

黎曼（Georg Friedrich Bernhard Riemann，1826—1866），是德国著名的数学家，他在数学分析和微分几何方面作出过重要贡献，他开创了黎曼几何，并且给后来爱因斯坦的广义相对论提供了数学基础. 1846 年，黎曼进入哥廷根大学学习哲学和神学. 在此期间他去听了一些数学讲座，包括高斯关于最小二乘法的讲座. 在得到父亲的允许后，他改学数学. 在大学期间有两年去柏林大学就读，受到 C. G. J. 雅可比和 P. G. L. 狄利克雷的影响.

1847 年春，黎曼转到柏林大学，投入雅戈比、狄利克雷和 Steiner 门下. 1851 年，他论证了复变函数可导的必要充分条件（即柯西 – 黎曼方程）. 借助狄利克雷原理阐述了黎曼映射定理，成为函数的几何理论的基础. 1854 年，发扬了高斯关于曲面的微分几何研究，提出用流形的概念理解空间的实质，用微分弧长度的平方所确定的正定二次型理解度量，建立了黎曼空间的概念，把欧氏几何、非欧几何包进了他的体系之中. 1857 年初次登台做了题为"论作为几何基础的假设"的演讲，开创了黎曼几何，并为爱因斯坦的广义相对论提供了数学基础. 1857 年，发表的关于阿贝尔函数的研究论文，引出黎曼曲面的概念，将阿贝尔积分与阿贝尔函数的理论带到新的转折点并做系统的研究. 黎曼猜想由黎曼于 1859 年提出，其中涉及了素数的分布，被认为是世界上最困难的数学题之一. 2000 年，美国克莱数学研究所（Clay Mathematics Institute）将黎曼猜想列为七大千年数学难题之一. 2015 年 11 月，尼日利亚教授奥派耶米伊诺克（Opeyemi Enoch）成功解决已存在 156 年的数学难题——黎曼猜想，获得 100 万美元（约合人民币 630 万元）的奖金.

另外，他对偏微分方程及其在物理学中的应用有重大贡献. 甚至对物理学本身，如对热学、电磁非超距作用和激波理论等也作出了重要贡献.

黎曼的工作直接影响了 19 世纪后半期的数学发展，许多杰出的数学家重新论证黎曼断言过的定理，在黎曼思想的影响下数学许多分支取得了辉煌成就. 黎曼首先提出用复变函数论特别是用函数研究数论的新思想和新方法，开创了解析数论的新时期，并对单复变函数论的发展有深刻的影响. 他是世界数学史上最具独创精神的数学家之一，黎曼的著作不多，但异常深刻，极富于对概念的创造与想象.

## 第 2 章　习题

1. 函数 $w = \dfrac{1}{z}$ 把 $z$ 平面上的曲线 $x=1$ 和 $x^2+y^2=4$ 分别映射成 $w$ 平面中的什么曲线?

2. 在映射 $w=z^2$ 下,下列 $z$ 平面上的图形被映射为 $w$ 平面上的什么图形?

(1) $0<r<2$, $\theta=\dfrac{\pi}{4}$; (2) $0<r<2$, $0<\theta<\dfrac{\pi}{4}$; (3) $x=a$, $y=b$ ($a$, $b$ 为实数).

3. 试问函数 $f(z)=1/(1-z)$ 在单位圆 $|z|<1$ 内是否连续?

4. 求下列极限:

(1) $\lim\limits_{z\to\infty}\dfrac{1}{1+z^2}$; (2) $\lim\limits_{z\to0}\dfrac{\mathrm{Re}(z)}{z}$; (3) $\lim\limits_{z\to i}\dfrac{z-i}{z(1+z^2)}$; (4) $\lim\limits_{z\to1}\dfrac{z\bar{z}+2z-\bar{z}-2}{z^2-1}$.

5. 讨论下列函数的连续性:

(1) $f(z)=\begin{cases} \dfrac{xy}{x^2+y^2}, & z\neq0, \\ 0, & z=0; \end{cases}$  (2) $f(z)=\begin{cases} \dfrac{x^3y}{x^4+y^2}, & z\neq0, \\ 0, & z=0. \end{cases}$

6. 指出下列函数的解析区域和奇点,并求出可导点的导数:

(1) $(z-1)^5$; (2) $z^3+2iz$; (3) $\dfrac{1}{z^2+1}$; (4) $z+\dfrac{1}{z+3}$.

7. 判别下列函数在何处可导,何处解析? 并求出可导点的导数.

(1) $f(z)=xy^2+x^2yi$;  (2) $f(z)=x^2+y^2i$;

(3) $f(z)=x^3-3xy^2+i(3x^2y-y^3)$; (4) $f(z)=\dfrac{1}{z}$.

8. 设 $f(z)=my^3+nx^2y+i(x^3+lxy^2)$ 在 $z$ 平面上解析,求 $m$、$n$、$l$ 的值.

9. 证明:若 $f(z)=u+iv$ 在区域 $D$ 内解析,且满足下列条件之一,则 $f(z)$ 在 $D$ 内一定为常数:

(1) $\overline{f(z)}$ 在 $D$ 内解析;   (2) $u$ 在 $D$ 内为常数;    (3) $|f(z)|$ 在 $D$ 内为常数;

(4) $v=u^2$;    (5) $2u+3v=1$.

10. 证明洛必达法则:若 $f(z)$ 及 $g(z)$ 在 $z_0$ 点解析,且
$$f(z_0)=g(z_0)=0,\ g'(z_0)\neq0,$$
则 $\lim\limits_{z\to z_0}\dfrac{f(z)}{g(z)}=\dfrac{f'(z_0)}{g'(z_0)}$, 并由此求 $\lim\limits_{z\to0}\dfrac{\sin z}{z}$、$\lim\limits_{z\to0}\dfrac{e^z-1}{z}$.

11. 试讨论函数 $f(z)=|z|+\mathrm{Ln}\,z$ 的连续性与可导性.

12. 计算下列各值:

(1) $e^{-\frac{\pi}{2}i}$; (2) $\mathrm{Ln}(-i)$; (3) $\mathrm{Ln}(-3+4i)$; (4) $\sin i$; (5) $(1+i)^i$; (6) $27^{\frac{2}{3}}$.

13. 求 $|e^{z^2}|$ 和 $\mathrm{Arg}(e^{z^2})$.

14. 解下列方程:

（1）$e^z = 1 + \sqrt{3}i$；（2）$\ln z = \dfrac{\pi}{2}i$；（3）$\sin z + \cos z = 0$；（4）$shz = i$.

15. 用对数计算公式直接验证：

（1）$Lnz^2 \neq 2Lnz$；（2）$Ln\sqrt{z} = \dfrac{1}{2}Lnz$.

16. 证明 $\overline{\sin z} = \sin \bar{z}$，$\overline{\cos z} = \cos \bar{z}$.

17. 已知平面流场的复势 $f(z)$ 为：（1）$(z+i)^2$；（2）$z^3$；（3）$\dfrac{1}{z^2+1}$. 试求流动的速度及流线和等势线方程.

# 第3章 复变函数的积分

本章主要介绍复变函数的积分，包括积分的一般概念和一般算法（参数法）、闭路上积分的柯西定理和复合闭路定理以及柯西积分公式、原函数与不定积分、调和函数等.

## 3.1 复变函数积分的概念

### 3.1.1 基本定义

本书提到的所有曲线一般都指如本书1.3节中所定义的光滑或逐段光滑的平面曲线. 有向曲线是指规定了正方向的曲线. 曲线的方向定义如下：

（1）对于曲线段 $\Gamma$ 而言，以后把两个端点中的一个作为起点，另一个作为终点，除特殊声明外，正方向总是指从起点到终点的方向，如图3.1所示.

（2）如果曲线 $\Gamma$ 是简单闭曲线，则这样的方向规定为正向，即沿着它运动时，由这条曲线围成的区域的内部总在行进方向的左侧，如图3.2所示.

图 3.1                    图 3.2

（3）若曲线 $\Gamma$ 为由多条简单闭曲线 $C$ 及 $C_k(k=1,2,\cdots,n)$ 所组成的复合闭路，其正方向依然规定为：沿着它运动时，由这条曲线围成的区域的内部总在行进方向的左侧，如图3.3所示，即 $C$ 按逆时针进行，$C_k$ 按顺时针进行，我们可以将 $\Gamma$ 的正方向记为 $\Gamma = C \cup C_1^- \cup \cdots \cup C_n^-$.

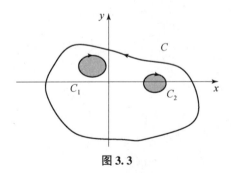

图 3.3

**定义**　在平面 $z$ 上给定一条光滑有向曲线和在它上面定义的函数 $f(z)$. 把曲线 $C$ 任意分成几个弧段，$\Delta z_k = z_{k+1} - z_k$（图3.4），在每个弧段上，任选一点 $\zeta_k$，计算这点的函数值

$f(\zeta_k)$，并做出积分和 $\sum\limits_{k=1}^{n} f(\zeta_k)\Delta z_k$. 当 $\max|\Delta z_k|\to 0$ 时，如果这个积分和的极限存在且不依赖于曲线 $C$ 的分法及 $\zeta_k$ 的取法，那么称这极限值为函数 $f(z)$ 沿曲线 $C$ 的 **积分**，并记作 $\int_C f(z)\,\mathrm{d}z$.

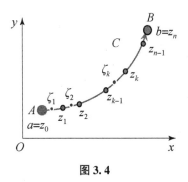

图 3.4

与在数学分析中证明实变函数的曲线积分的存在性类似，也可证明：如果 $f(z)$ 是逐段连续函数，而曲线 $C$ 是逐段光滑曲线，则积分总存在.

### 3.1.2 计算方法与性质

若设 $f(z) = u(x,y) + iv(x,y)$，其中 $u(x,y)$ 和 $v(x,y)$ 是实变函数，根据复变函数定积分的定义将其代入，则我们可以给出积分 $\int_C f(z)\,\mathrm{d}z$ 的另一种表达形式. 首先给出下列记法：

$$z_k = x_k + iy_k, \quad x_{k+1} - x_k = \Delta x_k, \quad y_{k+1} - y_k = \Delta y_k, \quad \Delta z_k = \Delta x_k + i\Delta y_k,$$
$$\zeta_k = \xi_k + i\eta_k, \quad u(\xi_k, \eta_k) = u_k, \quad v(\xi_k, \eta_k) = v_k, \quad f(\zeta_k) = u_k + iv_k.$$

则

$$\begin{aligned}
\sum_{k=1}^{n} f(\zeta_k)\Delta z_k &= \sum_{k=1}^{n}(u_k + iv_k)(\Delta x_k + i\Delta y_k)\\
&= \sum_{k=1}^{n}\big[(u_k\Delta x_k - v_k\Delta y_k) + i(v_k\Delta x_k + u_k\Delta y_k)\big]\\
&= \sum_{k=1}^{n}(u_k\Delta x_k - v_k\Delta y_k) + i\sum_{k=1}^{n}(v_k\Delta x_k + u_k\Delta y_k).
\end{aligned}$$

且 $\max|\Delta z_k|\to 0$，等价于 $\max|\Delta x_k|\to 0$，$\max|\Delta y_k|\to 0$. 因此令 $\max|\Delta z_k|\to 0$，取极限得

$$\int_C f(z)\,\mathrm{d}z = \int_C u\mathrm{d}x - v\mathrm{d}y + i\int_C u\mathrm{d}y + v\mathrm{d}x. \tag{3.1}$$

这样，把复变函数积分的计算化为实变量的实函数曲线积分的计算.

下面，我们讨论当被积曲线为参数形式时，积分 $\int_C f(z)\,\mathrm{d}z$ 的表达式. 首先指出，如果 $z(t) = x(t) + iy(t)$ 是实变量 $t$ 的复函数，那么它的导数和积分分别等于实部函数和虚部函数的导数和积分的线性组合，即

$$z'(t) = x'(t) + iy'(t),$$

$$\int_{t_1}^{t_2} z(t)\,\mathrm{d}t = \int_{t_1}^{t_2} x(t)\,\mathrm{d}t + \mathrm{i}\int_{t_1}^{t_2} y(t)\,\mathrm{d}t.$$

其次，如果曲线 $C$ 是由参变量形式 $z(t) = x(t) + \mathrm{i}y(t)$ 给出的，并且 $t_1 \le t \le t_2$，那么将参数方程代入式 (3.1) 可得

$$\int_C f(z)\,\mathrm{d}z = \int_{t_1}^{t_2} f(z(t)) z'(t)\,\mathrm{d}t.$$

这就是当积分曲线为参数形式时复变函数定积分的计算公式.

最后，应着重指出，实变量实函数的曲线积分的所有性质对于复变量复函数的积分也是正确的.

**性质** 设 $A_1$ 和 $A_2$ 是复常数，$C_1$ 和 $C_2$ 组成曲线 $C$，$C^-$ 是形状与位置和曲线 $C$ 相同而方向相反的一条曲线，$L$ 是曲线 $C$ 的弧长，则下列性质成立：

(1) $\int_C [A_1 f_1(z) + A_2 f_2(z)]\,\mathrm{d}z = A_1 \int_C f_1(z)\,\mathrm{d}z + A_2 \int_C f_2(z)\,\mathrm{d}z$；

(2) $\int_C f(z)\,\mathrm{d}z = \int_{C_1} f(z)\,\mathrm{d}z + \int_{C_2} f(z)\,\mathrm{d}z$；

(3) $\int_{C^-} f(z)\,\mathrm{d}z = -\int_C f(z)\,\mathrm{d}z$（$C^-$ 表示曲线 $C$ 的负方向）；

(4) 如果在曲线 $C$ 上满足 $|f(z)| \le M (M > 0)$，那么

$$\left|\int_C f(z)\,\mathrm{d}z\right| \le ML.$$

**例 1** 计算 $\oint_C \bar{z}\,\mathrm{d}z$ 的值，其中 $C$ 为（图 3.5）：

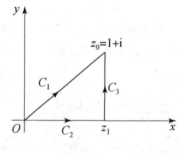

图 3.5

(1) 沿从原点到点 $z_0 = 1 + \mathrm{i}$ 的直线段 $C_1: z = (1 + \mathrm{i})t,\ 0 \le t \le 1$；

(2) 沿从原点到点 $z_1 = 1$ 的直线段 $C_2: z = t, 0 \le t \le 1$，与从 $z_1$ 到 $z_0$ 的直线段 $C_3: z = 1 + \mathrm{i}t$，$0 \le t \le 1$ 所接成的折线.

**解** (1) $\int_C \bar{z}\,\mathrm{d}z = \int_0^1 (t - \mathrm{i}t)(1 + \mathrm{i})\,\mathrm{d}t = \int_0^1 2t\,\mathrm{d}t = 1$；

(2) $\int_C \bar{z}\,\mathrm{d}z = \int_{C_2} \bar{z}\,\mathrm{d}z + \int_{C_3} \bar{z}\,\mathrm{d}z = \int_0^1 t\,\mathrm{d}t + \int_0^1 (1 - \mathrm{i}t)\mathrm{i}\,\mathrm{d}t = \dfrac{1}{2} + \left(\dfrac{1}{2} + \mathrm{i}\right) = 1 + \mathrm{i}$.

**例 2** 计算积分 $\int_{1+\mathrm{i}}^{2+4\mathrm{i}} z^2\,\mathrm{d}z$，积分线路取作：（1）沿抛物线 $x = t,\ y = t^2$，其中 $1 \le t \le 2$；

(2) 沿连接 $1 + \mathrm{i}$ 与 $2 + 4\mathrm{i}$ 的直线；（3）沿从 $1 + \mathrm{i}$ 到 $2 + \mathrm{i}$，然后再到 $2 + 4\mathrm{i}$ 的折线.

**解** 我们运用公式 (3.1) 来计算，希望同学们感受利用第二型曲线积分计算复变函数定积分的方法.

$$
\begin{aligned}
I &= \int_{1+i}^{2+4i} z^2 \mathrm{d}z = \int_{(1,1)}^{(2,4)} (x+iy)^2 (\mathrm{d}x + i\mathrm{d}y) \\
&= \int_{(1,1)}^{(2,4)} (x^2 - y^2 + 2ixy)(\mathrm{d}x + i\mathrm{d}y) \\
&= \int_{(1,1)}^{(2,4)} (x^2 - y^2)\mathrm{d}x - 2xy\mathrm{d}y + i \int_{(1,1)}^{(2,4)} 2xy\mathrm{d}x + (x^2 - y^2)\mathrm{d}y .
\end{aligned}
$$

(1) 抛物线方程是 $y = x^2$，对应于 $t=1$ 和 $t=2$ 的点分别是 $(1,1)$ 和 $(2,4)$，即参数方程为 $\begin{cases} x = t, \\ y = t^2, \end{cases} t \in [1,2]$，所以上面的线积分变为

$$
\begin{aligned}
I &= \int_1^2 \left[ (t^2 - t^4)\mathrm{d}t - 2t \cdot t^2 \cdot 2t\mathrm{d}t \right] + i \int_1^2 \left[ 2t \cdot t^2 \mathrm{d}t + (t^2 - t^4) 2t\mathrm{d}t \right] \\
&= -\frac{86}{3} - 6i .
\end{aligned}
$$

(2) 根据直线方程的两点式 $\dfrac{y - y_1}{y_2 - y_1} = \dfrac{x - x_1}{x_2 - x_1}$，点 $A(1,1)$ 与点 $B(2,4)$ 的连线的方程为 $y = 3x - 2, x \in [1,2]$，故上面的线积分变为

$$
\begin{aligned}
I &= \int_1^2 \left\{ [x^2 - (3x-2)^2]\mathrm{d}x - 2x(3x-2)3\mathrm{d}x \right\} + i \int_1^2 \left\{ 2x(3x-2)\mathrm{d}x + [x^2 - (3x-2)^2]3\mathrm{d}x \right\} \\
&= -\frac{86}{3} - 6i .
\end{aligned}
$$

(3) 从 $1+i$ 到 $2+i$ [或从点 $A(1,1)$ 到点 $C(2,1)$ 时，$y=1$，$\mathrm{d}y = 0$（平行于实轴的直线 $AC$）]，所以有

$$
I_1 = \int_1^2 (x^2 - 1)\mathrm{d}x + i \int_1^2 2x\mathrm{d}x = \frac{4}{3} + 3i .
$$

从 $2+i$ 到 $2+4i$ [或点 $C(2,1)$ 到点 $B(2,4)$ 时，$x=2$，$\mathrm{d}x = 0$（平行于虚轴的直线 $CB$）]，所以有

$$
I_2 = \int_1^4 (-4y)\mathrm{d}y + i \int_1^4 (4 - y^2)\mathrm{d}y = -30 - 9i .
$$

因全路径上的积分等于各段上积分之和，故

$$
I = I_1 + I_2 = -\frac{86}{3} - 6i .
$$

这里需要指出，对于闭区域上的解析函数，只要起点和终点保持不变，函数的线积分值与（连续变形的）积分路径无关（本书 3.2 节中的结论，我们很快就会学到）. 因为本例的被积函数在全平面上解析，所以该积分沿不同路径（1）、（2）、（3）所得的值相同.

**例 3** 计算 $\displaystyle\oint_C \frac{\mathrm{d}z}{(z - z_0)^{n+1}}$，其中 $C$ 是以 $z_0$ 为中心、$r$ 为半径的正向圆周，$n$ 为整数.

**解** $C$ 的方程可写作 $z = z_0 + re^{i\theta}$，$0 \leqslant \theta \leqslant 2\pi$，所以

$$\oint_C \frac{\mathrm{d}z}{(z-z_0)^{n+1}} = \int_0^{2\pi} \frac{i r e^{i\theta}}{r^{n+1} e^{i(n+1)\theta}} \mathrm{d}\theta = \int_0^{2\pi} \frac{i}{r^n e^{in\theta}} \mathrm{d}\theta = \frac{i}{r^n} \int_0^{2\pi} e^{-in\theta} \mathrm{d}\theta.$$

当 $n = 0$ 时，结果为：

$$i \int_0^{2\pi} \mathrm{d}\theta = 2\pi i ,$$

当 $n \neq 0$ 时，结果为：

$$\frac{i}{r^n} \int_0^{2\pi} (\cos n\theta - i\sin n\theta) \mathrm{d}\theta = 0.$$

所以

$$\oint_{|z-z_0|=r} \frac{\mathrm{d}z}{(z-z_0)^{n+1}} = \begin{cases} 2\pi i, n = 0, \\ 0, \quad n \neq 0. \end{cases}$$

这个结果以后经常要用到，它的特点是与积分路线圆周的中心和半径无关，应记住.

**例 4** 设 $C$ 为从原点到点 $3+4i$ 的直线段，试求积分 $\int_C \frac{1}{z-i} \mathrm{d}z$ 绝对值的一个上界.

**解** $C$ 的方程为 $z = (3+4i)t$, $0 \le t \le 1$. 由估值不等式知

$$\left| \int_C \frac{1}{z-i} \mathrm{d}z \right| \le \int_C \left| \frac{1}{z-i} \right| \mathrm{d}s .$$

在 $C$ 上，

$$\left| \frac{1}{z-i} \right| = \frac{1}{|3t+(4t-1)i|} = \frac{1}{\sqrt{25\left(t-\frac{4}{25}\right)^2 + \frac{9}{25}}} \le \frac{5}{3},$$

从而有

$$\left| \int_C \frac{1}{z-i} \mathrm{d}z \right| \le \frac{5}{3} \int_C \mathrm{d}s ,$$

而 $\int_C \mathrm{d}s = 5$，所以 $\left| \int_C \frac{1}{z-i} \mathrm{d}z \right| \le \frac{25}{3}$.

### 3.1.3 应用

计算磁感应强度沿某路线磁通量等，都会用到复变函数的积分. 在接下来的章节里，我们会陆续看到复积分在其他学科中的应用. 由于本节刚接触到复积分的基本定义与性质部分，因此，我们只简单介绍复积分的一个例子.

**例 5** 周期信号 $f(t)$ 的傅里叶级数展开可表示为复指数形式

$$f(t) = \sum_{n=-\infty}^{+\infty} F_n e^{in\omega_0 t} .$$

其中 $F_n = \frac{1}{T} \int_{-\frac{T}{2}}^{\frac{T}{2}} f(t) e^{-in\omega_0 t} \mathrm{d}t$ 就是一个复积分. 非周期信号 $f(t)$ 的傅里叶级数展开为

$$F(\omega) = \int_{-\infty}^{+\infty} f(t) e^{-i\omega t} \mathrm{d}t ,$$

它就是非周期信号谐波振幅与周期的乘积，也就是频率的谐波振幅，称为 $f(t)$ 的频谱函数. 这里的 $F_n$ 与 $F(\omega)$ 都与复变函数的积分有关.

# 3.2 柯西定理与复合闭路定理

## 3.2.1 柯西定理

从 3.1 节的例 1 与例 2 可知，函数 $z^2$ 的积分值与路径无关，而函数 $\bar{z}$ 的积分值与路径相关，这是为什么呢？由于

$$\int_C f(z)\,\mathrm{d}z = \int_C u\mathrm{d}x - v\mathrm{d}y + \mathrm{i}\int_C u\mathrm{d}y + v\mathrm{d}x,$$

则函数 $f(z)$ 的积分值取决于 $\int_C u\mathrm{d}x - v\mathrm{d}y$ 与 $\int_C u\mathrm{d}y + v\mathrm{d}x$. 因此，$f(z)$ 的积分值是否与路径相关，取决于线积分 $\int_C u\mathrm{d}x - v\mathrm{d}y$ 与 $\int_C u\mathrm{d}y + v\mathrm{d}x$ 是否与路径相关. 回忆《高等数学》中的格林公式，若 $\dfrac{\partial u}{\partial x}$、$\dfrac{\partial u}{\partial y}$、$\dfrac{\partial v}{\partial x}$、$\dfrac{\partial v}{\partial y}$ 连续且 $\int_C u\mathrm{d}x - v\mathrm{d}y$ 与 $\int_C u\mathrm{d}y + v\mathrm{d}x$ 均与路径无，则

$$\frac{\partial(-v)}{\partial x} = \frac{\partial u}{\partial y}, \quad \frac{\partial u}{\partial x} = \frac{\partial v}{\partial y}.$$

这就让我们联想到了函数的解析性，我们可以得到如下结论（我们常常用符号 $\oint$ 来表示闭路的积分）.

**定理 1（柯西定理）** 设 $f(z)$ 是在单连通区域 $D$ 内的解析函数，则 $f(z)$ 在 $D$ 内沿任意一条闭曲线 $C$ 的积分 $\oint_C f(z)\,\mathrm{d}z = 0$.

注 1：柯西定理是 1825 年柯西给出的. 法国数学家古萨（E. Goursat）在 1900 年给出了证明，所以该定理也被称为柯西-古萨定理.

注 2：若 $C$ 是区域 $D$ 的边界，$f(z)$ 在单连通区域 $D$ 内解析，在 $\bar{D}$ 上连续，则定理仍成立.

**推论 1** 如果函数 $f(z)$ 在单连通区域 $D$ 内解析，曲线 $C$ 是 $D$ 内任一曲线，那么积分 $\int_C f(z)\,\mathrm{d}z$ 与路线 $C$ 无关，只与起点和终点有关.

由于非简单闭曲线可以分解成若干条简单闭曲线，因此，我们只说明简单闭曲线的情况. 事实上，每一条简单闭曲线 $C$ 总可用两点 $z_1$ 和 $z_2$ 将它分为两段 $C_1$ 和 $C_2$（图 3.6）. 此时，由于曲线 $C_1$ 和 $C_2$ 的端点重合，因此若 $f(z)$ 解析，即有

$$\int_{C_1} f(z)\,\mathrm{d}z = \int_{C_2} f(z)\,\mathrm{d}z.$$

则

$$\oint_C f(z)\,\mathrm{d}z = \int_{C_1} f(z)\,\mathrm{d}z + \int_{C_2^-} f(z)\,\mathrm{d}z = \int_{C_1} f(z)\,\mathrm{d}z - \int_{C_2} f(z)\,\mathrm{d}z = 0$$

即柯西定理与推论 1 实际上是等价的.

## 3.2.2 复合闭路定理

**定理 2（复合闭路定理）** 设 $C$ 为多连通区域 $D$ 内的一条简单闭曲线，$C_1$、$C_2$、$\cdots$、$C_n$ 是在 $C$ 内部的简单闭曲线，它们互不包含也互不相交，并且以 $C_1$、$C_2$、$\cdots$、$C_n$ 为边界的

区域全含于 $D$ （图 3.7）．如果 $f(z)$ 在 $D$ 内解析，那么 $\oint_{\Gamma} f(z)\,\mathrm{d}z = 0$．这里 $\Gamma$ 为由 $C$ 及 $C_k(k=1,2,\cdots,n)$ 所组成的复合闭路，方向取正．

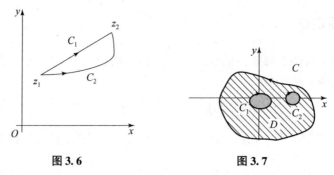

图 3.6          图 3.7

**证** 我们只证明这里 $\Gamma$ 为由 $C$ 及 $C_1$ 所组成的复合闭路的情况．

作两段不相交的弧段 $AA'$ 和 $BB'$，为了讨论方便，添加字符 $E$、$E'$、$F$、$F'$，显然曲线 $AEBB'E'A'A$ 和 $AA'F'B'BFA$ 均为封闭曲线，如图 3.8 所示．

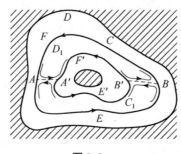

图 3.8

因为它们的内部全含于 $D$，故

$$\oint_{AEBB'E'A'A} f(z)\,\mathrm{d}z = 0, \qquad \oint_{AA'F'B'BFA} f(z)\,\mathrm{d}z = 0.$$

由于

$$AEBB'E'A'A = AEB + BB' + B'E'A' + A'A,$$
$$AA'F'B'BFA = AA' + A'F'B' + B'B + BFA,$$

可得

$$
\begin{aligned}
0 &= \oint_{AEBB'E'A'A} f(z)\,\mathrm{d}z + \oint_{AA'F'B'BFA} f(z)\,\mathrm{d}z \\
&= \oint_{C} f(z)\,\mathrm{d}z + \oint_{C_1^-} f(z)\,\mathrm{d}z + \oint_{AA'} f(z)\,\mathrm{d}z + \oint_{A'A} f(z)\,\mathrm{d}z + \oint_{B'B} f(z)\,\mathrm{d}z + \oint_{BB'} f(z)\,\mathrm{d}z \\
&= \oint_{C} f(z)\,\mathrm{d}z + \oint_{C_1^-} f(z)\,\mathrm{d}z \\
&= \oint_{\Gamma} f(z)\,\mathrm{d}z.
\end{aligned}
$$

（证毕）

**推论 2**    设 $C$ 为多连通区域 $D$ 内的一条简单闭曲线，$C_1$、$C_2$、$\cdots$、$C_n$ 是在 $C$ 内部的简单闭曲线，它们互不包含也互不相交，并且以 $C_1$、$C_2$、$\cdots$、$C_n$ 为边界的区域全含于 $D$. 如果 $f(z)$ 在 $D$ 内解析，那么

$$\oint_C f(z)\,\mathrm{d}z = \sum_{k=1}^{n} \oint_{C_k} f(z)\,\mathrm{d}z$$

**证**    这里 $\varGamma$ 为由 $C$ 及 $C_k(k=1,2,\cdots,n)$ 所组成的复合闭路，由定理 2 可知

$$
\begin{aligned}
0 &= \oint_{\varGamma} f(z)\,\mathrm{d}z = \oint_{C \cup C_1^- \cup \cdots \cup C_n^-} f(z)\,\mathrm{d}z \\
&= \oint_C f(z)\,\mathrm{d}z + \oint_{C_1^-} f(z)\,\mathrm{d}z + \cdots + \oint_{C_n^-} f(z)\,\mathrm{d}z \\
&= \oint_C f(z)\,\mathrm{d}z - \oint_{C_1} f(z)\,\mathrm{d}z - \cdots - \oint_{C_n} f(z)\,\mathrm{d}z.
\end{aligned}
$$

（证毕）

当 $k=1$ 时，复合闭路定理就是下面的闭路变形定理.

**推论 3（闭路变形定理）**    一个解析函数沿闭曲线的积分，不因闭曲线在区域内做连续变形而改变它的值，只要在变形的过程中，曲线不经过函数的奇点.

我们知道，当 $C$ 为以 $z_0$ 为中心的正向圆周时，$\oint_C \dfrac{\mathrm{d}z}{z-z_0} = 2\pi\mathrm{i}$，根据闭路变形原理，对于包含 $z_0$ 在内的任何一条正向简单闭曲线 $\varGamma$ 都有：

$$\oint_{\varGamma} \frac{\mathrm{d}z}{z-z_0} = 2\pi\mathrm{i}.$$

**例**    计算 $\oint_{\varGamma} \dfrac{2z-1}{z^2-z}\mathrm{d}z$ 的值，$\varGamma$ 为包含圆周 $|z|=1$ 在内的任何正向简单闭曲线.

**解**    我们知道，函数 $\dfrac{2z-1}{z^2-z}$ 在复平面内除 $z=0$ 和 $z=1$ 两个奇点外是处处解析的. 由于 $\varGamma$ 是包含圆周 $|z|=1$ 在内的任何正向简单闭曲线，因此它也包含这两个奇点. 在 $\varGamma$ 内作两个互不包含也互不相交的正向圆周 $C_1$ 与 $C_2$，$C_1$ 只包含奇点 $z=0$，$C_2$ 只包含奇点 $z=1$（图 3.9），那么根据复合闭路定理，得

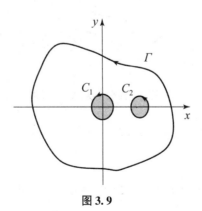

图 3.9

$$\oint_{\varGamma} \frac{2z-1}{z^2-z}\mathrm{d}z = \oint_{C_1} \frac{2z-1}{z^2-z}\mathrm{d}z + \oint_{C_2} \frac{2z-1}{z^2-z}\mathrm{d}z$$

$$= \oint_{C_1} \frac{1}{z-1} dz + \oint_{C_1} \frac{1}{z} dz + \oint_{C_2} \frac{1}{z-1} dz + \oint_{C_2} \frac{1}{z} dz$$

$$= 0 + 2\pi i + 2\pi i + 0 = 4\pi i.$$

# 3.3 原函数与不定积分

### 3.3.1 原函数与不定积分

我们知道，线积分沿封闭曲线的积分为零跟曲线积分与路线无关是两个等价的概念. 由柯西定理可知，解析函数在单连通区域内的积分只与起点 $z_1$ 与终点 $z_2$ 有关，如图 3.6 所示，所以有

$$\int_{C_1} f(z) dz = \int_{C_2} f(z) dz = \int_{z_1}^{z_2} f(z) dz.$$

固定 $z_1$，让 $z_2$ 在 $B$ 内变动，并令 $z_2 = z$，那么积分 $\int_{z_1}^{z} f(\zeta) d\zeta$ 在 $B$ 内确定了一个单值函数 $F(z)$，即

$$F(z) = \int_{z_1}^{z} f(\zeta) d\zeta \tag{3.2}$$

**定理 1** 如果 $f(z)$ 在单连通区域 $B$ 内处处解析，那么函数 $F(z)$ 必为 $B$ 内的一个解析函数，并且 $f'(z) = f(z)$.

**证** 我们从导数的定义出发来证. 设 $z$ 为 $B$ 内任意一点，以 $z$ 为中心作一含于 $B$ 内的小圆 $K$. 取 $|\Delta z|$ 充分小使 $z + \Delta z$ 在 $K$ 内（图 3.10）. 于是由式（3.2）得

$$F(z + \Delta z) - F(z) = \int_{z_0}^{z+\Delta z} f(\zeta) d\zeta - \int_{z_0}^{z} f(\zeta) d\zeta.$$

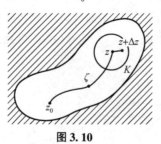

**图 3.10**

由于 $f(z)$ 在单连通区域 $B$ 内的积分与路线无关，因此，积分 $\int_{z_0}^{z+\Delta z} f(\zeta) d\zeta$ 的积分路线可取先从 $z_0$ 到 $z$，然后再从 $z$ 沿直线段到 $z + \Delta z$，而从 $z_0$ 到 $z$ 的积分路线取得与积分 $\int_{z_0}^{z} f(\zeta) d\zeta$ 的积分路线相同. 于是有

$$F(z + \Delta z) - F(z) = \int_{z}^{z+\Delta z} f(\zeta) d\zeta.$$

又因

$$\int_{z}^{z+\Delta z} f(z) d\zeta = f(z) \int_{z}^{z+\Delta z} d\zeta = f(z) \Delta z,$$

从而有

$$\frac{F(z+\Delta z)-F(z)}{\Delta z}-f(z)=\frac{1}{\Delta z}\int_z^{z+\Delta z}f(\zeta)\mathrm{d}\zeta-f(z)=\frac{1}{\Delta z}\int_z^{z+\Delta z}[f(\zeta)-f(z)]\mathrm{d}\zeta.$$

因为 $f(z)$ 在 $B$ 内解析，所以 $f(z)$ 在 $B$ 内连续．因此对于任意给定的正数 $\varepsilon>0$，总可找到一个 $\delta>0$，使得对于满足 $|\zeta-z|<\delta$ 的一切 $\zeta$ 都在 $K$ 内，也就是当 $|\Delta z|<\delta$ 时总有

$$|f(\zeta)-f(z)|<\varepsilon.$$

根据积分的估值的性质可知

$$\left|\frac{F(z+\Delta z)-F(z)}{\Delta z}-f(z)\right|=\frac{1}{|\Delta z|}\left|\int_z^{z+\Delta z}[f(\zeta)-f(z)]\mathrm{d}\zeta\right|\leqslant\frac{1}{|\Delta z|}\int_z^{z+\Delta z}|f(\zeta)-f(z)|\mathrm{d}s$$

$$\leqslant\frac{1}{|\Delta z|}\cdot\varepsilon\cdot|\Delta z|=\varepsilon.$$

这就是说

$$\lim_{\Delta z\to0}\left|\frac{F(z+\Delta z)-F(z)}{\Delta z}-f(z)\right|=0,$$

即 $f'(z)=f(z)$. (证毕)

这个定理跟微积分学中的变上限积分的求导公式完全类似．在此基础上，我们也可以得出类似于微积分学中的其他一些结论和牛顿 – 莱布尼兹公式．为此，我们先引入原函数的概念．

**定理 2**　如果函数 $\varphi(z)$ 在区域 $B$ 内的导数等于 $f(z)$，即 $\varphi'(z)=f(z)$，那么称 $\varphi(z)$ 为 $f(z)$ 在区域 $B$ 内的原函数．

定理 1 表明 $F(z)=\int_{z_0}^z f(\zeta)\mathrm{d}\zeta$ 是 $f(z)$ 的一个原函数．容易证明，$f(z)$ 的任何两个原函数相差一个常数．事实上，设 $G(z)$ 和 $H(z)$ 是 $f(z)$ 的任何两个原函数，那么

$$[G(z)-H(z)]'=G'(z)-H'(z)=f(z)-f(z)\equiv0,$$

所以

$$G(z)-H(z)=c,\ c\ \text{为任意常数}.$$

由此可知，如果函数 $f(z)$ 在区域 $B$ 内有一个原函数 $F(z)$，那么它就有无穷多个原函数，而且具有一般表达式 $F(z)+c$，$c$ 为任意常数．

与在微积分学中一样，我们定义：$f(z)$ 的原函数的一般表达式 $F(z)+c$（其中 $c$ 为任意常数）为 $f(z)$ 的不定积分，记作

$$\int f(z)\mathrm{d}z=F(z)+c.$$

利用任意两个原函数之差为一常数这一性质，我们可以推得与牛顿 – 莱布尼兹公式类似的解析函数的积分计算公式．

**定理 3**　如果 $f(z)$ 在单连通区域 $B$ 内处处解析，$G(z)$ 为 $f(z)$ 的一个原函数，那么

$$\int_{z_0}^{z_1}f(z)\mathrm{d}z=G(z_1)-G(z_0),\tag{3.3}$$

这里 $z_0$、$z_1$ 为区域 $B$ 内的两点．

**证**　因为 $\int_{z_0}^z f(z)\mathrm{d}z$ 也是 $f(z)$ 的原函数，所以 $\int_{z_0}^z f(z)\mathrm{d}z=G(z)+c.$

当 $z = z_0$ 时，根据柯西 - 古萨基本定理，得 $c = - G(z_0)$. 因此 $\int_{z_0}^{z} f(z) \mathrm{d}z = G(z) - G(z_0)$ ，或

$$\int_{z_0}^{z_1} f(z) \mathrm{d}z = G(z_1) - G(z_0). \qquad (证毕)$$

有了原函数、不定积分和积分运算公式 (3.3)，复变函数的积分就可用与微积分学中类似的方法去计算.

**例 1**　计算积分 $I = \int_{1+i}^{2+4i} z^2 \mathrm{d}z$.

**解**　因为被积函数在全平面上解析，所以该函数的积分值与积分路径无关. 在这种情况下，该积分可如实变函数一样直接计算，得

$$I = \int_{1+i}^{2+4i} z^2 \mathrm{d}z = \frac{1}{3} z^3 \bigg|_{1+i}^{2+4i} = \frac{(2 + 4i)^3}{3} - \frac{(1 + i)^3}{3} = - \frac{86}{3} - 6i.$$

**例 2**　计算积分 $I = \int_{1}^{-1} (z^2 - z + 2) \mathrm{d}z$，积分路径为单位圆的上半圆周 (图 3.11).

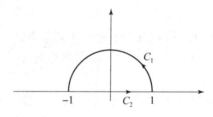

**图 3.11**

**解**　**解法 1**　采用参数法，令 $z = \mathrm{e}^{\mathrm{i}\varphi}$，有

$$I = \int_{0}^{\pi} (\mathrm{e}^{\mathrm{i}2\varphi} - \mathrm{e}^{\mathrm{i}\varphi} + 2) \mathrm{i} \mathrm{e}^{\mathrm{i}\varphi} \mathrm{d}\varphi$$

$$= \int_{0}^{\pi} (\mathrm{e}^{\mathrm{i}3\varphi} - \mathrm{e}^{\mathrm{i}2\varphi} + 2\mathrm{e}^{\mathrm{i}\varphi}) \mathrm{d}(\mathrm{i}\varphi)$$

$$= \left( \frac{1}{3} \mathrm{e}^{\mathrm{i}3\varphi} - \frac{1}{2} \mathrm{e}^{\mathrm{i}2\varphi} + 2\mathrm{e}^{\mathrm{i}\varphi} \right) \bigg|_{0}^{\pi} = - \frac{14}{3}.$$

**解法 2**　如图 3.11 所示，补上一段 $C_2$ 后，$C_1$ 和 $C_2$ 形成一闭合回路，根据柯西定理，因为被积函数在该回路 $C_1 + C_2$ 所围闭合单连通区域上解析，所以

$$\int_{C_1 + C_2} (z^2 - z + 2) \mathrm{d}z = 0,$$

即

$$I = \int_{C_1} (z^2 - z + 2) \mathrm{d}z = - \int_{C_2} (z^2 - z + 2) \mathrm{d}z = \int_{1}^{-1} (z^2 - z + 2) \mathrm{d}z = \int_{1}^{-1} (x^2 - x + 2) \mathrm{d}x = - \frac{14}{3},$$

复变函数积分变为沿实轴的实变函数积分.

**解法 3**　被积函数在全平面上解析，所以该积分仅与路径的起点和终点有关，而与路径无关，故直接积分，得

$$I = \int_{1}^{-1} (z^2 - z + 2) \mathrm{d}z = \left( \frac{1}{3} z^3 - \frac{1}{2} z^2 + 2z \right) \bigg|_{1}^{-1} = - \frac{14}{3}.$$

### 3.3.2 应用

定积分在信号处理、电路理论中有着非常广泛和重要的应用.

**例3** 指数信号 $f(t) = Ae^{i\omega_0 t}$ ($-\infty < t < +\infty$) 的频谱 $F(\omega)$ 就是用定积分求解的, 即

$$F(\omega) = \lim_{\tau \to \infty}\int_{-\tau}^{\tau} f(t)e^{-i\omega t}dt = \lim_{\tau \to \infty}\int_{-\tau}^{\tau} Ae^{i\omega_0 t}e^{-i\omega t}dt = \lim_{\tau \to \infty}\int_{-\tau}^{\tau} Ae^{-i(\omega-\omega_0)t}dt = \lim_{\tau \to \infty}2A\frac{\tau\sin(\omega-\omega_0)}{\omega-\omega_0}$$

$$= 2A\pi\delta(\omega - \omega_0)\ (\delta\text{ 为脉冲函数}).$$

## 3.4 柯西积分公式及解析函数的高阶导数

### 3.4.1 柯西积分公式

设 $D$ 为一单连通域, $z_0$ 为 $D$ 中的一点. 如果 $f(z)$ 在 $D$ 内解析, 那么函数 $\frac{f(z)}{z-z_0}$ 仅在 $z_0$ 处不解析. 所以 $f(z)$ 在 $D$ 内沿围绕 $z_0$ 的一条闭曲线 $C$ 的积分 $\oint_C \frac{f(z)}{z-z_0}dz$ 一般不为零. 现在我们来求这个积分的值. 根据闭路变形原理, 沿任何一条围绕 $z_0$ 的简单闭曲线的积分值都是相同的. 既然沿围绕 $z_0$ 的任何简单闭曲线积分值都相同, 那么我们就取以 $z_0$ 为中心、半径为 $\delta$ 的很小的圆周 $|z-z_0| < \delta$ (取其正向) 作为积分曲线 $C$. 由于 $f(z)$ 的连续性, 在 $C$ 上的函数 $f(z)$ 的值将随着 $\delta$ 的缩小而逐渐接近于它在圆心 $z_0$ 处的值, 从而使我们猜想积分 $\oint_C \frac{f(z)}{z-z_0}dz$ 的值也将随着 $\delta$ 的缩小而接近于下式

$$\oint_C \frac{f(z)}{z-z_0}dz \approx f(z_0)\oint_C \frac{1}{z-z_0}dz = 2\pi i f(z_0).$$

其实两者是相等的, 即 $\oint_C \frac{f(z)}{z-z_0}dz = 2\pi i f(z_0).$ 于是有下面的定理.

**定理1(柯西积分公式)** 如果 $f(z)$ 在区域 $D$ 内处处解析, $C$ 为 $D$ 内的任何一条正向简单闭曲线, 它的内部完全含于 $D$, $z_0$ 为 $C$ 内的任一点, 那么

$$f(z_0) = \frac{1}{2\pi i}\oint_C \frac{f(z)}{z-z_0}dz. \tag{3.4}$$

**证** 由于在 $z_0$ 连续, 任意给定 $\varepsilon > 0$, 必有一个 $\delta(\varepsilon) > 0$, 当 $|z-z_0| < \delta$ 时, $|f(z) - f(z_0)| < \varepsilon$. 设以 $z_0$ 为中心、$R$ 为半径的圆周 $K$: $|z-z_0| = R$ 全部在 $C$ 的内部, 且 $R < \delta$, 那么

$$\oint_C \frac{f(z)}{z-z_0}dz = \oint_K \frac{f(z)}{z-z_0}dz = \oint_K \frac{f(z_0)}{z-z_0}dz + \oint_K \frac{f(z)-f(z_0)}{z-z_0}dz$$

$$= 2\pi i f(z_0) + \oint_K \frac{f(z)-f(z_0)}{z-z_0}dz.$$

由

$$\left|\oint_K \frac{f(z) - f(z_0)}{z - z_0} dz\right| \le \oint_K \frac{|f(z) - f(z_0)|}{|z - z_0|} ds < \frac{\varepsilon}{R}\oint_K ds = 2\pi\varepsilon,$$

加之根据闭路变形原理，积分 $\oint_C \frac{f(z)}{z - z_0} dz$ 的值为与 $R$ 无关的常量，所以 $\oint_K \frac{f(z) - f(z_0)}{z - z_0} dz = 0.$ 因此，即得所要证的式 (3.4).　　　　　　　　　　　　　　　　　（证毕）

**例 1**　$\oint_{|z|=1} \frac{\cos z}{z(z^2+9)} dz = \oint_{|z|=1} \frac{\frac{\cos z}{z^2+9}}{z-0} dz = \frac{2\pi}{9}i.$

注：如果 $f(z)$ 在简单闭曲线 $C$ 所围成的区域内解析，在 $C$ 上连续，那么柯西积分公式仍然成立. 对于由 $n+1$ 条围线所围成的复连通区域仍然有效.

**定理 2（摩勒拉（Morera）定理）**　若函数 $f(z)$ 在单连通区域 $D$ 内连续，且对 $D$ 内任一围线 $C$，有

$$\int_C f(z) dz = 0,$$

则 $f(z)$ 在 $D$ 内解析.

### 3.4.2　柯西积分公式的推广——解析函数的高阶导数

**定理 3**　设 $f$ 在一条正向的简单闭曲线 $C$ 及其内部的所有点上都解析. 如果 $z_0$ 是 $C$ 内的任意一点，那么

$$f^{(n)}(z_0) = \frac{n!}{2\pi i}\oint_C \frac{f(z) dz}{(z-z_0)^{n+1}} (n = 0,1,2,\cdots). \tag{3.5}$$

**证**　先证明 $n=1$ 时的情形. 对区域 $D$ 内任一点 $z_0$，设 $z_0 + h \in D$，

$$\frac{f(z_0+h) - f(z_0)}{h} - \frac{1}{2\pi i}\oint_C \frac{f(\zeta)}{(\zeta-z_0)^2}d\zeta = \frac{1}{h}\left[\frac{1}{2\pi i}\oint_C \frac{f(\zeta)}{\zeta-z_0-h}d\zeta - \right.$$
$$\left.\frac{1}{2\pi i}\oint_C \frac{f(\zeta)}{\zeta-z_0}d\zeta - \frac{h}{2\pi i}\oint_C \frac{f(\zeta)}{(\zeta-z_0)^2}d\zeta\right]$$
$$= \frac{h}{2\pi i}\int_C \frac{f(\zeta)}{(\zeta-z_0-h)(\zeta-z_0)^2}d\zeta.$$

现在估计上式右边的积分. 设以 $z_0$ 为中心、以 $2\delta$ 为半径的圆盘完全在 $D$ 内，并且在这个圆盘内取 $z_0+h$，使得 $0 < |h| < \delta$，那么当 $\zeta \in D$ 时，$|\zeta - z_0| > \delta$，$|\zeta - z_0 - h| > \delta$. 设 $|f(z)|$ 在 $C$ 上的最大值是 $M$，并且设 $C$ 的长度是 $L$，于是由积分估值定理有

$$\left|\frac{h}{2\pi i}\int_C \frac{f(\zeta)}{(\zeta-z_0-h)(\zeta-z_0)^2}d\zeta\right| \le \frac{|h|}{2\pi} \cdot \frac{ML}{\delta^2}.$$

这就证明了当 $h$ 趋于 0 时，积分 $\frac{h}{2\pi i}\int_C \frac{f(\zeta)}{(\zeta-z_0-h)(\zeta-z_0)^2}d\zeta$ 趋于 0. 即当 $n=1$ 时定理 3 成立. 设 $n=k$ 时定理 3 成立，当 $n=k+1$ 时，对区域 $D$ 内任一点 $z_0$，设 $z_0+h \in D$，仿 $n=1$ 时的证明方法，可推得定理 3 成立.　　　　　　　　　　　　　　（证毕）

如果约定

$$f^{(0)}(z_0) = f(z_0) \text{ 和 } 0! = 1,$$

那么定理 3 就包括了柯西积分公式

$$f(z_0) = \frac{1}{2\pi i} \int_C \frac{f(z)\,\mathrm{d}z}{z - z_0}.$$

而且定理 3 说明了解析函数的导函数还是解析的.

如果将式（3.5）写成

$$\int_C \frac{f(z)\,\mathrm{d}z}{(z - z_0)^{n+1}} = \frac{2\pi i}{n!} f^{(n)}(z_0) \quad (n = 0, 1, 2, \cdots)$$

这种形式，那么当 $f$ 在正向的简单闭围线 $C$ 及其内部解析并且 $z_0$ 是 $C$ 内部的任意一点时，就可以用它来计算定积分.

**推论 1**　如果曲线 $C$ 是圆周 $|\xi - z_0| = r$，引入替换 $\xi - z_0 = r\mathrm{e}^{i\varphi}$，则由柯西积分公式得到

$$f(z_0) = \frac{1}{2\pi} \int_0^{2\pi} f(z_0 + r\mathrm{e}^{i\varphi})\,\mathrm{d}\varphi.$$

这个公式表达了解析函数的中值定理，它可简述如下：

如果函数 $f(z)$ 在圆域内解析，在闭圆域上连续，那么函数 $f(z)$ 在圆心处的值等于它在圆周上的算术平均值（函数在圆周上的解析性这里不做假定）.

**推论 2**　设函数 $f(z)$ 在区域 $D$ 内解析，那么 $f(z)$ 在 $D$ 内有任意阶导数，并且它们也在区域 $D$ 内解析.

**例 2**　计算积分 $I = \oint_L \frac{3z^2 - z + 1}{(z - 1)^3}\,\mathrm{d}z$，其中 $L$ 是包围 $z = 1$ 的任意简单闭曲线.

**解**　**解法 1**　根据柯西公式，若 $n = 2$，$f(\xi) = 3\xi^2 - \xi + 1$，$f''(1) = (3z^2 - z + 1)'' \big|_{z=1} = 6$，故

$$6 = \frac{2!}{2\pi i} \oint_L \frac{3\xi^2 - \xi + 1}{(\xi - 1)^3}\,\mathrm{d}\xi,$$

即 $I = 6\pi i$.

**解法 2**　因 $3z^2 - z + 1 = 3(z - 1)^2 + 5(z - 1) + 3$，所以

$$\begin{aligned}
\oint_L \frac{3z^2 - z + 1}{(z - 1)^3}\,\mathrm{d}z &= \oint_L \frac{3(z - 1)^2}{(z - 1)^3}\,\mathrm{d}z + \oint_L \frac{5(z - 1)}{(z - 1)^3}\,\mathrm{d}z + \oint_L \frac{3}{(z - 1)^3}\,\mathrm{d}z \\
&= \oint_L \frac{3}{z - 1}\,\mathrm{d}z + \oint_L \frac{5}{(z - 1)^2}\,\mathrm{d}z + \oint_L \frac{3}{(z - 1)^3}\,\mathrm{d}z \\
&= 3 \cdot 2\pi i + 0 + 0 = 6\pi i.
\end{aligned}$$

**例 3**　计算积分 $\oint_C \frac{\sin z\,\mathrm{d}z}{z^2 + 9}$，$C: |z - 2i| = 2$.

**解**　函数有两个奇点，$z = \pm 3i$，仅 $z = 3i$ 在 $C$ 内，所以

$$\oint_C \frac{\sin z\,\mathrm{d}z}{z^2 + 9} = \oint_C \frac{\sin z}{z + 3i} \cdot \frac{\mathrm{d}z}{z - 3i} = 2\pi i \left[ \frac{\sin z}{z + 3i} \right]_{z=3i} = 2\pi i \frac{\sin 3i}{6i} = \frac{\pi i}{3}\mathrm{sh}3.$$

### 3.4.3　应用

复变函数积分在流体力学中有非常重要的作用，可计算速度环量和体积流量.

**例 4**　设复势为 $w(z) = (1 + i)\ln(z^2 + 1) + \frac{1}{z}$，求沿圆周 $x^2 + y^2 = 9$ 的速度环量 $\varGamma$ 以及通过该圆周的体积流量 $\varPhi$.

**解** 由于 $w(z) = \ln[(z+i)(z-i)] + i\ln[(z+i)(z-i)] + \dfrac{1}{z}$，则复速度为

$$\frac{dw}{dz} = \frac{1}{z+i} + \frac{1}{z-i} + \frac{i}{z+i} + \frac{i}{z-i} - \frac{1}{z^2},$$

那么

$$\oint_{|z|=3} \frac{dw}{dz} dz = \oint_{|z|=3} \left( \frac{1}{z+i} + \frac{1}{z-i} + \frac{i}{z+i} + \frac{i}{z-i} - \frac{1}{z^2} \right) dz = -4\pi + i4\pi.$$

故速度环量为 $\Gamma_{|z|=3} = -4\pi$，体积流量为 $\Phi_{|z|=3} = 4\pi$.

# 3.5 解析函数与调和函数的关系

## 3.5.1 解析函数与共轭调和函数

**定义 1** 如果一个二元实变量的实值函数 $H(x,y)$ 在 $xOy$ 平面内某个给定开域内具有连续的一阶和二阶偏导数，并且满足偏微分方程

$$H_{xx}(x,y) + H_{yy}(x,y) = 0, \tag{3.6}$$

则称 $H(x,y)$ 为该开域内的**调和函数**. 方程式 (3.6) 被称为**拉普拉斯方程**.

例如，位于 $xOy$ 平面中的薄片的温度函数 $T(x,y)$ 通常是调和的. 在不受其他因素影响的三维空间中的一个区域内部，表示静电势的函数 $V(x,y)$ 如果只随 $x$ 和 $y$ 变化，则它也是调和的.

**定理** 任何在区域 $D$ 内解析的函数，它的实部和虚部都是 $D$ 内的调和函数.

**证** 设 $w = f(z) = u + iv$ 为 $D$ 内的一个解析函数，那么

$$\frac{\partial u}{\partial x} = \frac{\partial v}{\partial y}, \quad \frac{\partial u}{\partial y} = -\frac{\partial v}{\partial x},$$

从而

$$\frac{\partial^2 u}{\partial x^2} = \frac{\partial^2 v}{\partial y \partial x}, \quad \frac{\partial^2 u}{\partial y^2} = -\frac{\partial^2 v}{\partial x \partial y}.$$

根据解析函数高阶导数定理，$u$ 与 $v$ 具有任意阶的连续偏导数. 所以 $\dfrac{\partial^2 v}{\partial y \partial x} = \dfrac{\partial^2 v}{\partial x \partial y}$，从而 $\dfrac{\partial^2 u}{\partial x^2} + \dfrac{\partial^2 u}{\partial y^2} = 0$. 同理 $\dfrac{\partial^2 v}{\partial x^2} + \dfrac{\partial^2 v}{\partial y^2} = 0$. 因此 $u$ 与 $v$ 都是调和函数. （证毕）

**定义 2** 设 $u(x,y)$ 为区域 $D$ 内给定的调和函数，我们把使 $u + iv$ 在 $D$ 内构成解析函数的调和函数 $v(x,y)$ 称为 $u(x,y)$ 的共轭调和函数. 换句话说，在 $D$ 内满足柯西 – 黎曼方程

$$\frac{\partial u}{\partial x} = \frac{\partial v}{\partial y}, \quad \frac{\partial v}{\partial x} = -\frac{\partial u}{\partial y}$$

的两个调和函数中，$v$ 称为 $u$ 的共轭调和函数.

上面定理和定义 2 说明，区域 $D$ 内的解析函数的虚部为实部的共轭调和函数. 如果 $f(z) = z^2$，那么 $u(x,y) = x^2 - y^2, v(x,y) = 2xy$ 都是调和函数.

利用已知的调和函数，构造解析函数有两种常见的方法. 第一种方法，利用柯西 – 黎曼方程，求得它的共轭调和函数 $v$，从而构成一个解析函数 $u + iv$，这种方法称为偏积分法.

第二种方法，我们称之为不定积分法. 我们知道，解析函数 $f(z) = u + iv$ 的导数 $f'(z)$ 仍为解析函数，且

$$f'(z) = u_x + iv_x = u_x - iu_y = v_y + iv_x$$

把 $u_x - iu_y$ 与 $v_y + iv_x$ 还原成 $z$ 的函数（即用 $z$ 来表示），得

$$f'(z) = u_x - iu_y = U(z) \text{ 与 } f'(z) = v_y + iv_x = V(z).$$

将它们积分，即得

$$f(z) = \int U(z)\mathrm{d}z + c \tag{3.7}$$

$$f(z) = \int V(z)\mathrm{d}z + c \tag{3.8}$$

已知实部 $u$ 求 $f(z)$ 可用式 (3.7)；已知虚部 $v$ 求 $f(z)$ 可用式 (3.8).

**例 1** 证明 $u(x,y) = y^3 - 3x^2 y$ 为调和函数，并求其共轭调和函数 $v(x,y)$ 和由它们构成的解析函数.

**解** (1) 因为 $\dfrac{\partial u}{\partial x} = -6xy$, $\dfrac{\partial^2 u}{\partial x^2} = -6y$, $\dfrac{\partial u}{\partial y} = 3y^2 - 3x^2$, $\dfrac{\partial^2 u}{\partial y^2} = 6y$, 所以 $\dfrac{\partial^2 u}{\partial x^2} + \dfrac{\partial^2 u}{\partial y^2} = 0$. 这就证明了 $u(x,y)$ 为调和函数.

(2) **解法 1** 由 $\dfrac{\partial v}{\partial y} = \dfrac{\partial u}{\partial x} = -6xy$, 得

$$v = \int -6xy\mathrm{d}y = -3xy^2 + g(x),$$

$$\frac{\partial v}{\partial x} = -3y^2 + g'(x),$$

由 $\dfrac{\partial v}{\partial x} = -\dfrac{\partial u}{\partial y}$, 得 $-3y^2 + g'(x) = -3y^2 + 3x^2$, 故

$$g(x) = \int 3x^2\mathrm{d}x = x^3 + c,$$

因此 $v(x,y) = x^3 - 3xy^2 + c$. 从而得到一个解析函数

$$w = y^3 - 3x^2 y + i(x^3 - 3xy^2 + c).$$

这个函数可以化为 $w = f(z) = i(z^3 + c)$.

**解法 2** 因 $u = y^3 - 3x^2 y$, 故 $u_x = -6xy$, $u_y = 3y^2 - 3x^2$, 从而

$$f'(z) = u_x - iu_y = -6xy - i(3y^2 - 3x^2) = 3i(x^2 + 2xyi - y^2) = 3iz^2.$$

故 $f(z) = \int 3iz^2\mathrm{d}z = iz^3 + c_1$, 其中常数 $c_1$ 为任意纯虚数，因为 $f(z)$ 的实部为已知函数，不可能包含实的任意常数，所以

$$f(z) = i(z^3 + c),$$

其中 $c$ 为任意实常数.

此例说明，已知解析函数的实部，就可以确定它的虚部，至多相差一个任意常数. 下面的例子则说明可以类似地由解析函数的虚部确定（可能相差一个常数）它的实部.

**例 2** 已知一调和函数 $v = e^x(y\cos y + x\sin y) + x + y$, 求一解析函数 $f(z) = u + iv$, 使 $f(0) = 0$.

**解 解法 1** 因为

$$\frac{\partial v}{\partial x} = e^x(y\cos y + x\sin y + \sin y) + 1,$$

$$\frac{\partial v}{\partial y} = \mathrm{e}^x(\cos y - y\sin y + x\cos y) + 1,$$

由 $\dfrac{\partial u}{\partial x} = \dfrac{\partial v}{\partial y} = \mathrm{e}^x(\cos y - y\sin y + x\cos y) + 1$，得

$$u = \int[\mathrm{e}^x(\cos y - y\sin y + x\cos y) + 1]\mathrm{d}x = \mathrm{e}^x(x\cos y - y\sin y) + x + g(y).$$

由 $\dfrac{\partial v}{\partial x} = -\dfrac{\partial u}{\partial y}$，得

$$\mathrm{e}^x(y\cos y + x\sin y + \sin y) + 1 = \mathrm{e}^x(x\sin y + y\cos y + \sin y) - g'(y),$$

故 $g(y) = y + c$. 因此 $u = \mathrm{e}^x(x\cos y - y\sin y) + x - y + c$，而

$$f(z) = \mathrm{e}^x(x\cos y - y\sin y) + x - y + c + \mathrm{i}[\mathrm{e}^x(y\cos y + x\sin y) + x + y]$$
$$= x\mathrm{e}^x\mathrm{e}^{\mathrm{i}y} + \mathrm{i}y\mathrm{e}^x\mathrm{e}^{\mathrm{i}y} + x(1+\mathrm{i}) + \mathrm{i}y(1+\mathrm{i}) + c.$$

它可以写成

$$f(z) = z\mathrm{e}^z + (1+\mathrm{i})z + c.$$

由 $f(0) = 0$，得 $c = 0$，所以所求的解析函数为

$$f(z) = z\mathrm{e}^z + (1+\mathrm{i})z.$$

**解法 2** 因 $v = \mathrm{e}^x(y\cos y + x\sin y) + x + y$，故

$$v_x = \mathrm{e}^x(y\cos y + x\sin y + \sin y) + 1,$$
$$v_y = \mathrm{e}^x(\cos y - y\sin y + x\sin y) + 1,$$

从而

$$f'(z) = \mathrm{e}^x(\cos y - y\sin y + x\sin y) + 1 + \mathrm{i}[\mathrm{e}^x(y\cos y + x\sin y + \sin y) + 1]$$
$$= \mathrm{e}^x(\cos y + \mathrm{i}\sin y) + \mathrm{i}(x+\mathrm{i}y)\mathrm{e}^x\sin y + (x+\mathrm{i}y)\mathrm{e}^x\cos y + 1 + \mathrm{i}$$
$$= \mathrm{e}^{x+\mathrm{i}y} + (x+\mathrm{i}y)\mathrm{e}^{x+\mathrm{i}y} + 1 + \mathrm{i}$$
$$= \mathrm{e}^z + z\mathrm{e}^z + 1 + \mathrm{i}.$$

对 $f'(z)$ 积分，得 $f(z) = \int(\mathrm{e}^z + z\mathrm{e}^z + 1 + \mathrm{i})\mathrm{d}z = z\mathrm{e}^z + (1+\mathrm{i})z + c$，其中 $c$ 为实常数. 由 $f(0) = 0$，得 $c = 0$，所以所求的解析函数为 $f(z) = z\mathrm{e}^z + (1+\mathrm{i})z$.

### 3.5.2 应用

**例 3** 调和函数可以表示在 $xOy$ 平面中薄圆环上的温度函数. 例如，平面上任意处的温度函数为 $T(x,y) = \mathrm{e}^{-y}\sin x$. 我们可以验证该函数为调和函数，即

$$T_{xx}(x,y) + T_{yy}(x,y) = 0.$$

再设在该带形域的边界上的值，如图 3.12 所示，则

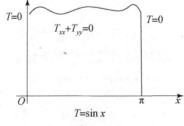

**图 3.12**

$$T(0,y) = T(\pi,y) = 0, T(x,0) = \sin x, \lim_{y \to \infty} T(x,y) = 0.$$

这表明薄圆环上的温度是稳定的，上面没有吸热和放热的点，除了沿边界的条件以外是隔热的.

**例 4** 解析与调和函数在流体力学中的应用.

设在区域 $D$ 内有一无源漏的无旋流动，因此复势总是存在的. 令

$$f(z) = \varphi(x,y) + \mathrm{i}\psi(x,y)$$

为某一流动的复势，则 $\varphi(x,y)$ 为流动的势函数. $\varphi(x,y) = k(k$ 为实常数) 为势线. $\psi(x,y)$ 为流函数，$\psi(x,y) = k(k$ 为实常数) 为流线. 这是因为：设 $V(z)$ 为复速度，$f(z)$ 一定为解析函数且

$$f'(z) = \overline{V(z)}.$$

记 $V(z) = p(x,y) + \mathrm{i}q(x,y)$，则 $p = \dfrac{\partial \varphi}{\partial x} = \dfrac{\partial \psi}{\partial y}, q = \dfrac{\partial \varphi}{\partial y} = -\dfrac{\partial \psi}{\partial x}$. 由于流线上点 $z(x,y)$ 处的速度方向与该点的切线方向一致. 则 $\dfrac{1}{p}\mathrm{d}x = \dfrac{1}{q}\mathrm{d}y$. 即 $q\mathrm{d}x - p\mathrm{d}y = 0$. 即 $\dfrac{\partial \psi}{\partial x}\mathrm{d}x + \dfrac{\partial \psi}{\partial y}\mathrm{d}y = 0$. 由于 $f(z)$ 解析，则 $\psi(x,y)$ 为调和函数. 因此，$\psi_{yx} = \psi_{xy}$，于是 $\mathrm{d}\psi(x,y) = 0$. 因此，$\psi(x,y) = k(k$ 为实常数) 是流线方程的积分曲线.

以 $f(z) = z^2$ 为例，设 $z = x + \mathrm{i}y$，则 $f(z) = x^2 - y^2 + 2xy\mathrm{i}$. 即势函数为 $\varphi(x,y) = x^2 - y^2$，流函数为 $\psi(x,y) = 2xy$. 故势线与流线是相互正交的两族等势双曲线（势线与流线在流速不为零处相互正交，这是解析函数的性质），在 $z$ 处的速度为 $V(z) = 2\bar{z}$.

## 数学文化赏析——达朗贝尔、米塔 – 列夫勒、茹柯夫斯基

### 达朗贝尔

达朗贝尔（1717—1783），法国数学家，哲学家，又译达朗伯. 1717 年 11 月 17 日生于巴黎，1783 年 10 月 29 日卒于同地. 达朗贝尔在数学、力学和天文学等许多领域都作出了贡献. 他的很多研究成果记载于《宇宙体系的几个要点研究》中.

1741 年，凭借自己的努力，达朗贝尔进入了法国科学院担任天文学助理院士，此后的两年里，他对力学做了大量研究，并发表了多篇论文和多部著作；1746 年，达朗贝尔被提升为数学副院士. 1746 年，达朗贝尔与当时著名哲学家狄德罗一起编纂了法国《百科全书》，并负责撰写数学与自然科学条目，是法国百科全书派的主要首领. 在百科全书的序言中，达朗贝尔表达了自己坚持唯物主义观点、正确分析科学问题的思想.

数学是达朗贝尔研究的主要课题，他是数学分析的主要开拓者和奠基人. 达朗贝尔为极限做了较好的定义，但他没有把这种表达公式化，但他是当时几乎唯一一位把微分看成是函数极限的数学家.

达朗贝尔是 18 世纪少数几个把收敛级数和发散级数分开的数学家之一，并且他还提出了一种判别级数绝对收敛的方法——达朗贝尔判别法，即现在还使用的比值判别法；他同时是三角级数理论的奠基人；达朗贝尔为偏微分方程的出现也作出了巨大的贡献，1746 年他发表了论文《张紧的弦振动是形成的曲线研究》，在这篇论文里，他首先提出了波动方程，并于 1750 年证明了它们的函数关系；1763 年，他进一步讨论了不均匀弦的振动，提出了广

义的波动方程. 另外，达朗贝尔在复数的性质、概率论等方面也都有所研究，而且他还很早就证明了代数基本定理.

《动力学》是达朗贝尔最伟大的物理学著作. 在这部书里，他提出了三大运动定律，第一定律是给出几何证明的惯性定律；第二定律是力的分析的平行四边形法则的数学证明；第三定律是用动量守恒来表示的平衡定律. 书中还提出了达朗贝尔原理，它与牛顿第二定律相似，但它的发展在于可以把动力学问题转化为静力学问题处理，还可以用平面静力的方法分析刚体的平面运动，这一原理使一些力学问题的分析简单化，而且为分析力学的创立打下了基础. 达朗贝尔是 18 世纪为牛顿力学体系的建立作出卓越贡献的科学家之一.

### 米塔－列夫勒

米塔－列夫勒（Mittag－Leffler，Magnus Gustaf，1846—1927），瑞典数学家. 1865 年入乌普萨拉大学读书. 1872 年获博士学位，次年留学巴黎、格廷根和柏林. 得到埃尔米特、魏尔斯特拉斯等学者的指导.

米塔－列夫勒早期受魏尔斯特拉斯影响研究函数论. 他扩展了关于一个亚纯函数可以表示为两个整函数的商的结论. 得到所谓 "米塔－列夫勒定理" 和 "米塔－列夫勒矩阵" 等重要结果. 另外他还担任过波伦亚、牛津、剑桥等多所大学的名誉教授. 创办了以他的名字命名的数学学院，对教育事业作出了较大贡献.

米塔－列夫勒平生著作多达 119 种，主要涉及函数理论. 由他创办并担任了 45 年主编的《数学杂志》（1882—1927）曾对波莱尔、康托尔、阿达玛（1865—1963）和希尔伯特（David Hilbert）等人产生了巨大影响，成为数学家相互联系的园地.

### 茹柯夫斯基

茹柯夫斯基是俄国著名空气动力学家、航空科学开拓者. 毕业于莫斯科大学物理数学系，获应用数学博士学位，1886 年起任莫斯科大学和莫斯科高等技术学校教授. 创建了实验与理论统一的空气动力学，发展了飞行动力学，为航空技术的发展和飞机气动力计算奠定了基础. 十月革命后，积极开创苏联航空事业. 1918 年创办中央流体动力研究院并任院长，后来又创办多所航空技术院校. 列宁称茹柯夫斯基为 "俄罗斯航空之父". 著作有《茹科夫斯基全集》，共 9 卷. 茹柯夫斯基在设计飞机的时候，就用复变函数论解决了飞机机翼的结构问题，他在运用复变函数论解决流体力学和航空力学方面的问题上也作出了贡献.

# 第 3 章　习题

1. 计算 $I = \int_C |z| \, dz$，其中 $C$ 是

（1）连接 $-i$ 到 $i$ 的直线段；（2）连接 $-i$ 到 $i$ 的单位圆的左半圆；

（3）连接 $-i$ 到 $i$ 的单位圆的右半圆.

2. 计算积分 $\int_C (x - y + ix^2) \, dz$，其中 $C$ 为从原点到 $1 + i$ 的直线段.

3. 计算积分 $\int_C (x^2 + iy) \, dz$，其中 $C$ 为

（1）沿 $y = x$ 从 0 到 $1 + i$；（2）沿 $y = x^2$ 从 0 到 $1 + i$.

4. 估计积分 $\int_C \dfrac{1}{z^2+2}\mathrm{d}z$ 的模，其中 $C$ 为 $+1$ 到 $-1$ 的圆心在原点的上半圆周.

5. 试证：$\lim\limits_{r\to 0}\int_{|z|=r}\dfrac{z^3}{1+z^2}\mathrm{d}z = 0.$

6. 通过分析被积函数的奇点分布情况说明下列积分为 0 的原因，其中积分曲线 $C$ 皆为 $|z|=1$.

(1) $\oint_C \dfrac{\mathrm{d}z}{(z+2)^2}$；　(2) $\oint_C \dfrac{\mathrm{d}z}{z^2+2z+4}$；　(3) $\oint_C \dfrac{\mathrm{d}z}{z^2+2}$；

(4) $\oint_C \dfrac{\mathrm{d}z}{\cos z}$；　(5) $\oint_C z\mathrm{e}^z\mathrm{d}z.$

7. 计算 $\int_{|z|=3} \dfrac{\mathrm{e}^z}{z(z^2-1)}\mathrm{d}z$，其中 $|z|=3$ 是包含 0 与 1、$-1$ 的简单闭曲线.

8. 试证明：$\int_C \dfrac{\mathrm{d}z}{(z-a)^n} = \begin{cases} 2\pi\mathrm{i}, & n=1, \\ 0, & n\neq 1, n\in\mathbf{Z}. \end{cases}$ 这里 $C$ 表示绕行 $a$ 一周的简单闭曲线.

9. 计算下列积分：

(1) $\int_0^{\frac{\pi}{4}\mathrm{i}} \mathrm{e}^{2z}\mathrm{d}z$；(2) $\int_{-\pi\mathrm{i}}^{\pi\mathrm{i}} \sin^2 z\mathrm{d}z$；(3) $\int_0^1 z\sin z\mathrm{d}z.$

10. 计算积分 $\oint_{|z|=2} \dfrac{z}{(9-z^2)(z+\mathrm{i})}\mathrm{d}z.$

11. 计算积分 $\dfrac{1}{2\pi\mathrm{i}}\oint_C \dfrac{\mathrm{e}^z}{z(z-1)^3}\mathrm{d}z$，其中 $C$ 为

(1) $|z|=\dfrac{1}{2}$；(2) $|z-1|=\dfrac{1}{2}$；(3) $|z|=2.$

12. 积分 $\oint_{|z|=1} \dfrac{1}{z+2}\mathrm{d}z$ 的值是什么？并由此证明 $\int_0^\pi \dfrac{1+2\cos\theta}{5+4\cos\theta}\mathrm{d}\theta = 0.$

13. 计算下列各积分：

(1) $\oint_{|z|=r>1} \dfrac{\cos\pi z}{(z-1)^5}\mathrm{d}z$；(2) $\oint_{|z|=r>1} \dfrac{\mathrm{e}^z}{(z^2+1)^2}\mathrm{d}z$；(3) $\oint_{|z|=2} \dfrac{1}{z^3(z-1)^2}\mathrm{d}z.$

14. 若 $f(z)$ 在闭圆盘 $|z-z_0|\le R$ 上解析，且 $|f(z)|\le M$，试证明柯西不等式 $|f^{(n)}(z_0)|\le \dfrac{n!}{R^n}M$，并由此证明刘维尔定理：在整个复平面上有界且处处解析的函数一定为常数.

15. 验证 $u=x^2-y^2+xy$ 为调和函数，求解析函数 $f(z)=u+\mathrm{i}v$，使 $f(\mathrm{i})=-1+\mathrm{i}.$

16. 设 $v=\mathrm{e}^{px}\sin y$，求 $p$ 的值使得 $v$ 为调和函数.

17. 由下列各已知调和函数求解析函数 $f(z)=u+\mathrm{i}v.$

(1) $u=x^2+xy-y^2$，$f(\mathrm{i})=-1+\mathrm{i}$；

(2) $v=\dfrac{y}{x^2+y^2}$，$f(2)=0$；

(3) $v=\arctan\dfrac{y}{x}(x>0)$；

(4) $u=\mathrm{e}^x(x\cos y-y\sin y)$，$f(0)=0.$

18. 求双曲线 $y^2-x^2=c$（$c\neq 0$ 且为常数）的正交（即垂直）曲线族.

# 第4章 级数

本章从复数项序列和复数项级数的基本概念与性质入手，介绍解析函数的级数表示方法，主要介绍解析函数的泰勒展开式与洛朗展开式. 本章的大部分内容是《高等数学》中级数相关内容在复数域上的推广，但洛朗级数是复变函数特有的内容.

## 4.1 数项级数与函数项级数

### 4.1.1 复数序列

类似于《高等数学》中的实数序列的概念，由复数 $z_1$、$z_2$、$\cdots$、$z_n$、$\cdots$ 依次排列所形成的序列称为复数序列，简记为 $\{z_n\}$.

**定义 1** 若对任意给定的 $\varepsilon > 0$，总存在正整数 $N$，当 $n > N$ 时，不等式

$$|z_n - z| < \varepsilon \tag{4.1}$$

成立，则称复数序列 $\{z_n\}$ 收敛于复数 $z$. 记作

$$\lim_{n \to \infty} z_n = z,$$

也称 $z$ 为 $z_n$ 在 $n \to \infty$ 时的**极限**. 否则，称 $\{z_n\}$ 是**发散**的.

**定理 1** 设复数 $z_n = a_n + ib_n$，复数 $z_0 = a + ib$，则复数序列 $\{z_n\}$ ($n = 1, 2, \cdots$) 收敛于 $z_0$ 的充要条件是

$$\lim_{n \to \infty} a_n = a \text{ 和 } \lim_{n \to \infty} b_n = b. \tag{4.2}$$

此定理表明复数序列 $\{z_n\}$ 收敛与否可以用它的实部和虚部两个实数序列 $\{a_n\}$ 和 $\{b_n\}$ 的收敛与否来判断. 下面我们来证明该结论.

**证明** 因为 $\lim\limits_{n \to \infty} z_n = z$，由定义 1，对任意取定的 $\varepsilon > 0$，总存在正整数 $N$，当 $n > N$ 时，有 $|(a_n + ib_n) - (a + ib)| < \varepsilon$，而

$$|a_n - a| \leqslant |(a_n - a) + i(b_n - b)| < \varepsilon,$$
$$|b_n - b| \leqslant |(a_n - a) + i(b_n - b)| < \varepsilon,$$

故式 (4.2) 成立.

反过来，若式 (4.2) 成立，对任意给定的 $\varepsilon > 0$，存在正整数 $N_1$、$N_2$，使得当 $n > N_1$ 时，有 $|a_n - a| < \dfrac{\varepsilon}{2}$ 成立；当 $n > N_2$ 时有 $|b_n - b| < \dfrac{\varepsilon}{2}$ 成立. 因此，若取 $N = \max\{N_1, N_2\}$，当 $n > N$ 时，有

$$|a_n - a| < \frac{\varepsilon}{2} \text{ 和 } |b_n - b| < \frac{\varepsilon}{2}$$

同时成立，从而

$$|(a_n - a) + i(b_n - b)| \le |a_n - a| + |b_n - b| < \varepsilon.$$

所以，当 $n > N$ 时，$|z_n - z| < \varepsilon$ 成立，即式 (4.1) 成立.　　　　（证毕）

**例1**　下面各序列是否收敛？若收敛求其极限.

（1）$z_n = e^{-i\frac{n\pi}{2}}$；（2）$z_n = \left(1 + \dfrac{i}{\sqrt{3}}\right)^{-n}$.

**解**　（1）因为 $z_n = \cos\dfrac{n}{2}\pi - i\sin\dfrac{n}{2}\pi$，而 $\cos\dfrac{n}{2}\pi$ 在 $n$ 趋于无穷时，极限不存在，所以原序列发散.

（2）因为 $z_n = \left(\dfrac{\sqrt{3}}{2}\right)^n \cos\dfrac{n}{6}\pi - i\left(\dfrac{\sqrt{3}}{2}\right)^n \sin\dfrac{n}{6}\pi$，设

$$a_n = \left(\frac{\sqrt{3}}{2}\right)^n \cos\frac{n}{6}\pi, \quad b_n = -\left(\frac{\sqrt{3}}{2}\right)^n \sin\frac{n}{6}\pi.$$

而 $\lim\limits_{n\to\infty} a_n = \lim\limits_{n\to\infty} b_n = 0$，故由定理 1 知序列收敛且 $\lim\limits_{n\to\infty} z_n = 0$.

**例2**　求 $z_n = \dfrac{\cos n}{(1+i)^n}$ 的极限.

**解**　因为 $\lim\limits_{n\to\infty}|z_n| = \lim\limits_{n\to\infty}\left|\dfrac{\cos n}{(1+i)^n} - 0\right| = \lim\limits_{n\to\infty}\dfrac{|\cos n|}{(\sqrt{2})^n} = 0$，所以得出复数序列 $\left\{\dfrac{\cos n}{(1+i)^n}\right\}$ 收敛，且 $\lim\limits_{n\to\infty} z_n = 0$.

### 4.1.2　复数项级数

**定义2**　设 $\{\alpha_k\}$，$\alpha_k = a_k + ib_k (k \in N)$ 为一复数序列，那么级数 $\sum\limits_{k=1}^{\infty}\alpha_k = \alpha_1 + \alpha_2 + \cdots + \alpha_k + \cdots$ 是具有复数项的数项级数，$\alpha_k$ 是通项. 称

$$S_n = \sum_{k=1}^{n}\alpha_k = \sum_{k=1}^{n}(a_k + ib_k) = \sum_{k=1}^{n}a_k + i\sum_{k=1}^{n}b_k$$

为级数的**部分和**. 同时称

$$r_n = \sum_{k=n+1}^{\infty}\alpha_k = \sum_{k=n+1}^{\infty}(a_k + ib_k) = \sum_{k=n+1}^{\infty}a_k + i\sum_{k=n+1}^{\infty}b_k$$

为级数的**余项**. 如果部分和序列的极限存在，即

$$S = \lim_{n\to\infty}S_n = \lim_{n\to\infty}\sum_{k=1}^{n}a_k + i\lim_{n\to\infty}\sum_{k=1}^{n}b_k,$$

那么称级数是收敛的，而 $S$ 称作级数的和.

可见，级数 $\sum\limits_{k=1}^{\infty}\alpha_k$ 收敛，当且仅当级数 $\sum\limits_{k=1}^{\infty}a_k$ 和级数 $\sum\limits_{k=1}^{\infty}b_k$ 都收敛. 这样我们就可以根据实数项级数的收敛性来研究复数项级数的收敛性，所以这里将广泛地运用实函数分析中的级数比较原则、达朗贝尔准则、柯西准则和其他的级数收敛的充分准则. 另外，应用类似于数学分析的方法，容易得出复数项级数 $\sum\limits_{k=1}^{\infty}\alpha_k$ 具有下列性质：

（1）收敛级数 $\sum\limits_{k=1}^{\infty}\alpha_k$ 的余项 $r_n$ 随 $n$ 趋于无穷大而趋于零，即对任给 $\varepsilon > 0$，都存在一个正整数 $N$，使得当 $n \ge N$ 时，就有 $|r_n| < \varepsilon$.

（2）假若级数 $\sum\limits_{k=1}^{\infty} \alpha_k$ 收敛，那么它的通项 $\alpha_k$ 随 $k$ 趋于无穷大而趋于零：$\lim\limits_{k\to\infty} \alpha_k = 0$（收敛的必要条件）.

（3）在级数的前面增加或去掉有限项，不会改变级数的收敛性.

**定义 3** 如果实正项级数 $\sum\limits_{k=1}^{\infty} |\alpha_k|$ 收敛，则称 $\sum\limits_{k=1}^{\infty} \alpha_k$ 为**绝对收敛级数**.

易见，在级数 $\sum\limits_{k=1}^{\infty} \alpha_k (\alpha_k = a_k + ib_k)$ 绝对收敛的情况下，级数 $\sum\limits_{k=1}^{\infty} a_k$ 和级数 $\sum\limits_{k=1}^{\infty} b_k$ 都绝对收敛.

**定理 2** 若级数 $\sum\limits_{k=1}^{\infty} |\alpha_k|$ 收敛，则级数 $\sum\limits_{k=1}^{\infty} \alpha_k$ 必收敛.

**证** 设 $\alpha_k = a_k + ib_k (k=1,2,\cdots)$，因为

$$|\alpha_k| = \sqrt{a_k^2 + b_k^2} \geqslant |a_k|, \quad |\alpha_k| = \sqrt{a_k^2 + b_k^2} \geqslant |b_k|,$$

而正项级数 $\sum\limits_{k=1}^{\infty} |\alpha_k|$ 收敛，由《高等数学》中的比较审敛法知 $\sum\limits_{k=1}^{\infty} |a_k|$、$\sum\limits_{k=1}^{\infty} |b_k|$ 收敛，

从而 $\sum\limits_{k=1}^{\infty} a_k$、$\sum\limits_{k=1}^{\infty} b_k$ 收敛，可知级数 $\sum\limits_{k=1}^{\infty} \alpha_k$ 收敛. （证毕）

由于 $\sum\limits_{k=1}^{\infty} |\alpha_k|$ 为正项级数，因此可由正项级数的相应理论来研究 $\sum\limits_{k=1}^{\infty} \alpha_k$ 的绝对收敛性. 复数项级数敛散性的判别方法见表 4.1.

**表 4.1 复数项级数敛散性的判别方法**

| 判别法名称 | 判别方法 |
|---|---|
| 比值判别法（达朗贝尔判别法） | 若 $\sum\limits_{k=1}^{\infty} \left\| \dfrac{\alpha_{k+1}}{\alpha_k} \right\| < 1$，且与 $k$ 无关，则该级数绝对收敛 |
| 根值判别法（柯西判别法） | 令 $\lim\limits_{k\to\infty} \sqrt[k]{\|\alpha_k\|} = r$，当 $\begin{cases} r<1 \text{ 时,} \\ r=1 \text{ 时,} \\ r>1 \text{ 时,} \end{cases}$ 则 $\begin{cases} \text{级数绝对收敛,} \\ \text{需进一步检验,} \\ \text{级数发散.} \end{cases}$ |
| 高斯判别法 | 设 $\dfrac{\alpha_{k+1}}{\alpha_k} = 1 + \dfrac{\mu}{k} + O\left(\dfrac{1}{k^\lambda}\right)$，$\lambda > 1$，则 $\begin{cases} \text{当 } \mathrm{Re}(\mu)>1 \text{ 时, 级数收敛,} \\ \text{当 } \mathrm{Re}(\mu)\leqslant 1 \text{ 时, 级数发散.} \end{cases}$ |
| 注：上式中 $\mu$ 为复数，$O\left(\dfrac{1}{k^\lambda}\right)$ 是比 $\dfrac{1}{k^\lambda}$ 更高级的无穷小量. | |

**例 3** 判断下列复数项级数的敛散性.

（1）$\sum\limits_{n=1}^{\infty} \dfrac{1}{n}\left(1 + \dfrac{i}{n}\right)$；（2）$\sum\limits_{n=1}^{\infty} \dfrac{(2i)^n}{n!}$；（3）$\sum\limits_{n=1}^{\infty} \dfrac{(-1)^n}{n} + \dfrac{i}{2^n}$.

**解**　(1) 因为该级数的实部 $\sum\limits_{n=1}^{\infty}\mu_n = \sum\limits_{n=1}^{\infty}\dfrac{1}{n}$ 发散，虽然其虚部 $\sum\limits_{n=1}^{\infty}v_n = \sum\limits_{n=1}^{\infty}\dfrac{1}{n^2}$ 收敛，而由于复数项级数 $\sum\limits_{n=1}^{\infty}z_n$ 是由 $\sum\limits_{n=1}^{\infty}\mu_n$ 和 $\sum\limits_{n=1}^{\infty}v_n$ 共同构成的，所以该级数是发散的.

(2) 因为 $\left|\dfrac{(2\mathrm{i})^n}{n!}\right| = \dfrac{2^n}{n!}$，由正项级数的比值审敛法可知 $\sum\limits_{n=1}^{\infty}\dfrac{2^n}{n!}$ 收敛，故原级数为绝对收敛级数，所以级数 $\sum\limits_{n=1}^{\infty}\dfrac{(2\mathrm{i})^n}{n!}$ 收敛.

(3) 因为级数 $\sum\limits_{n=1}^{\infty}\dfrac{(-1)^n}{n}$ 和 $\sum\limits_{n=1}^{\infty}\dfrac{1}{2^n}$ 都是收敛级数，而 $\sum\limits_{n=1}^{\infty}\dfrac{(-1)^n}{n}$ 为条件收敛级数，所以原级数为条件收敛级数.

**例 4**　证明在区域 $|z| < 1$ 内，$s(z) = \sum\limits_{n=0}^{\infty}z^n = 1 + z + z^2 + z^3 + \cdots = \dfrac{1}{1-z}$.

**证**　用 $z$ 乘以 $s(z)$ 的前 $N$ 项之和 $s_N(z) = 1 + z + z^2 + z^3 + \cdots + z^N$，得出
$$zs_N(z) = z + z^2 + z^3 + \cdots + z^{N+1},$$
于是得出
$$s_N(z) - zs_N(z) = (1-z)s_N(z) = 1 - z^{N+1}.$$
利用 $\lim\limits_{N\to\infty} z^N = 0$，可得
$$s(z) = \lim_{N\to\infty}s_N(z) = \lim_{N\to\infty}\frac{1-z^{N+1}}{1-z^N} = \frac{1}{1-z}.$$

### 4.1.3　函数项级数

**定义 4**　级数 $\sum\limits_{k=1}^{\infty}\mu_k(z)$ 的各项都是复变量 $z$ 的函数，则称这个级数为复变**函数项级数**. 如果数项级数 $\sum\limits_{k=1}^{\infty}\mu_k(z_0)$ 收敛，则称 $z_0$ 点为 $\sum\limits_{k=1}^{\infty}\mu_k(z)$ 的**收敛点**.

**定义 5**　如果函数项级数在区域 $D$ 内每一点都是收敛的，则称它在 $D$ 内**收敛**. 所有收敛点的集合称为该函数项级数的**收敛域**.

通常收敛域可以是多连通的，还可能是闭的. 在区域 $D$ 内收敛的函数项级数 $\sum\limits_{k=1}^{\infty}\mu_k(z)$ 能确定一个单值函数，它在区域 $D$ 内每一个固定点 $z_0$ 的值等于对应的数值项级数的和：
$$f(z_0) = \sum_{k=1}^{\infty}\mu_k(z_0),$$
这样确定的函数 $f(z)$ 称为函数项级数的**和函数**
$$f(z) = \sum_{k=1}^{\infty}\mu_k(z),$$
即在任一固定的点 $z \in D$ 上，对任一预先给定的 $\varepsilon > 0$，都存在一个正整数 $N$，使当 $n \geqslant N$ 时，就有
$$\left|f(z) - \sum_{k=1}^{n}\mu_k(z)\right| < \varepsilon.$$

通常 $N$ 依赖于 $\varepsilon$ 和 $z$ 的选取，而如果 $N$ 仅依赖于 $\varepsilon$ 而与 $z$ 无关，则称级数在区域 $D$ 上**一致收敛**于函数 $f(z)$，记作

$$\sum_{k=1}^{\infty} \mu_k(z) \rightarrow f(z).$$

下述的函数项级数一致收敛的充分条件是比较重要的.

**定理 3(维尔斯特拉斯准则)**　如果复变函数项级数 $\sum_{k=1}^{\infty} \mu_k(z)$ 的所有项在区域 $D$ 内都满足条件 $|\mu_k(z)| \leqslant a_k$，其中 $a_k$ 都是正常数，而且数值项级数 $\sum_{k=1}^{\infty} a_k$ 收敛，那么级数 $\sum_{k=1}^{\infty} \mu_k(z)$ 在区域 $D$ 内是一致收敛的.

一致收敛级数有以下几个性质：

(1) 在区域 $D$ 内一致收敛的连续函数项级数，其和仍是 $D$ 内的一个连续函数.

(2) 区域 $D$ 内一致收敛的连续函数项级数可沿 $D$ 内每一条逐段光滑曲线 $C$ 逐项积分，即如果所有的 $\mu_k(z)(k \in N)$ 在 $D$ 内连续且 $\sum_{k=1}^{\infty} \mu_k(z) \rightarrow f(z)$，那么

$$\int_C \left[ \sum_{k=1}^{\infty} \mu_k(z) \right] \mathrm{d}z = \sum_{k=1}^{\infty} \int_C \mu_k(z) \mathrm{d}z = \int_C f(z).$$

(3) 维尔斯特拉斯定理：若级数各项都是区域 $D$ 内的解析函数并在 $D$ 内任一闭区域 $\overline{D'}$ 内收敛，则级数可以逐项求任一阶的导函数，即如果 $\mu_k(z)(k \in N)$ 在区域 $D$ 内解析并且 $\sum_{k=1}^{\infty} \mu_k(z) \rightarrow f(z)$ 在 $\overline{D'} \subset D$ 内成立，那么 $f(z)$ 在区域 $D$ 内解析，并且

$$\frac{\mathrm{d}^n}{\mathrm{d}z^n} \left[ \sum_{k=1}^{\infty} \mu_k(z) \right] = \sum_{k=1}^{\infty} \mu_k^{(n)}(z) \rightarrow f^{(n)}(z)$$

在 $\overline{D'} \subset D$ 内成立.

# 4.2　幂级数

幂级数是一类最简单也最重要的函数项级数. 在微积分中，我们学过的泰勒级数就属于幂级数. 本节主要介绍复数域上的幂级数的相关理论.

## 4.2.1　幂级数的定义

**定义 1**　形如

$$c_0 + c_1(z - z_0) + c_2(z - z_0)^2 + \cdots + c_n(z - z_0)^n + \cdots \qquad (4.3)$$

的函数项级数称为**幂级数**，记为 $\sum_{n=0}^{\infty} c_n(z - z_0)^n$，这里 $z_0$、$c_n(n = 0,1,2,\cdots)$ 为**复常数**，$z$ 为 $z_0$ 的邻域内的任一点.

$$S_N(z) = \sum_{n=0}^{N-1} c_n(z - z_0)^n$$

称为**幂级数 (4.3) 的部分和**. 若级数 (4.3) 在区域 $D$ 上**收敛于函数** $S(z)$，即 $\lim_{N \to \infty} S_N(z) = S(z)$，则称 $S(z)$ 为幂级数 (4.3) 在 $D$ 上的**和函数**，记为

$$S(z) = \sum_{n=0}^{\infty} c_n(z - z_0)^n.$$

如果做变量替换 $\zeta = z - z_0$，则幂级数 (4.3) 便写成以下形式（$\zeta$ 仍改写为 $z$）：

$$\sum_{n=0}^{\infty} c_n z^n = c_0 + c_1 z + c_2 z^2 + \cdots + c_n z^n + \cdots \tag{4.4}$$

因此, 关于幂级数我们主要讨论形式 (4.4).

### 4.2.2 幂级数的收敛性判别

**定理 1 ( 阿贝尔定理 )** 若幂级数 (4.4) 在 $z = z_1$ ($z_1 \neq 0$) 处收敛, 那么该级数对任意满足 $|z| < |z_1|$ 的 $z$ 都绝对收敛, 若在 $z = z_2$ 处发散, 那么该级数对任意满足 $|z| > |z_2|$ 的 $z$ 都发散.

**证** 设级数 $\sum_{n=0}^{\infty} c_n z_1^n$ 收敛, 那么 $\lim_{n \to \infty} c_n z_1^n = 0$, 即存在 $M > 0$, 使

$$|c_n z_1^n| \leqslant M (n = 0, 1, 2, \cdots)$$

若记 $\rho = \dfrac{|z|}{|z_1|}$ ($|z_1| > |z|$), 则

$$|c_n z^n| = |c_n z_1^n| \left|\frac{z}{z_1}\right|^n \leqslant M \rho^n.$$

由于几何级数 $\sum_{n=0}^{\infty} M \rho^n$ (公比 $\rho < 1$) 收敛, 故对任一满足 $|z| < |z_1|$ 的点 $z$, 级数 $\sum_{n=0}^{\infty} |c_n z^n|$ 收敛, 从而级数 $\sum_{n=0}^{\infty} c_n z^n$ 绝对收敛.

如果级数 (4.4) 在 $z_2$ 处发散, 那么对任意满足 $|z| > |z_2|$ 的点 $z$ 级数 (4.4) 都发散. 否则, 若 $|z| > |z_2|$, 而级数 (4.4) 在点 $z$ 收敛, 由前述知级数 (4.4) 在 $z_2$ 处一定收敛, 这是矛盾的. (证毕)

**推论 1** 如果幂级数 $\sum_{k=0}^{\infty} c_k (z - z_0)^k$ 在点 $z_1$ 上收敛, 那么它在所有满足条件 $|z - z_0| < |z_1 - z_0|$ 的点 $z$ 上绝对收敛; 如果幂级数在点 $z_2$ 上发散, 那么它在所有满足条件 $|z - z_0| > |z_2 - z_0|$ 的点 $z$ 上发散.

从上面的叙述可知, 对于既有收敛点 ($z = 0$ 除外, 在 $z = 0$ 点级数总收敛) 又有发散点的幂级数 (4.4), 总存在这样一个实数 $R > 0$, 使得 $|z| < R$ 时, 幂级数收敛; 当 $|z| > R$ 时幂级数发散. 相应地, 对于既有收敛点 ($z_0$ 除外, 在 $z_0$ 点级数总收敛) 又有发散点的幂级数 (4.3) 总存在这样一个实数 $R > 0$, 使得 $|z - z_0| < R$ 时, 幂级数收敛; 当 $|z - z_0| > R$ 时幂级数发散.

在半径为 $\rho < R$ 的圆内, 若级数 (4.4) (或级数 (4.3)) 一致收敛, 则称区域 $|z| < R$ (或 $|z - z_0| < R$) 为**收敛圆**, 而数 $R$ 称为幂级数的**收敛半径**. 收敛半径 $R$ 的计算如下.

**定理 2 ( 比值法 )** 若极限 $\lim_{n \to \infty} \left|\dfrac{c_{n+1}}{c_n}\right| = l$, 则级数 (4.3) 与级数 (4.4) 的收敛半径 $R = \dfrac{1}{l}$.

**定理 3 ( 根值法 )** 若极限 $\lim_{n \to \infty} \sqrt[n]{|c_n|} = l$, 则级数 (4.3) 与级数 (4.4) 的收敛半径 $R = \dfrac{1}{l}$.

假如 $l = \infty$，那么 $R = 0$，意味着级数（4.3）仅在 $z_0$ 收敛以及幂级数（4.4）仅在零点收敛；假如 $l = 0$，那么 $R = \infty$，意味着级数（4.3）与级数（4.4）在全复平面上收敛.

**证**　我们只证明级数（4.4）的情形.

（1）若 $\lim\limits_{n \to \infty} \left| \dfrac{c_{n+1}}{c_n} \right| = l \ (0 < l < \infty)$，则当 $\lim\limits_{n \to \infty} \left| \dfrac{c_{n+1}z^{n+1}}{c_n z^n} \right| = |z| l < 1$，即 $|z| < R = \dfrac{1}{l}$ 时，级数（4.4）绝对收敛. 当 $|z_1| > R$，假设 $\sum\limits_{n=0}^{\infty} c_n z_1^n$ 收敛，则任取 $z_2 (R < |z_2| < |z_1|)$，$\sum\limits_{n=0}^{\infty} c_n z_2^n$ 绝对收敛，但此时 $\lim\limits_{n \to \infty} \left| \dfrac{c_{n+1}z_2^{n+1}}{c_n z_2^n} \right| = \lim\limits_{n \to \infty} \left| \dfrac{c_{n+1}}{c_n} \right| \cdot |z_2| > 1$，导出矛盾，因而级数（4.4）的收敛半径为 $R$.

若 $l = +\infty$，则 $\lim\limits_{n \to \infty} \left| \dfrac{c_{n+1}z^{n+1}}{c_n z^n} \right| = +\infty \cdot |z|$. 当 $z \neq 0$ 时级数 $\sum\limits_{n=0}^{\infty} |c_n z^n|$ 发散，级数（4.4）也发散（否则，若级数（4.4）在点 $z_0 \neq 0$ 处收敛，由阿贝尔定理知级数 $\sum\limits_{n=0}^{\infty} |c_n z^n|$ 在 $|z| < |z_0|$ 时也收敛，导出矛盾）. 又因为级数（4.4）在 $z = 0$ 时收敛，故级数的收敛半径 $R = 0$.

若 $l = 0$，则 $\lim\limits_{n \to \infty} \left| \dfrac{c_{n+1}z^{n+1}}{c_n z^n} \right| = 0 < 1$. 级数（4.4）对任意的 $z$ 都收敛，故级数的收敛半径 $R = \infty$.

（2）若 $\lim\limits_{n \to \infty} \sqrt[n]{|c_n|} = l$，则 $\lim\limits_{n \to \infty} \sqrt[n]{|c_n z^n|} = |z| l$，与上面的证明过程相似，结论一致.

（证毕）

**例1**　求下列幂级数的收敛半径 $R$：

（1）$\sum\limits_{n=1}^{\infty} \dfrac{n^n}{n!} z^n$；（2）$\sum\limits_{n=1}^{\infty} \dfrac{z^n}{n^3}$；（3）$\sum\limits_{n=0}^{\infty} \dfrac{(n!)^2}{n^n} z^n$.

**解**　（1）由于 $\lim\limits_{n \to \infty} \left| \dfrac{c_{n+1}}{c_n} \right| = \lim\limits_{n \to \infty} \left| \dfrac{(n+1)^{n+1}}{(n+1)!} \cdot \dfrac{n!}{n^n} \right| = \lim\limits_{n \to \infty} \left( 1 + \dfrac{1}{n} \right)^n = e$，所以该幂级数的收敛半径为 $R = \lim\limits_{n \to \infty} \left| \dfrac{c_n}{c_{n+1}} \right| = \dfrac{1}{e}$.

（2）由于 $\lim\limits_{n \to \infty} \left| \dfrac{c_{n+1}}{c_n} \right| = \lim\limits_{n \to \infty} \left| \dfrac{1}{(n+1)^3} \cdot n^3 \right| = \lim\limits_{n \to \infty} \left( \dfrac{n}{n+1} \right)^3 = 1$，所以该幂级数的收敛半径 $R = 1$.

（3）用比值法，有

$$R = \lim\limits_{n \to \infty} \left| \dfrac{c_n}{c_{n+1}} \right| = \lim\limits_{n \to \infty} \left| \dfrac{(n!)^2}{n^n} \dfrac{(n+1)^{n+1}}{[(n+1)!]^2} \right|$$

$$= \lim\limits_{n \to \infty} \left( 1 + \dfrac{1}{n} \right)^n \cdot \lim\limits_{n \to \infty} \left( \dfrac{1}{n+1} \right) = e \cdot 0 = 0.$$

所以该幂级数的收敛半径 $R = 0$.

### 4.2.3 幂级数的运算和性质

**1.** 复变幂级数的有理运算

设 $f(z) = \sum_{n=0}^{\infty} a_n z^n, R = r_1$ 以及 $g(z) = \sum_{n=0}^{\infty} b_n z^n, R = r_2$，那么在以原点为中心，$r_1$、$r_2$ 中较小的一个为半径的圆内，这两个幂级数可以像多项式那样进行相加、相减、相乘，所得到的幂级数的和函数分别就是 $f(z)$ 与 $g(z)$ 的和、差与积．

$$f(z) \pm g(z) = \sum_{n=0}^{\infty} a_n z^n \pm \sum_{n=0}^{\infty} b_n z^n = \sum_{n=0}^{\infty} (a_n \pm b_n) z^n, |z| < R,$$

$$f(z)g(z) = \left(\sum_{n=0}^{\infty} a_n z^n\right)\left(\sum_{n=0}^{\infty} b_n z^n\right) = \sum_{n=0}^{\infty} (a_n b_0 + a_{n-1} b_1 + a_{n-2} b_2 + \cdots + a_0 b_n) z^n, |z| < R,$$

$$R = \min(r_1, r_2).$$

**2.** 幂级数的微积分性质

**定理 4** 幂级数 (4.3) 的和函数 $f(z)$ 在它的收敛圆内是解析的，且在收敛圆内可逐项求导以及逐项积分，即

$$f'(z) = \sum_{n=1}^{\infty} n c_n (z - z_0)^{n-1} (|z - z_0| < R),$$

$$\int_C f(z)\mathrm{d}z = \sum_{n=1}^{\infty} c_n \int_C (z - z_0)^n \mathrm{d}z (C \subset |z - z_0| < R),$$

或

$$\int_{z_0}^{z} f(z)\mathrm{d}z = \sum_{n=0}^{\infty} \frac{c_n}{n+1} (z - z_0)^{n+1}.$$

例如，幂级数 $\sum_{n=0}^{\infty} z^n$ 的收敛半径 $R = 1$，当 $|z| < 1$ 时，级数部分和

$$S_N(z) = \sum_{n=0}^{N} z^n = \frac{1 - z^N}{1 - z},$$

$$\lim_{N \to \infty} S_N(z) = \frac{1}{1 - z}.$$

所以

$$\frac{1}{1 - z} = \sum_{n=0}^{\infty} z^n = 1 + z + z^2 + \cdots + z^n + \cdots (|z| < 1);$$

$$\frac{1}{(1 - z)^2} = \left(\sum_{n=0}^{\infty} z^n\right)' = 1 + 2z + 3z^2 + 4z^3 + \cdots (|z| < 1);$$

$$\ln(1 - z) = -\int_0^z \sum_{n=0}^{\infty} z^n \mathrm{d}z = -\sum_{n=0}^{\infty} \frac{z^{n+1}}{n+1}$$

$$= -z - \frac{z^2}{2} - \frac{z^3}{3} - \cdots - \frac{z^{n+1}}{n+1} - \cdots (|z| < 1).$$

在《高等数学》中，我们可将一个具有各阶导数的函数展开为泰勒级数或麦克劳林级数．在下一节我们将解析函数（具有任意阶导数）展开为泰勒级数或麦克劳林级数，也就是将解析函数展开为幂级数．

### 4.2.4　应用

**例2**　一只越来越懒惰并且做不均衡跳跃的青蛙,第一跳跳了 1 m(从 $z = 0$ 到 $z = 1$),第二次跳了 1/2 m,第三次跳了 1/4 m,第四跳跳了 1/8 m,依此类推,并且每一次跳跃都在前一次跳跃路径上向左转一个角度 $a$,青蛙最终会趋近于哪个位置?

提示:青蛙第 $n$ 次跳跃所在的位置可表示为

$$z_n = \sum_{k=1}^n \frac{1}{2^{k-1}} e^{i(k-1)a} = \sum_{k=1}^n \left(\frac{1}{2} e^{ia}\right)^{k-1}$$

其极限为 $z = \dfrac{1}{1 - \dfrac{1}{2} e^{ia}} = \dfrac{4 - 2\cos\alpha}{5 - 4\cos\alpha} - i\dfrac{2\sin\alpha}{5 - 4\cos\alpha}$. 当 $\alpha = \dfrac{\pi}{2}$ 时, $z = \dfrac{4}{5} - \dfrac{2}{5}i$.

## 4.3　泰勒级数

### 4.3.1　泰勒级数的概念

复平面上的开圆盘 $|z - a| < r$ 简写成 $B(a, r)$,如果复变函数 $f(x)$ 在 $B(a, r)$ 内解析,则在该区域内做正向绕行的圆周 $C$,根据柯西积分公式有

$$f(z) = \frac{1}{2\pi i} \oint_C \frac{f(\xi)}{\xi - z} d\xi.$$

对上式中的被积函数做如下变换

$$\frac{f(\xi)}{\xi - z} = \frac{f(\xi)}{\xi - a} \frac{1}{1 - \dfrac{z - a}{\xi - a}},$$

由于 $\left|\dfrac{z - a}{\xi - a}\right| < 1$,代入公式 $\dfrac{1}{1 - z} = \displaystyle\sum_{n=0}^{\infty} z^n$ 中,得 $\dfrac{1}{1 - \dfrac{z - a}{\xi - a}} = \displaystyle\sum_{n=0}^{\infty} \left(\dfrac{z - a}{\xi - a}\right)^n$,将该式代入 $\dfrac{f(\xi)}{\xi - z}$ 表达式中,得出

$$\frac{f(\xi)}{\xi - z} = \frac{f(\xi)}{\xi - a} \sum_{n=0}^{\infty} \left(\frac{z - a}{\xi - a}\right)^n = \sum_{n=0}^{\infty} f(\xi) \frac{(z - a)^n}{(\xi - a)^{n+1}},$$

再把这个式子代入 $f(z)$ 式中,利用一致收敛级数可逐项积分的性质,交换积分与求和的顺序,便可得出

$$f(z) = \frac{1}{2\pi i} \oint_C \sum_{n=0}^{\infty} (z - a)^n \frac{f(\xi)}{(\xi - a)^{n+1}} d\xi = \sum_{n=0}^{\infty} (z - a)^n \frac{1}{2\pi i} \oint_L \frac{f(\xi)}{(\xi - a)^{n+1}} d\xi.$$

若令 $c_n = \dfrac{1}{2\pi i} \oint_C \dfrac{f(\xi)}{(\xi - a)^{n+1}} d\xi$,则得出在该圆域内把 $f(z)$ 展开成的幂级数

$$f(z) = \sum_{n=0}^{\infty} c_n (z - a)^n, \tag{4.5}$$

这个幂级数称为**泰勒级数**,式中的 $c_n$ 称为**泰勒系数**.

由柯西高阶导数公式,可知系数

$$c_n = \frac{1}{2\pi i} \oint_C \frac{f(\xi)}{(\xi-a)^{n+1}} d\xi = \frac{f^{(n)}(z)}{n!}.$$

把这个 $c_n$ 代入泰勒级数（4.5）中，得出函数 $f(z)$ 展开成的泰勒级数为

$$f(z) = \sum_{n=0}^{\infty} \frac{f^{(n)}(a)}{n!}(z-a)^n.$$

这表明，任何一个函数 $f(z)$ 都可以在它解析区域内展开成幂级数——泰勒级数. 泰勒级数的收敛半径 $R$ 等于从 $a$ 点到最近一个奇点 $b$ 的距离，即 $R = |b-a|$.

**定理 1** 设函数 $f(z)$ 在圆盘 $D$：$|z-z_0| < R$ 内解析，则在 $D$ 内有

$$f(z) = f(z_0) + \frac{f'(z_0)}{1!}(z-z_0) + \frac{f''(z_0)}{2!}(z-z_0)^2 + \cdots + \frac{f^{(n)}(z_0)}{n!}(z-z_0)^n + \cdots, \quad (4.6)$$

即当 $|z-z_0| < R$ 时，式（4.6）右边的级数收敛于函数 $f(z)$. 我们把式（4.6）右边的级数称为 $f(z)$ 在 $z_0$ 的泰勒级数. 式（4.6）称为函数 $f(z)$ 在 $z_0$ 的泰勒展开式.

### 4.3.2 泰勒级数的展开方法

在实际应用中经常需要将函数表示成泰勒级数，常用的展开方法有下述两种.

1. 直接展开方法

利用泰勒级数的系数公式，把函数展开成泰勒级数.

**例 1** 以 $z=0$ 为中心将函数 $f(z) = e^z$ 展开成幂级数.

**解** 在复平面上题中函数 $f(z)$ 除了 $z=\infty$ 外都解析，它在 $z=0$ 点展开的泰勒系数为 $c_n = \frac{f^{(n)}(0)}{n!} = \frac{1}{n!}$，所以

$$f(z) = e^z = \sum_{n=0}^{\infty} \frac{1}{n!}z^n = 1 + z + \frac{z^2}{2!} + \cdots + \frac{z^n}{n!} + \cdots.$$

**例 2** 求 $f(z) = \text{Ln}(1+z)$ 在 $z=0$ 处的泰勒展开式.

**解** $\text{Ln}(1+z)$ 的主值 $\ln(1+z)$ 在 $|z| < 1$ 时解析，

$$\ln^{(n)}(1+z) = (-1)^{n-1}\frac{(n-1)!}{(1+z)^n}, \ln^{(n)}(1+z)\big|_{z=0} = (-1)^{n-1}(n-1)!.$$

从而

$$\ln(1+z) = \sum_{n=1}^{\infty} (-1)^{n-1}\frac{(n-1)!}{n!}z^n = z - \frac{z^2}{2} + \frac{z^3}{3} - \cdots + (-1)^{n-1}\frac{z^n}{n} + \cdots(|z| < 1),$$

所以 $\text{Ln}(1+z)$ 在 $z=0$ 处的泰勒展开式为

$$\text{Ln}(1+z) = 2k\pi i + z - \frac{z^2}{2} + \frac{z^3}{3} - \cdots + (-1)^{n-1}\frac{z^n}{n} + \cdots(|z| < 1; k = 0, \pm1, \pm2, \cdots).$$

2. 间接展开方法

利用一些已知函数的幂级数展开式，通过变量代换、四则运算、逐项乘积、求导或积分等方法，再用待定系数等方法都可以得出所给函数的幂级数展开式，这就形成所谓间接法，也就是套用已知函数幂级数展开式的方法. 常用于套用的函数幂级数展开式有：

(1) $\frac{1}{1-z} = \sum_{n=0}^{\infty} z^n$，$|z| < 1$；

(2) $\sin z = \sum\limits_{n=0}^{\infty} (-1)^n \dfrac{z^{2n+1}}{(2n+1)!}, |z| < \infty$;

(3) $\cos z = \sum\limits_{n=0}^{\infty} (-1)^n \dfrac{z^{2n}}{(2n)!}, |z| < \infty$;

(4) $e^z = \sum\limits_{n=0}^{\infty} \dfrac{z^n}{n!}, |z| < \infty$;

(5) $\ln(1+z) = \sum\limits_{n=0}^{\infty} (-1)^n \dfrac{z^{n+1}}{n+1}, |z| < 1$.

套用中应该注意它们的收敛半径, 即上面各展开式后给出的变量范围.

**例3** 将 $\dfrac{e^z}{1-z}$ 在 $z=0$ 处展开成幂级数.

**解** **解法1** 因 $\dfrac{e^z}{1-z}$ 在 $|z| < 1$ 内解析, 而

$$e^z = 1 + z + \frac{z^2}{2!} + \frac{z^3}{3!} + \cdots (|z| < +\infty),$$

$$\frac{1}{1-z} = 1 + z + z^2 + z^3 + \cdots (|z| < 1),$$

在 $|z| < 1$ 时将两式相乘得

$$\frac{e^z}{1-z} = 1 + \left(1 + \frac{1}{1!}\right)z + \left(1 + \frac{1}{1!} + \frac{1}{2!}\right)z^2 + \left(1 + \frac{1}{1!} + \frac{1}{2!} + \frac{1}{3!}\right)z^3 + \cdots +$$

$$\left(1 + \frac{1}{1!} + \frac{1}{2!} + \cdots + \frac{1}{n!}\right)z^n + \cdots (|z| < 1).$$

**解法2** 设 $\dfrac{e^z}{1-z} = \sum\limits_{n=0}^{\infty} c_n z^n$, 那么 $e^z = (1-z) \sum\limits_{n=0}^{\infty} c_n z^n$, 即

$$\sum_{n=0}^{\infty} \frac{z^n}{n!} = \sum_{n=0}^{\infty} c_n z^n - \sum_{n=0}^{\infty} c_n z^{n+1},$$

即

$$1 + \sum_{n=1}^{\infty} \frac{z^n}{n!} = c_0 + \sum_{n=1}^{\infty} (c_n - c_{n-1}) z^n.$$

比较两边同次幂的系数得

$$c_0 = 1, c_n = c_{n-1} + \frac{1}{n!} (n = 1, 2, \cdots).$$

最后得 $\dfrac{e^z}{1-z}$ 展开为幂级数的同样结论.

**例4** 将函数 $f(z) = \dfrac{z}{z+2}$ 按 $z-1$ 的幂展开, 并指明其收敛范围.

**解** 采用间接方法 ($-2$ 是 $f(z)$ 的唯一奇点, 从 $z=1$ 到 $z=-2$ 的距离为3, 即我们应在 $|z-1| < 3$ 内展成幂级数):

$$f(z) = 1 - \frac{2}{z+2} = 1 - \frac{2}{3} \frac{1}{1 + \left(\dfrac{z-1}{3}\right)}$$

$$= 1 - \frac{2}{3} \sum_{n=0}^{\infty} (-1)^n \left(\frac{z-1}{3}\right)^n$$

$$= 1 - \frac{2}{3} \sum_{n=0}^{\infty} \left(-\frac{1}{3}\right)^n (z-1)^n \quad (|z-1| < 3).$$

利用泰勒级数可以把函数展开成幂级数. 但这样的展开式是否唯一呢？答案是肯定的，有如下定理.

**定理 2** 若 $f(z)$ 在圆盘 $|z-z_0| < R$ 内解析，那么它在该圆盘内的泰勒展开式唯一.

**证** 设 $f(z)$ 还可以用其他方式展开为幂级数：
$$f(z) = c_0' + c_1'(z-z_0) + c_2'(z-z_0)^2 + \cdots + c_n'(z-z_0)^n + \cdots,$$
那么 $f(z_0) = c_0'$. 由幂级数的性质定理得
$$f^{(n)}(z) = n! \, c_n' + (n+1)\cdots 2 c_{n+1}'(z-z_0) + (n+2)\cdots 3 c_{n+2}'(z-z_0)^2 + \cdots,$$
所以 $f^{(n)}(z_0)/n! = c_n' \ (n=1,2,\cdots)$，即 $f(z)$ 在该圆盘内不会有其他幂级数展开式. （证毕）

如果函数 $f(z)$ 在点 $a$ 的某个邻域内可以展开成关于 $z-a$ 的幂级数，则称 $f(z)$ 在点 $a$ 是全纯的. 函数在点 $a$ 处的全纯性等价于它在这点的解析性.

## 4.4 洛朗级数

### 4.4.1 洛朗级数的定义

**定义** 形如
$$\sum_{n=-\infty}^{+\infty} c_n (z-z_0)^n \tag{4.7}$$
的表达式称为**洛朗 (Laurent) 级数**，其中 $c_n$、$z_0$ 是复常数，$c_n$ 称为级数 (4.7) 的系数.

如果级数
$$\sum_{n=0}^{+\infty} c_n (z-z_0)^n \tag{4.8}$$
和
$$\sum_{n=0}^{+\infty} c_{-n} (z-z_0)^{-n} \tag{4.9}$$
在点 $z$ 都收敛，我们称级数 (4.7) 在点 $z$ **收敛**.

级数 (4.8) 是一个幂级数，设其收敛半径为 $R_1$，若 $R_1 > 0$，则级数 (4.8) 在 $|z-z_0| < R_1$ 内绝对收敛. 对于级数 (4.9)，若设 $\zeta = 1/(z-z_0)$，则级数 (4.9) 为
$$\sum_{n=1}^{+\infty} c_{-n} \zeta^n. \tag{4.10}$$
它是 $\zeta$ 的幂级数，设其收敛半径为 $\lambda$. 若 $\lambda > 0$，则级数 (4.10) 在 $|\zeta| < \lambda$ 内绝对收敛，因此级数 (4.9) 在 $R_2 = \frac{1}{\lambda} < |z-z_0| < +\infty$ 内绝对收敛.

若 $R_1 > R_2$，那么级数 (4.8) 和级数 (4.9) 同时在圆环 $R_2 < |z-z_0| < R_1$ 内收敛，从而洛朗级数 (4.7) 在圆环内收敛. 这个圆环称为级数 (4.7) 的**收敛圆环**. 若 $R_1 < R_2$，洛

朗级数（4.7）处处发散. 若 $R_1 = R_2$, 洛朗级数（4.7）可能收敛, 也可能发散. 特别地, 若 $c_{-n} = 0(n = 1, 2, \cdots)$, 则洛朗级数为泰勒级数.

### 4.4.2　解析函数的洛朗展开式

依据下面定理可将圆环上的解析函数展开为洛朗级数.

**定理 1**　设函数 $f(z)$ 在圆环 $D$：$R_1 < |z - z_0| < R_2$ 内解析, 则在 $D$ 内

$$f(z) = \sum_{n=-\infty}^{+\infty} c_n (z - z_0)^n, \tag{4.11}$$

其中

$$c_n = \frac{1}{2\pi i} \oint_C \frac{f(s)}{(s - z_0)^{n+1}} ds (n = 0, \pm 1, \pm 2, \cdots).$$

$C$ 是正向圆周 $|z - z_0| = \rho$, $\rho$ 是满足 $R_1 < \rho < R_2$ 的任意正实数. 式（4.11）称为函数 $f(z)$ 在圆环 $R_1 < |z - z_0| < R_2$ 内的**洛朗展开式**.

**证**　设 $C_1$ 为圆周 $|z - z_0| = R_1$, $C_2$ 为圆周 $|z - z_0| = R_2$. 因为 $f(z)$ 在闭圆环 $R_1 \leqslant |z - z_0| \leqslant R_2$ 内解析, 所以由柯西公式在多连通域上的结论得

$$f(z) = \frac{1}{2\pi i} \oint_{C_2} \frac{f(s)}{s - z} ds - \frac{1}{2\pi i} \oint_{C_1} \frac{f(s)}{s - z} ds. \tag{4.12}$$

当 $s \in C_2$ 时,

$$\begin{aligned}
\frac{1}{s - z} &= \frac{1}{(s - z_0) - (z - z_0)} \\
&= \frac{1}{(s - z_0)} \cdot \frac{1}{1 - \dfrac{z - z_0}{s - z_0}} \left( \frac{1}{1 - z} = \sum_{n=0}^{N-1} z^n + \frac{z^N}{1 - z} \cdot |z| < 1 \right) \\
&= \sum_{n=0}^{N-1} \frac{(z - z_0)^n}{(s - z_0)^{n+1}} + \frac{(z - z_0)^N}{(s - z_0)^N} \cdot \frac{1}{s - z} (|z - z_0| < |s - z_0|)
\end{aligned}$$

因而

$$\oint_{C_2} \frac{f(s)}{s - z} ds = \sum_{n=0}^{N-1} \oint_{C_2} \frac{(z - z_0)^n f(s)}{(s - z_0)^{n+1}} ds + \oint_{C_2} \frac{(z - z_0)^N}{(s - z_0)^N} \frac{f(s)}{s - z} ds$$

又因为

$$\left| \oint_{C_2} \frac{(z - z_0)^N}{(s - z_0)^N} \cdot \frac{f(s)}{s - z} ds \right| \leqslant \frac{|z - z_0|^N}{|s - z_0|^N} \cdot \frac{\max\limits_{x \in C_2} |f(s)|}{|s - z_0| - |s - z|},$$

$$\lim_{N \to \infty} \oint_{C_2} \frac{(z - z_0)^N}{(s - z_0)^N} \cdot \frac{f(s)}{s - z} ds = 0,$$

所以

$$\oint_{C_2} \frac{f(s)}{s - z} ds = \sum_{n=0}^{+\infty} \left[ \oint_{C_2} \frac{f(s)}{(s - z_0)^{n+1}} ds \right] (z - z_0)^n. \tag{4.13}$$

当 $s \in C_1$ 时,

$$-\frac{1}{s - z} = \frac{1}{(z - z_0)\left(1 - \dfrac{s - z_0}{z - z_0}\right)} = \sum_{n=0}^{N-1} \frac{(s - z_0)^n}{(z - z_0)^{n+1}} + \frac{(s - z_0)^N}{(z - z_0)^N} \cdot \frac{1}{z - s} (|z - z_0| > |s - z_0|),$$

因而

$$\oint_{C_1} - \frac{f(s)}{s-z}\mathrm{d}s = \sum_{n=0}^{N-1}\oint_{C_1}\frac{(s-z_0)^n f(s)}{(z-z_0)^{n+1}}\mathrm{d}s + \oint_{C_1}\frac{(s-z_0)^N f(s)}{(z-z_0)^N}\frac{1}{z-s}\mathrm{d}s$$

又因为

$$\lim_{N\to\infty}\oint_{C_1}\frac{(s-z_0)^N f(s)}{(z-z_0)^N}\frac{1}{z-s}\mathrm{d}s = 0,$$

所以

$$-\oint_{C_1}\frac{f(s)}{s-z}\mathrm{d}s = \sum_{n=-1}^{-\infty}\left[\oint_{C_1}\frac{f(s)}{(s-z_0)^{n+1}}\mathrm{d}s\right](z-z_0)^n \tag{4.14}$$

由式 (4.12) 得

$$f(z) = \frac{1}{2\pi\mathrm{i}}\sum_{n=0}^{+\infty}\left[\oint_{C_2}\frac{f(s)}{(s-z_0)^{n+1}}\mathrm{d}s\right](z-z_0)^n + \frac{1}{2\pi\mathrm{i}}\sum_{n=-1}^{-\infty}\left[\oint_{C_1}\frac{f(s)}{(s-z_0)^{n+1}}\mathrm{d}s\right](z-z_0)^n,$$

根据第 3 章闭路变形定理，用沿曲线 $C$ 的积分 $\oint_C \frac{f(s)}{(s-z_0)^{n+1}}\mathrm{d}s$ 代替沿曲线 $C_1$、$C_2$ 的积分 $\int_{C_1}\frac{f(s)}{(s-z_0)^{n+1}}\mathrm{d}s$ 和 $\int_{C_2}\frac{f(s)}{(s-z_0)^{n+1}}\mathrm{d}s$，便得式 (4.13)．（证毕）

如果题目所给条件为 $f(z)$ 在闭圆环 $R_1 \leqslant |z-z_0| \leqslant R_2$ 内解析，定理结论依然成立．顺便指出，定理 1 的证明中的 $C_1$、$C_2$ 两个半径分别为 $R_1$、$R_2$ 的圆周亦可取为互不相交的简单正向闭曲线．

运用洛朗级数时，需要注意以下几点：

（1）由于 $f(z)$ 只在圆环域 $R_1 < |z-a| < R_2$ 内解析，所以不能用高阶导数公式进行变换，即

$$c_n = \frac{1}{2\pi\mathrm{i}}\oint_C\frac{f(\xi)}{(\xi-a)^{n+1}}\mathrm{d}\xi \neq \frac{f^{(n)}(a)}{n!}.$$

（2）洛朗级数在圆环域 $R_1 < |z-a| < R_2$ 内绝对收敛，并在其内的任何一个闭环域内都一致收敛．

（3）洛朗展开式是唯一的．

如果 $f(z) = \sum_{n=-\infty}^{\infty}c_n(z-a)^n$，又有 $f(z) = \sum_{n=-\infty}^{\infty}A_n(z-a)^n$，则一定有 $c_n = A_n$．

（4）如果函数在复平面上有一个奇点，则可以作一个以它为圆心的圆周，函数在该圆之外是处处解析的，即可展开成洛朗级数，这是函数展开成洛朗级数的主要用途之一．

（5）泰勒级数和洛朗级数之间存在着特殊与一般的关系：泰勒级数在 $a$ 点解析，展开式中只含有正幂项，展开系数为 $c_n = \frac{1}{n!}f^{(n)}(a)$，在以 $a$ 点为圆心的区域内收敛；洛朗级数在 $a$ 点不一定解析，展开式不仅含有正幂次项，还可能含有负幂次项，在一个圆环域 $R_1 < |z-a| < R_2$ 内收敛．可见，泰勒级数是洛朗级数的特殊情况．

（6）虽然洛朗级数有展开系数公式 $c_n = \frac{1}{2\pi\mathrm{i}}\oint_C\frac{f(\xi)}{(\xi-a)^{n+1}}\mathrm{d}\xi$，但是，由于运算过于繁难，一般采用间接法．

1. 直接展开方法

**例 1**  在以 $z=0$ 为中心的圆环域 $0 < |z| < +\infty$ 内,把函数 $f(z) = \dfrac{e^z}{z^2}$ 展开成洛朗级数.

**解**  利用洛朗级数展开式的系数公式,有

$$c_n = \frac{1}{2\pi i} \oint_C \frac{f(\xi)}{(\xi - a)^{n+1}} d\xi = \frac{1}{2\pi i} \oint_C \frac{e^\xi}{\xi^{n+3}} d\xi,$$

式中,$C$ 为圆环域内的任意一条简单闭曲线.

当 $n+3 \leqslant 0$,即 $n \leqslant -3$ 时,由于函数 $e^z z^{-(n+3)}$ 解析,所以由柯西 – 古萨基本定理知,

$$c_{-3} = 0, c_{-4} = 0, \cdots$$

当 $n \geqslant -2$ 时,由高阶导数公式知

$$c_n = \frac{1}{2\pi i} \oint_C \frac{e^\xi}{\xi^{n+3}} d\xi = \frac{1}{(n+2)!} (e^\xi)^{(n+2)} \Big|_{\xi=0} = \frac{1}{(n+2)!},$$

得出

$$f(z) = \frac{e^z}{z^2} = \sum_{n=-2}^{\infty} \frac{z^n}{(n+2)!} = \frac{1}{z^2} + \frac{1}{z} + \frac{1}{2!} + \frac{1}{3!}z + \frac{1}{4!}z^2 + \cdots$$

2. 间接展开方法

例 1 中的函数 $f(z)$ 较为简单,如果函数比较复杂,用直接法求出系数 $c_n$ 则相当麻烦,这时需用间接展开法.

**例 2**  将函数 $f(z) = \dfrac{1}{z^2(z-i)}$ 在圆环 $0 < |z-i| < 1$ 与 $1 < |z-i| < +\infty$ 内展为洛朗级数.

**解**  (1) 在 $0 < |z-i| < 1$ 内. 因为

$$\frac{1}{z} = \frac{1}{i+z-i} = \frac{1}{i\left(1 + \dfrac{z-i}{i}\right)} = \frac{1}{i} \sum_{n=0}^{\infty} (-1)^n \left(\frac{z-i}{i}\right)^n = \frac{1}{i} \sum_{n=0}^{\infty} i^n (z-i)^n$$

$$\frac{1}{z^2} = -\left(\frac{1}{z}\right)' = \frac{-1}{i} \sum_{n=1}^{\infty} n i^n (z-i)^{n-1},$$

所以

$$f(z) = \frac{1}{z-i} \frac{1}{z^2} = \sum_{n=1}^{\infty} n i^{n+1} (z-i)^{n-2} = \sum_{n=-1}^{\infty} (n+2) i^{n+3} (z-i)^n \quad (0 < |z-i| < 1).$$

(2) 在 $1 < |z-i| < +\infty$ 内. 因为

$$\frac{1}{z} = \frac{1}{z-i+i} = \frac{1}{z-i} \frac{1}{1 + \left(\dfrac{i}{z-i}\right)} = \frac{1}{z-i} \sum_{n=0}^{\infty} (-1)^n \left(\frac{i}{z-i}\right)^n = \sum_{n=0}^{\infty} i^{3n} (z-i)^{-n-1},$$

$$\frac{1}{z^2} = \sum_{n=0}^{\infty} (n+1) i^{3n} (z-i)^{-n-2},$$

所以

$$f(z) = \frac{1}{z-i} \frac{1}{z^2} = \sum_{n=0}^{\infty} (n+1) i^{3n} (z-i)^{-n-3} = \sum_{n=-3}^{-\infty} (n+2) i^{n+1} (z-i)^n \quad (1 < |z-i| < +\infty).$$

**例 3**   求函数 $f(z) = \dfrac{z^2-2z+5}{(z-2)(z^2+1)}$ 在 $1 < |z| < 2$ 和 $2 < |z| < +\infty$ 内的洛朗展开式.

**解**   $f(z) = \dfrac{1}{z-2} - \dfrac{2}{z^2+1}$.

(1) 当 $1 < |z| < 2$ 时,

$$f(z) = -\frac{1}{2}\frac{1}{1-\frac{z}{2}} - \frac{2}{z^2}\frac{1}{1+\frac{1}{z^2}} = -\frac{1}{2}\sum_{n=0}^{\infty}\left(\frac{z}{2}\right)^n - \frac{2}{z^2}\sum_{n=0}^{\infty}\left(\frac{-1}{z^2}\right)^n,$$

所以

$$f(z) = -\sum_{n=0}^{\infty}\frac{1}{2^{n+1}}z^n + 2\sum_{n=1}^{\infty}(-1)^n\frac{1}{z^{2n}}(1 < |z| < 2).$$

(2) 当 $2 < |z| < +\infty$ 时,

$$f(z) = \frac{1}{z}\frac{1}{1-\frac{2}{z}} - \frac{2}{z^2}\frac{1}{1+\frac{1}{z^2}} = \sum_{n=1}^{\infty}\frac{2^{n-1}}{z^n} + 2\sum_{n=1}^{\infty}\frac{(-1)^n}{z^{2n}},$$

所以

$$f(z) = \sum_{m=1}^{\infty}\frac{c_m}{z^m},$$

其中

$$c_m = \begin{cases} 2^{2n}, & m = 2n+1, \\ 2^{2n-1}+2(-1)^n, & m = 2n. \end{cases}$$

**例 4**   将函数 $f(z) = \dfrac{1}{z(z+2)^3}$ 在点 $z = -2$, $z = 0$, $z = \infty$ 的去心解析邻域内展开为洛朗级数.

**解**   (1) 当 $z = -2$ 时, 令 $z+2 = u$, 则

$$f(z) = \frac{1}{z(z+2)^3} = \frac{1}{(u-2)u^3} = \frac{-1}{2u^3\left(1-\frac{u}{2}\right)}$$

$$= -\frac{1}{2u^3}\sum_{n=0}^{\infty}\left(\frac{u}{2}\right)^n = -\sum_{n=0}^{\infty}\frac{1}{2^{n+1}}(z+2)^{n-3}$$

$$= -\sum_{n=-3}^{\infty}\frac{1}{2^{n+4}}(z+2)^n(0 < |z+2| < 2).$$

(2) 当 $z = 0$ 时,

$$f(z) = \frac{1}{z(z+2)^3} = \frac{1}{8z}\left(1+\frac{z}{2}\right)^{-3} = \frac{1}{4z}\left(\frac{1}{1+\frac{z}{2}}\right)'' = \frac{1}{4z}\left[\sum_{n=0}^{\infty}\left(-\frac{z}{2}\right)^n\right]''$$

$$= \sum_{n=-1}^{\infty}(-1)^{n+1}(n+3)(n+2)\frac{z^n}{2^{n+5}}(0 < |z| < 2).$$

(3) 当 $z = \infty$ 时,

$$f(z) = \frac{1}{z(z+2)^3} = \frac{1}{2z}\left(\frac{1}{z+2}\right)'' = \frac{1}{2z}\left[\frac{1}{z}\sum_{n=0}^{\infty}(-1)^n\left(\frac{2}{z}\right)^n\right]''$$

$$= \sum_{n=0}^{\infty} \frac{(-1)^n 2^{n-1}(n+1)(n+2)}{z^{n+4}} \quad (2 < |z| < +\infty).$$

**例 5** 求函数 $f(z) = \dfrac{\ln(2-z)}{z(z-1)}$ 在 $0 < |z-1| < 1$ 内的洛朗展开式.

**解** 因为

$$\frac{1}{z} = \frac{1}{1+(z-1)} = \sum_{k=0}^{\infty} (-1)^k (z-1)^k \quad (|z-1| < 1)$$

$$\ln(2-z) = \ln[1-(z-1)] = -\sum_{n=0}^{\infty} \frac{(z-1)^{n+1}}{n+1} \quad (|z-1| < 1).$$

所以当 $0 < |z-1| < 1$ 时,

$$f(z) = \frac{\ln(2-z)}{z(z-1)} = \left[\sum_{k=0}^{\infty} (-1)^k (z-1)^k\right] \cdot \left[-\sum_{n=0}^{\infty} \frac{(z-1)^{n+1}}{n+1}\right] \frac{1}{z-1}$$

$$= \sum_{n=0}^{\infty} \sum_{k=0}^{\infty} \frac{(-1)^{k+1}}{n+1}(z-1)^{n+k} \quad (0 < |z-1| < 1).$$

**定理 2** 若 $f(z)$ 在 $R_1 < |z-z_0| < R_2$ 内解析,那么 $f(z)$ 在该圆环内的洛朗展开式唯一.

**证** 事实上,若 $f(z)$ 在圆环内还有展开式 $f(z) = \sum\limits_{n=-\infty}^{+\infty} c_n' (z-z_0)^n$,两边同乘以圆环上的有界函数 $\dfrac{1}{(z-z_0)^{m+1}}$,逐项积分得 $\displaystyle\int_C \frac{f(z)}{(z-z_0)^{m+1}}\mathrm{d}z = \sum\limits_{n=-\infty}^{+\infty} c_n' \int_C (z-z_0)^{n-m-1}\mathrm{d}z$. 该式右端级数中积分 $n=m$ 那一项为 $2\pi\mathrm{i}$,其余各项为 $0$,于是

$$c_n' \equiv \frac{1}{2\pi\mathrm{i}}\int_C \frac{f(z)}{(z-z_0)^{n+1}}\mathrm{d}z \equiv c_n$$

所以展开式唯一.                                              (证毕)

### 4.4.3 应用

洛朗系数 $c_{-1}$(在第 5 章中介绍)叫作"留数",在计算定积分中起着重要作用,这也是洛朗级数的一个很重要的应用. 同时,在研究不可压缩的流体绕某圆柱半径为 $R$ 的圆柱体流动,求该流体流动的复势 $f(z)$ 时,流动的复速度在圆环 $|z| > R$ 内解析,可以将复速度在该圆环内展开成洛朗级数,进而进一步确定展开系数,从而求出复速度的表达式,再利用共面映射法可求出复势.

**例 6** 求积分 $\displaystyle\int_C f(z)\mathrm{d}z$,积分路径 $C$:$|z|=3$,其中被积函数为

(1) $f(z) = \dfrac{z+2}{z(z+1)}$; (2) $f(z) = \dfrac{1}{z(z+1)^2}$; (3) $f(z) = \dfrac{z}{(z+2)(z+1)}$.

**解** (1) 由于 $f(z)$ 在 $1 < |z| < +\infty$ 内处处解析,$f(z)$ 的洛朗展开式为

$$\frac{z+2}{z(z+1)} = \frac{1}{z+1}\left(1+\frac{2}{z}\right) = \frac{1}{z} \cdot \frac{1}{\frac{1}{z}+1}\left(1+\frac{2}{z}\right) = \frac{1}{z} + \frac{1}{z^2} - \frac{1}{z^3} + \frac{1}{z^4} - \cdots$$

所以可得 $c_{-1} = 1$,而 $|z|=3$ 在 $1 < |z| < +\infty$ 内,所以 $\displaystyle\int_C f(z)\mathrm{d}z = 2\pi\mathrm{i}c_{-1} = 2\pi\mathrm{i}$.

(2) 由于 $f(z)$ 在 $1 < |z| < +\infty$ 内处处解析,$f(z)$ 的洛朗展开式为

$$\frac{1}{z(z+1)^2} = \frac{1}{z}\left(\frac{-1}{1+z}\right)' = \frac{-1}{z}\left(\frac{1}{z}\cdot\frac{1}{1+\frac{1}{z}}\right)' = \frac{-1}{z}\left[\frac{1}{z}\cdot\left(1-\frac{1}{z}+\frac{1}{z^2}-\frac{1}{z^3}+\cdots\right)\right]'$$

$$= \frac{1}{z^3} - \frac{2}{z^4} + \frac{3}{z^5} - \cdots$$

故 $c_{-1} = 0$，而 $|z| = 3$ 在 $1 < |z| < +\infty$ 内，所以 $\int_C f(z)\mathrm{d}z = 2\pi\mathrm{i}c_{-1} = 0$.

（3）由于 $f(z)$ 在 $2 < |z| < +\infty$ 内处处解析，$f(z)$ 的洛朗展开式为

$$\frac{z}{(z+2)(z+1)} = z\left[\frac{1}{z+1} - \frac{1}{z+2}\right] = \frac{1}{1+\frac{1}{z}} - \frac{1}{1+\frac{2}{z}}$$

$$= \left(1 - \frac{1}{z} + \frac{1}{z^2} - \frac{1}{z^3} + \cdots\right) - \left(1 - \frac{2}{z} + \frac{4}{z^2} - \frac{8}{z^3} + \cdots\right)$$

$$= \frac{1}{z} - \frac{3}{z^2} + \frac{7}{z^3} + \cdots$$

故 $c_{-1} = 1$. 而 $|z| = 3$ 在 $2 < |z| < +\infty$ 内，所以有 $\int_C f(z)\mathrm{d}z = 2\pi\mathrm{i}c_{-1} = 2\pi\mathrm{i}$.

## 数学文化赏析——泰勒与洛朗

**泰勒**

布鲁克·泰勒（Brook Taylor），1685 年 8 月 18 日—1731 年 11 月 30 日，出生于英格兰密德萨斯埃德蒙顿，逝世于伦敦，是一名英国数学家，他主要以泰勒公式和泰勒级数出名. 1709 年后移居伦敦，获法学硕士学位. 他在 1712 年当选为英国皇家学会会员，并于两年后获法学博士学位，1714 年出任英国皇家学会秘书，四年后因健康理由辞退职务. 1717 年，他用泰勒定理求解了数值方程. 最后在 1731 年 12 月 29 日于伦敦逝世. 泰勒定理开创了有限差分理论，使任何单变量函数都可展成幂级数；同时亦使泰勒成了有限差分理论的奠基者. 泰勒还讨论了微积分对一系列物理问题的应用，其中以有关弦的横向振动之结果尤为重要. 他透过求解方程导出了基本频率公式，开创了研究弦振问题之先河. 此外，他在数学的其他学科上也有创造性工作，如论述常微分方程的奇异解、曲率问题等.

**洛朗**

皮埃尔·阿方斯·洛朗（Pierre Alphonse Laurent），1813 年 7 月 18 日—1854 年 9 月 2 日，法国数学家. 因发现洛朗级数而著名，洛朗级数是对函数的无穷幂级数展开式，它是泰勒级数的推广. 为获取法国科学院大奖，洛朗在 1843 年提交了一篇研究报告，在此报告中洛朗级数首次出现. 1854 年 9 月 2 日年仅 41 岁的洛朗在巴黎去世.

## 第 4 章　习题

1. 考察下列数列是否收敛，如果收敛，求出其极限.

(1) $z_n = \mathrm{i}^n + \dfrac{1}{n}$; (2) $z_n = \left(1 + \dfrac{\mathrm{i}}{2}\right)^{-n}$; (3) $z_n = \dfrac{1}{n}\mathrm{e}^{-\frac{n\pi}{2}\mathrm{i}}$; (4) $z_n = \left(\dfrac{z}{\bar{z}}\right)^n$.

2. 复级数 $\sum\limits_{n=1}^{\infty} a_n$ 与 $\sum\limits_{n=1}^{\infty} b_n$ 都发散，则级数 $\sum\limits_{n=1}^{\infty}(a_n \pm b_n)$ 和 $\sum\limits_{n=1}^{\infty} a_n b_n$ 发散. 这个命题是否成立？为什么？

3. 下列级数是否收敛？是否绝对收敛？

(1) $\sum\limits_{n=1}^{\infty}\left(\dfrac{1}{n} + \dfrac{\mathrm{i}}{2^n}\right)$; (2) $\sum\limits_{n=1}^{\infty}\dfrac{\mathrm{i}^n}{n}$; (3) $\sum\limits_{n=1}^{\infty}\dfrac{\mathrm{i}^n}{n^2}$; (4) $\sum\limits_{n=2}^{\infty}\dfrac{\mathrm{i}^n}{\ln n}$; (5) $\sum\limits_{n=0}^{\infty}\dfrac{(3+5\mathrm{i})^n}{n!}$.

4. 证明：若 $\mathrm{Re}(a_n) \geqslant 0$，且 $\sum\limits_{n=1}^{\infty} a_n$ 和 $\sum\limits_{n=1}^{\infty} a_n^2$ 收敛，则级数 $\sum\limits_{n=1}^{\infty} a_n^2$ 绝对收敛.

5. 试确定下列幂级数的收敛半径.

(1) $\sum\limits_{n=0}^{+\infty}\dfrac{z^n}{n^2}$; (2) $\sum\limits_{n=0}^{\infty}\dfrac{n!}{n^n}z^n$; (3) $\sum\limits_{n=1}^{\infty}\mathrm{e}^{\mathrm{i}\frac{\pi}{n}}z^n$; (4) $\sum\limits_{n=1}^{\infty}\dfrac{2n-1}{2^n}z^{2n-2}$.

6. 设级数 $\sum\limits_{n=0}^{\infty}\alpha_n$ 收敛，而 $\sum\limits_{n=0}^{\infty}|\alpha_n|$ 发散，证明 $\sum\limits_{n=0}^{\infty}\alpha_n z^n$ 的收敛半径为 1.

7. 若 $\sum\limits_{n=0}^{\infty} C_n z^n$ 的收敛半径为 $R$，求 $\sum\limits_{n=0}^{\infty}\dfrac{C_n}{b^n}z^n$ 的收敛半径.

8. 将函数 $\dfrac{1}{(1+z^2)^2}$ 展开为 $z$ 的幂级数，并指出其收敛区域.

9. 求下列函数在指定点 $z_0$ 处的泰勒展开式，并写出展开式成立的区域.

(1) $\dfrac{1}{z-2}$, $z_0 = -1$; (2) $\dfrac{z}{(z+1)(z+2)}$, $z_0 = 2$; (3) $\dfrac{1}{z^2}$, $z_0 = 1$.

10. 求函数 $\dfrac{1}{(z-1)(z-2)}$ 分别在圆环 $1 < |z| < 2$ 及 $2 < |z| < +\infty$ 内的洛朗级数展开式.

11. 求 $\dfrac{\sin z}{z^2}$ 及 $\dfrac{\sin z}{z}$ 在 $0 < |z| < +\infty$ 内的洛朗级数展开式.

12. 求 $\mathrm{e}^{\frac{1}{z}}$ 在 $0 < |z| < +\infty$ 内的洛朗级数展开式.

13. 求函数 $\dfrac{1}{(z^2-1)(z-3)}$ 在圆环 $1 < |z| < 3$ 内的洛朗级数展开式.

14. 将下列函数在指定的圆域内展开成洛朗级数.

(1) $\dfrac{1}{(z^2+1)(z-2)}$, $1 < |z| < 2$; (2) $\dfrac{z+1}{z^2(z-1)}$, $0 < |z| < 1$, $1 < |z| < +\infty$;

(3) $\dfrac{1}{(z-1)(z-2)}$, $0 < |z-1| < 1$, $1 < |z-2| < +\infty$.

15. 如果 $C$ 为正向圆周 $|z| = 3$，求积分 $\oint_C f(z)\,\mathrm{d}z$ 的值.

(1) $f(z) = \dfrac{1}{z(z+2)}$; (2) $f(z) = \dfrac{z}{(z+1)(z+2)}$.

# 第5章 留数

在第 3 章，我们计算过复变函数的积分. 柯西 – 古萨定理指出，若函数在简单闭曲线及其内部解析，则函数沿该曲线的积分值为 0. 在第 4 章的洛朗级数的学习中，我们看到，当函数在被积曲线内部只有一个奇点时，可以利用洛朗展开式中的 $c_{-1}$ 来计算积分. 本章中，$c_{-1}$ 被称为留数. 我们将看到，若函数在被积曲线内部有有限多个奇点时，可以利用这些点处的留数得到积分值（留数定理）.

在信号系统中计算拉普拉斯变换的方法主要是应用留数定理得到时域信号. 留数理论对同学们在信号系统方面的学习将有较大帮助. 在电子技术中，进行电路综合时，即解决电路系统图的设计并根据已知电路系统图的部分的暂时的性质来确定其中所需元件的参数时，也要利用函数的留数. 因此，留数定理在理论研究和实际应用中都有非常重要的意义.

## 5.1 孤立奇点

我们知道，函数的不解析点称为奇点. 奇点又分为孤立奇点和非孤立奇点. 我们主要研究孤立奇点，它在本章内容中起着非常重要的作用.

### 5.1.1 孤立奇点的定义

**定义 1** 函数 $f(z)$ 不解析的点称为奇点. 如果 $z_0$ 是函数 $f(z)$ 的奇点，但 $f(z)$ 在 $z_0$ 的某去心邻域 $0 < |z - z_0| < \delta$ 内处处解析，则称 $z_0$ 为 $f(z)$ 的**孤立奇点**.

**例如** 函数 $f(z) = \dfrac{1}{z(1-z)}$ 在 $z = 0$ 及 $z = 1$ 处都不解析，但存在 $z = 0$ 的去心邻域 $0 < |z| < 1$ 及 $z = 1$ 的去心邻域 $0 < |z-1| < 1$，使函数 $f(z)$ 在 $0 < |z| < 1$ 及 $0 < |z-1| < 1$ 内都是处处解析的，因而 $z = 0$ 和 $z = 1$ 都是 $f(z)$ 的孤立奇点.

**例如** 函数 $f(z) = \dfrac{1}{\cos\dfrac{1}{z}}$ 的奇点 $z = 0$ 不是孤立奇点. 这是因为 $z = 0$ 及 $z_k = \dfrac{2}{(2k+1)\pi}$ $(k = 0, \pm 1, \pm 2, \cdots)$ 都是 $f(z)$ 的奇点，当 $k$ 的绝对值无限增大时，$z_k$ 无限接近于 $0$，这样在 $z = 0$ 的无论多么小的邻域内总有函数 $f(z) = \dfrac{1}{\cos\dfrac{1}{z}}$ 的奇点存在，因此 $z = 0$ 不是 $\dfrac{1}{\cos\dfrac{1}{z}}$ 的孤立奇点.

**例如** 对数函数的主值 $\ln z = \ln|z| + \mathrm{i}\arg(z)$ 在包含原点的负实轴上处处不解析，因此，它的奇点都是非孤立奇点.

### 5.1.2 孤立奇点的分类

我们以洛朗级数为工具, 根据洛朗级数在该孤立奇点处的负幂项的情况对孤立奇点进行分类.

如果 $z_0$ 是 $f(z)$ 的孤立奇点, 则在 $z_0$ 的某去心邻域 $0 < |z - z_0| < \delta$ 内, 函数 $f(z)$ 可展成洛朗级数

$$f(z) = \sum_{n=-\infty}^{+\infty} c_n (z - z_0)^n, \tag{5.1}$$

其中 $C$ 为 $0 < |z - z_0| < \delta$ 内围绕 $z_0$ 的任意一条正向简单闭曲线, $c_n = \dfrac{1}{2\pi i} \oint_C \dfrac{f(z)}{(z - z_0)^{n+1}} dz$.

**定义 2**  设函数 $f(z)$ 在其孤立奇点 $z_0 (z_0 \neq \infty)$ 的去心邻域的洛朗级数为式 (5.1): 如果在洛朗级数中不含 $z - z_0$ 的负幂项, 那么称 $z_0$ 为**可去奇点**; 如果在洛朗级数中只有有限多个 $z - z_0$ 的负幂项, 那么称 $z_0$ 为**极点**, 且若其中关于 $(z - z_0)^{-1}$ 的最高次幂为 $(z - z_0)^{-m}$, 即 $c_{-m} \neq 0$, 那么称 $z_0$ 为函数 $f(z)$ 的 **$m$ 级极点**, 其中 1 级极点也称为**简单极点**; 如果在洛朗级数中含有无穷多个 $z - z_0$ 的负幂项, 那么称 $z_0$ 为函数 $f(z)$ 的**本性极点**.

**1. 可去奇点**

由定义 2 可知, 当 $z_0$ 为 $f(z)$ 的可去奇点时, $f(z)$ 在 $z_0$ 的去心邻域 $0 < |z - z_0| < \delta$ 内的洛朗级数为

$$f(z) = c_0 + c_1 (z - z_0) + c_2 (z - z_0)^n + \cdots,$$

记右端级数的和函数为 $F(z)$, 则 $F(z)$ 在 $z_0$ 点是解析的, 并且当 $z \neq z_0$ 时, $F(z) = f(z)$; 当 $z = z_0$, $F(z_0) = c_0$, 于是

$$\lim_{z \to z_0} f(z) = \lim_{z \to z_0} F(z) = F(z_0) = c_0.$$

若补充定义 $f(z_0) = c_0$, 则 $f(z)$ 在 $z_0$ 点解析.

**定理 1**  孤立奇点 $z_0$ 是 $f(z)$ 的可去奇点的充分必要条件为 $\lim\limits_{z \to z_0} f(z) = c_0$.

**例如**  $z = 0$ 是函数 $\dfrac{e^z - 1}{z}$ 的可去奇点, 这是由于

$$\frac{e^z - 1}{z} = \frac{1}{z} \left( z + \frac{z^2}{2!} + \frac{z^3}{3!} + \cdots \right) = 1 + \frac{z}{2!} + \frac{z^2}{3!} + \cdots,$$

如果定义 $\dfrac{e^z - 1}{z}$ 在 $z = 0$ 处的值为 1, 则 $\dfrac{e^z - 1}{z}$ 在 $z = 0$ 处也解析.

**例如**  $z = 0$ 是函数 $\dfrac{\sin z}{z}$ 的可去奇点, 这是因为 $\lim\limits_{z \to 0} \dfrac{\sin z}{z} = 1$.

**2. $m$ 级极点**

如果 $z_0$ 为 $f(z)$ 的 $m$ 级极点, $f(z)$ 在 $z_0$ 的去心邻域 $0 < |z - z_0| < \delta$ 内的洛朗级数为

$$f(z) = c_{-m} (z - z_0)^{-m} + \cdots + c_{-1} (z - z_0)^{-1} + c_0 + c_1 (z - z_0) + \cdots$$

$$= (z - z_0)^{-m} [c_{-m} + c_{-m+1} (z - z_0)^2 + \cdots] \quad (m \geq 1, c_{-m} \neq 0)$$

记 $\varphi(z) = c_{-m} + c_{-m+1} (z - z_0) + c_{-m+2} (z - z_0)^2 + \cdots$, 则 $\varphi(z)$ 在圆域 $|z - z_0| < \delta$ 内解析, 且

$$f(z) = \frac{1}{(z - z_0)^m} \varphi(z). \tag{5.2}$$

反之，若存在点 $z_0$ 处解析的函数 $\varphi(z)$ 且 $\varphi(z_0) \neq 0$，使式（5.2）成立，则 $z_0$ 是为 $f(z)$ 的 $m$ 级极点. 关于 $m$ 级极点，由式（5.2），显然还有如下结论.

**定理 2** $z_0$ 为 $f(z)$ 的极点的充要条件为 $\lim\limits_{z \to z_0} f(z) = \infty$. 且 $z_0$ 为 $f(z)$ 的 $m$ 级极点的充要条件为 $\lim\limits_{z \to z_0} (z - z_0)^m f(z) = c$（$c$ 是不为 0 和 $\infty$ 的常数）.

**例如** $z = 0$ 是函数 $\dfrac{\sin z}{z^2}$ 的简单极点，这是因为 $\lim\limits_{z \to 0} z \dfrac{\sin z}{z^2} = 1$. $z = 1$ 显然是 $\dfrac{z}{(z-1)^2}$ 的 2 级极点.

由于极点一般是某函数的零点，因此可以通过函数的零点来判别极点的情况，下面我们将详细讨论.

**3. 本性奇点**

如果 $z_0$ 为 $f(z)$ 的本性奇点，则函数 $f(z)$ 具有以下性质.

**定理 3** $z_0$ 为 $f(z)$ 的本性奇点的充要条件为 $\lim\limits_{z \to z_0} f(z)$ 不存在也不为 $\infty$.

**例如** 函数 $f(z) = \mathrm{e}^{\frac{1}{z}}$ 在 $0 < |z| < \infty$ 内的洛朗级数

$$\mathrm{e}^{\frac{1}{z}} = 1 + z^{-1} + \frac{1}{2!} z^{-2} + \cdots + \frac{1}{n!} z^{-n} + \cdots$$

中含有无穷多个 $z$ 的负幂项，从而 $z = 0$ 为 $\mathrm{e}^{\frac{1}{z}}$ 的本性奇点. 对 $z \to 0$，若选取子列 $z_n = \dfrac{1}{\left(\dfrac{\pi}{2} + 2n\pi\right)\mathrm{i}}$，则当 $n \to \infty$ 时，$z_n \to 0$，而 $\mathrm{e}^{\frac{1}{z_n}} \to \mathrm{i}$；若选取子列 $z_n = \dfrac{1}{\left(-\dfrac{\pi}{2} + 2n\pi\right)\mathrm{i}}$，则当 $n \to \infty$ 时，$z_n \to 0$，而 $\mathrm{e}^{\frac{1}{z_n}} \to -\mathrm{i}$. 因此，当 $z$ 趋于 $z_0$ 时，$\mathrm{e}^{\frac{1}{z}}$ 处的极限不存在，也不是 $\infty$.

### 5.1.3 用函数的零点判别极点的类型

若函数 $f(z)$ 在 $z_0$ 处解析且 $f(z_0) = 0$，则称 $z_0$ 为函数 $f(z)$ 的**零点**. 设函数 $f(z)$ 在其零点 $z_0$ 的邻域 $|z - z_0| < \delta$ 内的泰勒级数为

$$f(z) = c_0 + c_1 (z - z_0) + c_2 (z - z_0)^2 + \cdots,$$

则 $c_0 = 0$，设 $m$ 是使 $c_m \neq 0$ 的最小正整数，则

$$f(z) = c_m (z - z_0)^m + c_{m+1} (z - z_0)^{m+1} + \cdots.$$

**定义 3** 若函数 $f(z)$ 在 $z_0$ 的邻域内的泰勒级数为

$$f(z) = \sum_{n=m}^{\infty} c_n (z - z_0)^n, \tag{5.3}$$

其中 $c_m \neq 0$（$m$ 为正整数），则称 $z_0$ 为 $f(z)$ 的 $m$ **级零点**.

易见，$z_0$ 为 $f(z)$ 的 $m$ 级零点的充分必要条件为存在解析函数 $\varphi(z)$，且 $\varphi(z_0) \neq 0$，使得函数 $f(z)$ 在 $z_0$ 的某邻域内表示成

$$f(z) = (z - z_0)^m \varphi(z) \tag{5.4}$$

例如，$z = 1$ 为 $f(z) = (z - 1)^2 (z - 2)$ 的 2 级零点.

另外，由式 (5.3)，我们可以通过 $f(z)$ 在 $z_0$ 处的导数的值给出 $z_0$ 为 $f(z)$ 的 $m$ 级零点的充分必要条件.

**定理 4** $z_0$ 为函数 $f(z)$ 的 $m$ 级零点的充分必要条件为 $f(z)$ 在 $z_0$ 处解析，$f(z_0)=f'(z_0)=\cdots=f^{(m-1)}(z_0)=0$ 且 $f^{(m)}(z_0)\neq0$.

**证明** 若 $z_0$ 为函数 $f(z)$ 的 $m$ 级零点，则 $f(z)$ 在 $z_0$ 的邻域内的泰勒级数可展开成式 (5.3) 的形式，对幂级数逐项求导，可得

$$f(z_0)=f'(z_0)=\cdots=f^{(m-1)}(z_0)=0,\ f^{(m)}(z_0)=m!\,c_m\neq0.$$

反之，若 $f(z)$ 在 $z_0$ 处解析，$f(z_0)=f'(z_0)=\cdots=f^{(m-1)}(z_0)=0$，且 $f^{(m)}(z_0)\neq0$，设 $f(z)$ 在 $z_0$ 的邻域内的泰勒级数为

$$f(z)=c_0+c_1(z-z_0)+\cdots+c_m(z-z_0)^m+\cdots,$$

由系数公式可知 $c_n=\dfrac{f^{(n)}(z_0)}{n!}=0(n=0,1,2,\cdots,m-1)$，而 $c_m=\dfrac{f^{(m)}(z_0)}{m!}\neq0$，即 $z_0$ 为 $f(z)$ 的 $m$ 级零点. (证毕)

下面给出用函数的零点判断极点的方法.

**定理 5** 若函数 $f(z)$ 和 $g(z)$ 在点 $z_0$ 处解析，则有

(1) 当 $z_0$ 分别为 $f(z)$ 和 $g(z)$ 的 $m$、$n$ 级零点时，$z_0$ 为 $f(z)g(z)$ 的 $m+n$ 级零点；若 $m<n$，则有 $z_0$ 为 $\dfrac{f(z)}{g(z)}$ 的 $n-m$ 级极点.

(2) 当 $z_0$ 为 $g(z)$ 的 $n$ 级零点，但 $f(z_0)\neq0$ 时，$z_0$ 为 $\dfrac{f(z)}{g(z)}$ 的 $n$ 级极点.

**证明** (1) 由于 $z_0$ 分别为 $f(z)$ 和 $g(z)$ 的 $m$、$n$ 级零点，因此存在函数 $\varphi(z)$ 和 $\psi(z)$ 在 $z_0$ 处解析，且 $\varphi(z_0)\neq0$，$\psi(z_0)\neq0$，使 $f(z)=(z-z_0)^m\varphi(z)$，$g(z)=(z-z_0)^n\psi(z)$，从而有

$$f(z)g(z)=(z-z_0)^{m+n}\varphi(z)\psi(z),$$

$$\frac{f(z)}{g(z)}=\frac{1}{(z-z_0)^{n-m}}\cdot\frac{\varphi(z)}{\psi(z)},$$

由式 (5.4) 和式 (5.2) 可知结论 (1) 成立.

(2) 设 $g(z)=(z-z_0)^n\psi(z)$，$\psi(z_0)\neq0$，则

$$\frac{f(z)}{g(z)}=\frac{1}{(z-z_0)^n}\cdot\frac{f(z)}{\psi(z)},$$

由于 $\dfrac{f(z)}{\psi(z)}$ 在点 $z_0$ 处解析，且 $\dfrac{f(z_0)}{\psi(z_0)}\neq0$，故 $z_0$ 为 $\dfrac{f(z)}{g(z)}$ 的 $n$ 级极点. (证毕)

**推论** 若 $z_0$ 为 $g(z)$ 的 $n$ 级零点，则 $z_0$ 为 $\dfrac{1}{g(z)}$ 的 $n$ 级极点，反之也成立.

**例 1** 下列函数有些什么奇点？如果是极点，指出它的级.

(1) $f(z)=\dfrac{1}{\tan z}$；

(2) $f(z)=\dfrac{\cos z}{(z-1)^3(z+1)^4}$；

(3) $f(z)=\dfrac{\cos z}{z^3}$.

**解** （1）$f(z) = \dfrac{1}{\tan z} = \dfrac{\cos z}{\sin z}$的奇点是分母的零点，$z_k = k\pi(k = 0, \pm 1, \pm 2, \cdots)$，由于$(\sin z)' = \cos z$，而$\cos z$在$z_k$处解析且$\cos z_k \neq 0(k = 0, \pm 1, \pm 2, \cdots)$，由定理 2 可知$z_k(k = 0, \pm 1, \pm 2, \cdots)$均为$f(z)$的简单极点.

（2）易见$z = 1$，$z = -1$是$f(z)$的奇点. 由于$f(z) = \dfrac{1}{(z-1)^3} \cdot \dfrac{\cos z}{(z+1)^4}$，函数$\dfrac{\cos z}{(z+1)^4}$在$z = 1$处解析且$\dfrac{\cos 1}{(1+1)^4} \neq 0$，因此$z = 1$是$f(z)$的 3 级极点. 同理，$z = -1$是$f(z)$的 4 级极点.

（3）$z = 0$是$f(z)$的极点，由于$\dfrac{\cos z}{z^3} = \dfrac{1}{z^3}\left(1 - \dfrac{z^2}{2!} + \dfrac{z^4}{4!} - \cdots\right) = \dfrac{1}{z^3}\varphi(z)$，其中$\varphi(z)$在$z = 0$处解析且$\varphi(0) \neq 0$，因此$z = 0$为$f(z)$的 3 级极点.

### 5.1.4　函数在无穷远点的性态

前面讨论奇点时都是在有限复平面上进行的，为了考察函数在无穷远点的性态，下面在扩充复平面上进行讨论.

若函数$f(z)$在无穷远点$z = \infty$的去心邻域$R < |z| < +\infty$内解析，则称$z = \infty$为$f(z)$的孤立奇点.

设$f(z)$在其孤立奇点$z = \infty$的去心邻域$R < |z| < +\infty$内的洛朗级数为

$$f(z) = \sum_{k=-\infty}^{\infty} c_k z^k, \tag{5.5}$$

令$\zeta = \dfrac{1}{z}$，则

$$\varphi(\zeta) = f\left(\dfrac{1}{\zeta}\right) = \sum_{k=-\infty}^{\infty} c_k \zeta^{-k} \tag{5.6}$$

在$0 < \zeta < \dfrac{1}{R}$内解析，$\zeta = 0$是$\varphi(\zeta)$的孤立奇点，这样就可以通过$\zeta = 0$的类型来定义孤立奇点$z = \infty$的类型.

**定义 4**　设$\zeta = 0$是函数$\varphi(\zeta) = f\left(\dfrac{1}{\zeta}\right)$的孤立奇点，若$\zeta = 0$为$\varphi(\zeta)$的可去奇点，则称$z = \infty$为$f(z)$的**可去奇点**；若$\zeta = 0$为$\varphi(\zeta)$的$m$级极点，则称$z = \infty$为$f(z)$的 **$m$ 级极点**；若$\zeta = 0$为$\varphi(\zeta)$的本性奇点，则称$z = \infty$为$f(z)$的**本性奇点**.

由定义 4 可知，若级数（5.5）中不含正幂项，则$z = \infty$为$f(z)$的可去奇点；若级数（5.5）中仅含有有限多个正幂项，且最高次幂为$z^m$，则$z = \infty$为$f(z)$的$m$级极点；若级数（5.5）中含有无穷多个正幂项，则$z = \infty$为$f(z)$的本性奇点.

当$z = \infty$为$f(z)$的可去奇点时，若取$f(\infty) = \lim\limits_{z \to \infty} f(z)$，则认为$f(z)$在$z = \infty$处解析. 例如，函数$f(z) = \dfrac{z}{z-2}$在$z = \infty$的去心邻域$2 < |z| < +\infty$内的洛朗级数

$$f(z) = \dfrac{1}{1 - \dfrac{2}{z}} = 1 + \dfrac{2}{z} + \left(\dfrac{2}{z}\right)^2 + \left(\dfrac{2}{z}\right)^3 + \cdots$$

中不含$z$的正幂项，所以$z = \infty$为$f(z)$的可去奇点. 若取$f(\infty) = 1$，则$f(z)$在$z = \infty$处解析.

**例 2** $z = \infty$ 是函数 $f(z) = \dfrac{z^4 + 1}{z^2(z+1)}$ 的什么类型的奇点？如果是极点，指出它的级.

**解** 令 $\zeta = \dfrac{1}{z}$，则

$$\varphi(\zeta) = f\left(\frac{1}{\zeta}\right) = \frac{1+\zeta^4}{\zeta(1+\zeta)} = \frac{1}{\zeta} \cdot \frac{1+\zeta^4}{1+\zeta} = \frac{1}{\zeta} \cdot g(\zeta)$$

由于 $g(\zeta)$ 在 $\zeta = 0$ 处解析且 $g(0) \neq 0$，因此 $\zeta = 0$ 是 $\varphi(\zeta)$ 的简单极点，即 $z = \infty$ 为 $f(z)$ 的简单极点.

## 5.2 留数和留数定理

### 5.2.1 留数的定义和计算

若函数 $f(z)$ 在 $z_0$ 的某个邻域内解析，对于该邻域内任意一条正向简单闭曲线 $C$，有 $\oint_C f(z)\mathrm{d}z = 0$. 若 $z_0$ 为函数 $f(z)$ 的孤立奇点，则 $f(z)$ 在 $z_0$ 的某个去心邻域 $D: 0 < |z - z_0| < R$ 内解析. 对于 $D$ 内任意一条围绕点 $z_0$ 的正向简单闭曲线 $C$，$\oint_C f(z)\mathrm{d}z$ 一般不为 0. 设在 $D$ 内，$f(z)$ 有洛朗展开式

$$f(z) = \sum_{n=-\infty}^{+\infty} c_n (z - z_0)^n, \tag{5.7}$$

对此等式两边同时沿曲线 $C$ 取定积分. 对于右边部分，只有 $n = -1$ 项的积分值不为 0，其余项的积分值均为 0，可得

$$\oint_C f(z)\mathrm{d}z = 2\pi\mathrm{i}c_{-1} \tag{5.8}$$

**定义 1** 设 $z_0(z_0 \neq \infty)$ 为函数 $f(z)$ 的孤立奇点，$C$ 为 $0 < |z - z_0| < R$ 内围绕点 $z_0$ 的任意一条正向简单闭曲线，称积分 $\dfrac{1}{2\pi\mathrm{i}}\oint_C f(z)\mathrm{d}z$ 为 $f(z)$ 在点 $z_0$ 处的**留数**（Residue），记作 $\mathrm{Res}[f(z), z_0]$.

设函数 $f(z)$ 在 $z_0$ 的去心邻域 $0 < |z - z_0| < R$ 内的洛朗级数为式（5.7），由式（5.8）有 $c_{-1} = \dfrac{1}{2\pi\mathrm{i}}\oint_C f(z)\mathrm{d}z$，从而有

$$\mathrm{Res}[f(z), z_0] = c_{-1} = \frac{1}{2\pi\mathrm{i}}\oint_C f(z)\mathrm{d}z, \tag{5.9}$$

即 $f(z)$ 在 $z_0$ 处的留数就是 $f(z)$ 在以 $z_0$ 为中心的圆环域内的洛朗级数中 $(z - z_0)^{-1}$ 的系数.

从式（5.8）可知，若被积曲线内部只有一个奇点时，那么，沿被积曲线的积分值转化为求被积函数在该奇点处的留数. 一般情况下，我们只要在该奇点处将函数进行洛朗展开，就可以得到 $c_{-1}$，也就是函数在该点处的留数. 但是，对于某些类型的孤立奇点，留数的计算还有其他较为简单的方法. 例如，当 $z_0$ 为 $f(z) = g(z - z_0)$ 的孤立奇点时，若 $g(\zeta)$ 为偶函数，则 $f(z)$ 在点 $z_0$ 的去心邻域内的洛朗级数只含 $\zeta = z - z_0$ 的偶次幂，其奇次幂系数都为零.

于是令 $\zeta = z - z_0$ 得

$$\operatorname{Res}\left[f(z), z_0\right] = \operatorname{Res}\left[g(\zeta), 0\right] = 0, \tag{5.10}$$

由式（5.10）可以看出，函数

$$\frac{\sin(\cos z)}{z^2}, \frac{\sin(z^2+1)}{z^2 \cos z}, \frac{\mathrm{e}^{z^2}}{\sin^2 z}, \sin\left(\cos\frac{1}{z}\right)$$

等，在奇点 $z = 0$ 处的留数都为零. 若将这些函数的变量 $z$ 换为 $z - z_0$，则 $z_0$ 为这些新函数的孤立奇点，它们在点 $z_0$ 处的留数也都是零.

若 $z_0$ 为 $f(z)$ 的可去奇点，则它在点 $z_0$ 处的留数为零. 若 $z_0$ 为 $f(z)$ 的本性奇点，则它在点 $z_0$ 处的留数只能通过洛朗展开式求得. 若 $z_0$ 为 $f(z)$ 的极点，则它在点 $z_0$ 处的留数用下列规则计算更简便.

**规则 1** 若 $z_0$ 为 $f(z)$ 的简单极点，则有

$$\operatorname{Res}\left[f(z), z_0\right] = \lim_{z \to z_0}(z - z_0)f(z). \tag{5.11}$$

**证明：** $z_0$ 是 $f(z)$ 的一个简单极点. 因此在去掉中心 $z_0$ 的某一圆盘内（$z \neq z_0$），有

$$f(z) = \frac{1}{z - z_0}\varphi(z),$$

其中 $\varphi(z)$ 在这个圆盘内包括 $z = z_0$ 处处解析，其泰勒级数展开式为：

$$\varphi(z) = \sum_{n=0}^{+\infty} \alpha_n (z - z_0)^n,$$

而且 $\alpha_0 = \varphi(z_0) \neq 0$. 显然，在 $f(z)$ 的洛朗级数中 $\dfrac{1}{z - z_0}$ 的系数等于 $\varphi(z_0)$，因此

$$\operatorname{Res}\left[f(z), z_0\right] = \varphi(z_0) = \lim_{z \to z_0}\varphi(z) = \lim_{z \to z_0}(z - z_0)f(z). \qquad（证毕）$$

**例 1** 求函数 $f(z) = \dfrac{1}{z(z-2)(z+5)}$ 在各孤立奇点处的留数.

**解** 由于 $z = 0, 2, -5$ 是 $f(z)$ 的 1 级极点，有

$$\operatorname{Res}\left[f(z), 0\right] = \lim_{z \to 0} z f(z) = \lim_{z \to 0}\frac{1}{(z-2)(z+5)} = -\frac{1}{10};$$

$$\operatorname{Res}\left[f(z), 2\right] = \lim_{z \to 2}(z-2)f(z) = \lim_{z \to 2}\frac{1}{z(z+5)} = \frac{1}{14};$$

$$\operatorname{Res}\left[f(z), -5\right] = \lim_{z \to -5}(z+5)f(z) = \lim_{z \to -5}\frac{1}{z(z-2)} = \frac{1}{35}.$$

**规则 2** 若 $z_0$ 为 $f(z)$ 的 $m$ 级极点，则对任意整数 $n \geq m$ 有

$$\operatorname{Res}\left[f(z), z_0\right] = \frac{1}{(n-1)!}\lim_{z \to z_0}\frac{\mathrm{d}^{n-1}}{\mathrm{d}z^{n-1}}\left[(z - z_0)^n f(z)\right]. \tag{5.12}$$

**说明** 将函数的零阶导数看作它本身，规则 1 可以看作规则 2 在 $n = m = 1$ 时的特殊情形，且规则 2 可取 $m = 1$. 在使用规则 2 时，一般取 $n = m$，这里因为 $n$ 取得越大，求导的次数会越多，使得计算很复杂.

**证** 由于 $z_0$ 为 $f(z)$ 的 $m$ 级极点，因此可设在 $0 < |z - z_0| < R$ 内有

$$f(z) = \frac{c_{-m}}{(z - z_0)^m} + \cdots + \frac{c_{-1}}{z - z_0} + \cdots,$$

上式两端乘以 $(z-z_0)^n$, 得

$$(z-z_0)^n f(z) = c_{-m}(z-z_0)^{n-m} + \cdots + c_{-1}(z-z_0)^{n-1} + c_0 (z-z_0)^n + \cdots.$$

由于洛朗级数在其收敛的圆环域内可以逐项求导, 对上式两边求 $n-1$ 阶导数, 由于 $n \geq m$, 则有

$$\lim_{z \to z_0} \frac{\mathrm{d}^{n-1}}{\mathrm{d}z^{n-1}}[(z-z_0)^n f(z)] = c_{-1}(n-1)!.$$

两端再除以 $(n-1)!$ 即得规则 2. (证毕)

**例 2** 求函数 $f(z) = \dfrac{\mathrm{e}^{-z}}{z^2}$ 在 $z=0$ 处的留数.

**解** 因 $z=0$ 是 $f(z)$ 的 2 级极点, 则由式 (5.12) 有

$$\mathrm{Res}[f(z),0] = \frac{1}{(2-1)!} \lim_{z \to 0} \frac{\mathrm{d}^{2-1}[(z-0)^2 f(z)]}{\mathrm{d}z^{2-1}} = \lim_{z \to 0}(-\mathrm{e}^{-z}) = -1.$$

**规则 3** 设 $f(z) = \dfrac{P(z)}{Q(z)}$, 其中 $P(z)$ 和 $Q(z)$ 在点 $z_0$ 处都解析, 若 $P(z_0) \neq 0$, $Q(z_0) = 0$ 且 $Q'(z_0) \neq 0$, 则 $z_0$ 为 $f(z)$ 的简单极点, 且有

$$\mathrm{Res}[f(z),z_0] = \frac{P(z_0)}{Q'(z_0)}. \tag{5.13}$$

**证明** 由于 $Q(z_0) = 0$ 及 $Q'(z_0) \neq 0$, 因此 $z_0$ 为 $Q(z)$ 的 1 级零点, 又因 $P(z_0) \neq 0$, 故 $z_0$ 为 $f(z) = \dfrac{P(z)}{Q(z)}$ 的简单极点, 于是由上述规则 1 得

$$\mathrm{Res}[f(z),z_0] = \lim_{z \to z_0}(z-z_0)f(z) = \lim_{z \to z_0} \frac{P(z)}{\dfrac{Q(z)-Q(z_0)}{z-z_0}} = \frac{P(z_0)}{Q'(z_0)}$$

(证毕)

**例 3** 函数 $f(z) = \dfrac{\mathrm{e}^{\mathrm{i}z}}{1+z^2}$ 在极点处的留数.

**解** 因为函数 $f(z) = \dfrac{\mathrm{e}^{\mathrm{i}z}}{1+z^2}$ 有两个简单极点 $z = \pm\mathrm{i}$, 且 $\dfrac{P(z)}{Q'(z)} = \dfrac{1}{2z}\mathrm{e}^{\mathrm{i}z}$, 由法则 3 可得

$$\mathrm{Res}[f(z),\mathrm{i}] = \frac{\mathrm{e}^{\mathrm{i}z}}{2z}\bigg|_{z=\mathrm{i}} = -\frac{\mathrm{i}}{2\mathrm{e}}, \quad \mathrm{Res}[f(z),-\mathrm{i}] = \frac{\mathrm{e}^{\mathrm{i}z}}{2z}\bigg|_{z=-\mathrm{i}} = \frac{\mathrm{i}}{2}\mathrm{e}.$$

**例 4** 求下列函数在指定点处的留数.

(1) $f_1(z) = \dfrac{3\mathrm{e}^z}{z(z-1)^3}$, $z=0$ 及 $z=1$;

(2) $f_2(z) = \dfrac{2\cos z}{\sin z}$, $z_k = k\pi (k = 0, \pm 1, \pm 2, \cdots)$.

**解** (1) $z=0$ 是 $f_1(z)$ 的简单极点, 由规则 1, 得

$$\mathrm{Res}[f_1(z),0] = \lim_{z \to 0}\left[z \cdot \frac{3\mathrm{e}^z}{z(z-1)^3}\right] = \lim_{z \to 0}\frac{3\mathrm{e}^z}{(z-1)^3} = -3,$$

$z=1$ 是 $f_1(z)$ 的 3 级极点, 由规则 2, 得

$$\mathrm{Res}[f_1(z),1] = \frac{1}{(3-1)!}\lim_{z \to 1}\frac{\mathrm{d}^2}{\mathrm{d}z^2}\left[(z-1)^3 \frac{3\mathrm{e}^z}{z(z-1)^3}\right] = \frac{1}{2}\lim_{z \to 1}\frac{\mathrm{d}^2}{\mathrm{d}z^2}\left(\frac{3\mathrm{e}^z}{z}\right) = \frac{3\mathrm{e}}{2}.$$

（2） $z_k = k\pi(k = 0, \pm 1, \pm 2, \cdots)$ 是 $\sin z$ 的 1 级零点，而 $\cos z_k \neq 0(k = 0, \pm 1, \pm 2, \cdots)$，由规则 3，得

$$\text{Res}[f_1(z), k\pi] = \frac{2\cos z}{(\sin z)'}\bigg|_{z = k\pi} = 2 \quad (k = 0, \pm 1, \pm 2, \cdots).$$

若 $z_0$ 为 $f(z)$ 的本性奇点，一般用把 $f(x)$ 展开成洛朗级数的方法计算留数.

**例 5**  求函数 $f(z) = \sin\dfrac{1}{z^2}$ 在 $z = 0$ 处的留数.

**解**  $z = 0$ 是 $f(z)$ 的本性奇点，在圆环域内，$0 < |z| < \infty$ 内的洛朗级数为

$$\sin\frac{1}{z^2} = \frac{1}{z^2} - \frac{1}{3!z^6} + \frac{1}{5!z^{10}} - \cdots,$$

得 $c_{-1} = 0$，因此 $\text{Res}[f(z), 0] = 0$.

若极点的级较高（3 级以上），也往往用把函数展开成洛朗级数的方法求留数.

**例 6**  求函数 $f(z) = \dfrac{e^z - 1}{z^6}$ 在 $z = 0$ 处的留数.

**解**  $z = 0$ 是函数 $e^z - 1$ 的 1 级零点，又是函数 $z^6$ 的 6 级零点，因此 $z = 0$ 是 $f(z)$ 的 5 级极点，即 $m = 5$，可用规则 2 计算其留数. 若取 $n = m = 5$，则

$$\text{Res}[f(z), 0] = \frac{1}{(5-1)!}\lim_{z \to 0}\left[\frac{d^4}{dz^4}\left(z^5 \cdot \frac{e^z - 1}{z^6}\right)\right] = \frac{1}{4!}\lim_{z \to 0}\left[\frac{d^4}{dz^4}\left(\frac{e^z - 1}{z}\right)\right],$$

此时导数的计算方法比较复杂. 为了计算简便，应当取 $n = 6$，这时有

$$\text{Res}[f(z), 0] = \frac{1}{5!}\lim_{z \to 0}\left[\frac{d^5}{dz^5}(e^z - 1)\right] = \frac{1}{5!}.$$

另外，$f(z)$ 在点 $z_0 = 0$ 的去心邻域 $0 < |z| < \infty$ 内的洛朗级数为

$$f(z) = \frac{1}{z^6}\sum_{n=1}^{1}\frac{1}{n!}z^n = \sum_{n=1}^{1}\frac{1}{n!}z^{n-6},$$

其中 $n = 5$ 的项的系数为 $c_{-1} = \dfrac{1}{5!}$，从而也有 $\text{Res}[f(z), 0] = c_{-1} = \dfrac{1}{5!}$.

### 5.2.2 留数定理

**定理 1（留数定理）**  若函数 $f(z)$ 在正向简单闭曲线 $C$ 上处处解析，在 $C$ 的内部除有限个孤立奇点 $z_1, z_2, \cdots, z_n$ 外解析，则有

$$\oint_C f(z)dz = 2\pi i \sum_{k=1}^{n} \text{Res}[f(z), z_k] \tag{5.14}$$

**证明**  在 $C$ 的内部围绕每个奇点 $z_k$ 作互不包含的正向小圆周 $C_k(k = 1, 2, \cdots, n)$，如图 5.1 所示.

根据复合闭路定理有 $\oint_C f(z)dz = \sum_{k=1}^{n}\oint_{C_k} f(z)dz$. 由留数的定义，

$$\oint_{C_k} f(z)dz = 2\pi i \text{Res}[f(z), z_k],$$

从而 $\oint_C f(z)dz = 2\pi i \sum_{k=1}^{n} \text{Res}[f(z), z_k]$. （证毕）

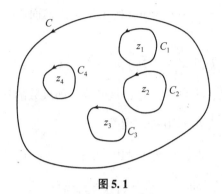

图 5.1

利用留数定理，求沿封闭曲线 $C$ 的积分，就转化为求被积函数在 $C$ 中的各孤立奇点处的留数.

**例 7** 计算积分 $\oint_{|z|=3} \dfrac{3\mathrm{e}^z}{z(z-1)^3}\mathrm{d}z$.

**解** $z=0$ 为被积函数 $f(z)=\dfrac{3\mathrm{e}^z}{z(z-1)^3}$ 的简单极点，$z=1$ 为 $f(z)$ 的 3 级极点，可求得

$$\mathrm{Res}[f(z),0]=-3,\quad \mathrm{Res}[f(z),1]=\frac{3\mathrm{e}}{2},$$

$z=0$ 及 $z=1$ 均在 $|z|=3$ 的圆周内，由留数定理，得

$$\oint_{|z|=3}\frac{3\mathrm{e}^z}{z(z-1)^3}\mathrm{d}z=2\pi\mathrm{i}\Big(-3+\frac{3\mathrm{e}}{2}\Big)=(-6+3\mathrm{e})\pi\mathrm{i}.$$

**例 8** 计算积分 $\oint_{|z|=3}\dfrac{\mathrm{e}^{\cos z}}{z(z^2+4)}\mathrm{d}z$.

**解** $f(z)=\dfrac{\mathrm{e}^{\cos z}}{z(z^2+4)}$ 在 $|z|=3$ 的内部有 3 个简单极点 $z=0$，$z=2\mathrm{i}$，$z=-2\mathrm{i}$. 且

$$\mathrm{Res}[f(z),0]=\lim_{z\to0}\Big[z\cdot\frac{\mathrm{e}^{\cos z}}{z(z^2+4)}\Big]=\frac{\mathrm{e}}{4},$$

$$\mathrm{Res}[f(z),2\mathrm{i}]=\lim_{z\to2\mathrm{i}}\Big[(z-2\mathrm{i})\cdot\frac{\mathrm{e}^{\cos z}}{z(z^2+4)}\Big]=-\frac{\mathrm{e}^{\cosh2}}{8},$$

$$\mathrm{Res}[f(z),-2\mathrm{i}]=\lim_{z\to-2\mathrm{i}}\Big[(z+2\mathrm{i})\cdot\frac{\mathrm{e}^{\cos z}}{z(z^2+4)}\Big]=-\frac{\mathrm{e}^{\cosh2}}{8},$$

故由留数定理，得

$$\oint_{|z|=3}\frac{\mathrm{e}^{\cos z}}{z(z^2+4)}\mathrm{d}z=2\pi\mathrm{i}\Big(\frac{\mathrm{e}}{4}-\frac{\mathrm{e}^{\cosh2}}{8}-\frac{\mathrm{e}^{\cosh2}}{8}\Big)=\frac{\pi\mathrm{i}(\mathrm{e}-\mathrm{e}^{\cosh2})}{2}.$$

### 5.2.3 洛必达法则

在复变函数中，对一些未定型的极限可使用复变函数的洛必达法则.

**洛必达法则** 设 $z_0$ 为函数 $f(z)$ 和 $g(z)$ 的零点，且在 $z_0$ 的某去心邻域内 $f(z)$ 和 $g(z)$ 都不为零，则当 $z\to z_0$ 时，函数 $\dfrac{f(z)}{g(z)}$ 的极限一定存在或为无穷，且有

$$\lim_{z \to z_0} \frac{f(z)}{g(z)} = \lim_{z \to z_0} \frac{f'(z)}{g'(z)}. \tag{5.15}$$

**证明** 设 $z_0$ 为函数 $f(z)$ 和 $g(z)$ 的 $m$、$n$ 级零点，则有

$$f(z) = (z - z_0)^m \varphi(z), \quad g(z) = (z - z_0)^n \psi(z),$$

其中 $\varphi(z)$ 与 $\psi(z)$ 均在 $z_0$ 处解析，且 $\varphi(z_0) \neq 0$，$\psi(z_0) \neq 0$，因此

$$f'(z) = m(z - z_0)^{m-1} \varphi(z) + (z - z_0)^m \varphi'(z),$$

$$g'(z) = n(z - z_0)^{n-1} \psi(z) + (z - z_0)^n \psi'(z),$$

并且

$$\frac{f(z)}{g(z)} = (z - z_0)^{m-n} \frac{\varphi(z)}{\psi(z)},$$

$$\frac{f'(z)}{g'(z)} = (z - z_0)^{m-n} \frac{m\varphi(z) + (z - z_0)\varphi'(z)}{n\psi(z) + (z - z_0)\psi'(z)},$$

从而当 $z \to z_0$ 时，有

$$\lim_{z \to z_0} \frac{f(z)}{g(z)} = \lim_{z \to z_0} \frac{f'(z)}{g'(z)} = \begin{cases} 0, & m > n, \\ \dfrac{\varphi(z_0)}{\psi(z_0)}, & m = n, \\ \infty, & m < n. \end{cases}$$

同理可证，当 $z_0$ 为极点时，洛必达法则也成立.　　　　　　　　（证毕）

**例 9** 计算积分 $\displaystyle\oint_{|z|=1} \frac{1}{z\tan z} \mathrm{d}z$.

**解** $f(z)$ 的奇点是使 $z\tan z = 0$ 的点，$z = 0$ 为 $f(z)$ 的 2 级极点，$z_k = k\pi (k = \pm 1, \pm 2, \cdots)$ 为 $f(z)$ 的简单极点. 这些奇点中只有 $z = 0$ 在圆周 $|z| = 1$ 内，于是可得

$$\operatorname{Res}[f(z), 0] = \frac{1}{(2-1)!} \lim_{z \to 0} \frac{\mathrm{d}}{\mathrm{d}z}\left(z^2 \cdot \frac{1}{z\tan z}\right) = \lim_{z \to 0} \frac{\mathrm{d}}{\mathrm{d}z}\left(\frac{1}{z\tan z}\right)$$

$$= \lim_{z \to 0} \frac{\sin z \cos z - z}{\sin^2 z} = \lim_{z \to 0} \frac{\cos^2 z - \sin^2 z - 1}{2\sin z \cos z} \text{（洛必达法则）}$$

$$= \lim_{z \to 0} \frac{-2\sin^2 z}{2\sin z \cos z} = 0,$$

从而有 $\displaystyle\oint_{|z|=1} \frac{1}{z\tan z} \mathrm{d}z = 2\pi \mathrm{i} \cdot 0 = 0$.

### 5.2.4　函数在无穷远点的留数

设函数 $f(z)$ 在 $z = \infty$ 的去心邻域 $R < |z| < \infty$ 内解析，$C$ 为该邻域内包含圆周 $|z| = R$ 的任意一条简单闭曲线，则闭曲线 $C$ 环绕 $z = \infty$ 的正向，就是 $C$ 环绕 $z = 0$ 的负向，因此可对函数 $f(z)$ 在 $z = \infty$ 处的留数做如下定义.

**定义 2** 设 $z = \infty$ 是函数 $f(z)$ 的孤立奇点，$f(z)$ 在 $z = \infty$ 的去心邻域 $R < |z| < \infty$ 内解析，$f(z)$ 在 $z = \infty$ 处的留数

$$\operatorname{Res}[f(z), \infty] = 2\pi \mathrm{i} \oint_{C^-} f(z) \mathrm{d}z,$$

其中 $C$ 为包含圆周 $|z| = R$ 的任意一条正向简单闭曲线.

设函数 $f(z)$ 在 $z=\infty$ 的去心邻域 $R<|z|<\infty$ 内的洛朗级数为式（5.7），由洛朗级数的系数公式有

$$c_{-1} = 2\pi\mathrm{i}\oint_C f(z)\mathrm{d}z,$$

从而有

$$\mathrm{Res}[f(z),\infty] = 2\pi\mathrm{i}\oint_{C^-} f(z)\mathrm{d}z = -c_{-1},$$

即 $f(z)$ 在 $z=\infty$ 处的留数等于它在 $z=\infty$ 的去心邻域 $R<|z|<\infty$ 内的洛朗级数中 $z^{-1}$ 的系数的相反数.

**定理 2** 若函数 $f(z)$ 在有限复平面内只有有限个孤立奇点 $z_1$、$z_2$、$\cdots$、$z_n$，则 $z=\infty$ 也是 $f(z)$ 的孤立奇点，且

$$\sum_{k=1}^{n} \mathrm{Res}[f(z),z_k] + \mathrm{Res}[f(z),\infty] = 0. \tag{5.16}$$

**证明** 令 $R = \max\{|z_1|,|z_2|,\cdots,|z_n|\}$，则 $f(z)$ 在点 $z=\infty$ 的邻域 $R<|z|<\infty$ 内解析，$z=\infty$ 是 $f(z)$ 的孤立奇点. 设 $C$ 为包含圆周 $|z|=R$ 的任意正向简单闭曲线，由留数定理及在无穷远点的留数定义有

$$\sum_{k=1}^{n} \mathrm{Res}[f(z),z_k] + \mathrm{Res}[f(z),\infty] = \frac{1}{2\pi\mathrm{i}}\oint_C f(z)\mathrm{d}z + \frac{1}{2\pi\mathrm{i}}\oint_{C^-} f(z)\mathrm{d}z = 0. \quad \text{（证毕）}$$

由函数在无穷远点的留数定义可得

$$\mathrm{Res}[f(z),\infty] = -\mathrm{Res}\left[f\left(\frac{1}{\eta}\right)\cdot\frac{1}{\eta^2},0\right] \tag{5.17}$$

式（5.17）可用于计算函数 $f(z)$ 在无穷远点的留数.

**例 10** 计算积分 $\oint_C \dfrac{\mathrm{d}z}{(z-4)(z^6-1)}$，$C$ 为正向圆周：$|z|=3$.

**解** 被积函数在 $|z|=3$ 的内部有 6 个 1 级极点 $z_k = \mathrm{e}^{\frac{2k}{6}\pi\mathrm{i}}$（$k=0,1,2,3,4,5$），直接使用式（5.14），要计算 6 个 1 级极点的留数比较麻烦；在 $|z|=3$ 的外部奇点为 1 级极点 $z=4$ 及 $z=\infty$，且

$$\mathrm{Res}[f(z),4] = \lim_{z\to3}\left[(z-4)\cdot\frac{1}{(z-4)(z^6-1)}\right] = \frac{1}{4\,095},$$

$$\mathrm{Res}[f(z),\infty] = -\mathrm{Res}\left[f\left(\frac{1}{\eta}\right)\cdot\frac{1}{\eta^2},0\right] = \mathrm{Res}\left[\frac{\eta^5}{(4\eta-1)(1-\eta^6)},0\right] = 0.$$

由定理 2，得

$$\sum_{k=0}^{5} \mathrm{Res}[f(z),z_k] + \mathrm{Res}[f(z),4] + \mathrm{Res}[f(z),\infty] = 0,$$

从而有

$$\oint_C \frac{\mathrm{d}z}{(z-4)(z^6-1)} = 2\pi\mathrm{i}(-\mathrm{Res}[f(z),4] - \mathrm{Res}[f(z),\infty]) = \frac{2\pi}{4\,095}\mathrm{i}.$$

### 5.2.5 应用

留数理论在电磁学中对于安培环路定理、高斯定理公式的推导，以及在阻尼振动、热传

导、光的衍射等问题中积分计算上的一些应用，大大简化了计算过程．例如，电磁学中安培环路定理表述为：磁感应强度 $\vec{B}$ 沿任何闭路 $L$ 的线积分，等于这条电路上所有电流之和的 $u_0$ 倍，即

$$\oint_L \vec{B}\mathrm{d}\vec{l} = u_0 \sum I_k$$

这个定理显然与留数定理属于不同的领域，但是它们在数学形式上非常相似，用留数定理证明起来，要简洁一些，不必计算线积分．我们考虑一根无限长载流导线周围空间的磁场分布，如图 5.2 所示

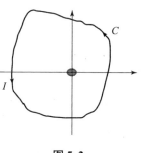

图 5.2

设无限长载流导体中的电流为 $I$，电流方向指向纸面的外部．由电磁学知，空间的磁感应强度为 $\vec{B} = \dfrac{\mu_0 I r}{2\pi r^2}$，其中 $r$ 为极径．$\vec{B}$ 的分量形式为

$$\vec{B} = B_x \vec{x} + B_y \vec{y};\quad B_x = -\frac{\mu_0 I}{2\pi}\cdot\frac{y}{x^2+y^2};\quad B_y = \frac{\mu_0 I}{2\pi}\cdot\frac{x}{x^2+y^2}.$$

下面我们用复变函数形式代替 $\vec{B}$，

$$B = B_y + \mathrm{i}B_x = \frac{\mu_0 I}{2\pi}\left(\frac{x-\mathrm{i}y}{x^2+y^2}\right) = \frac{\mu_0 I}{2\pi}\frac{\bar{z}}{z\bar{z}} = \frac{\mu_0 I}{2\pi z},$$

由留数定理可知，

$$\oint_C B\mathrm{d}z = \mathrm{i}2\pi\operatorname{Res}(B,0) = \mathrm{i}2\pi\frac{\mu_0 I}{2\pi} = \mathrm{i}\mu_0 I.$$

又

$$\oint_C \vec{B}\mathrm{d}\vec{l} = \oint_C (B_y + \mathrm{i}B_x)(\mathrm{d}x + \mathrm{i}\mathrm{d}y) = \oint_C B_y\mathrm{d}x - B_x\mathrm{d}y + \mathrm{i}\oint_C B_x\mathrm{d}x + B_y\mathrm{d}y,$$

比较以上两式，可知

$$\oint_C B_y\mathrm{d}x - B_x\mathrm{d}y = 0(\text{二维磁通量为}0);\quad \oint_C B_x\mathrm{d}x + B_y\mathrm{d}y = \mu_0 I.$$

若回路中有 $n$ 个电流源 $I_1$、$I_2$、$\cdots$、$I_n$ 通过．在 $C$ 内除去这些电源的所有区域内 $\vec{B}$ 都是解析的，由复合闭路定理可知

$$\oint_C B\mathrm{d}z = \sum_{k=1}^n \oint_{C_k} B\mathrm{d}z = \mathrm{i}\mu_0 \sum_{k=1}^n I_k.$$

同电磁学的讨论方法一样，二维平面静电场的电场环路定理也可以类似推出，这里不再介绍．

## 5.3 留数在定积分计算中的应用

在一元实函数的定积分和广义积分中，许多被积函数的原函数不容易求出，或不能用初等函数来表示，使得计算其积分值时经常遇到困难．留数定理是解决这一问题的一种较为有效的方法．该方法的基本思想是将被积函数推广到复数域，将积分区域转化为闭曲线，即把

原实函数的定积分化为解析函数沿某条闭曲线的积分，再利用留数定理来计算. 下面介绍三种利用留数定理计算实积分的类型，希望同学们能体会其中的方法和技巧.

### 5.3.1　形如 $I_1 = \int_0^\alpha f\left(\cos\dfrac{2\pi\theta}{\alpha}, \sin\dfrac{2\pi\theta}{\alpha}\right)\mathrm{d}\theta$ 的积分

令 $\varphi = \dfrac{2\pi\theta}{\alpha}$，$\mathrm{d}\varphi = \dfrac{2\pi\mathrm{d}\theta}{\alpha}$，则有

$$I_1 = \frac{\alpha}{2\pi}\int_0^{2\pi} f(\cos\varphi, \sin\varphi)\,\mathrm{d}\varphi,$$

其中 $\varphi$ 可看作圆周 $|z| = 1$ 的参数方程的参数. 于是令 $z = \mathrm{e}^{\mathrm{i}\varphi}$ $(0 \leqslant \varphi \leqslant 2\pi)$，则 $\mathrm{d}z = \mathrm{i}z\mathrm{d}\varphi$，且

$$\cos\varphi = \frac{1}{2}(z + z^{-1}) = \frac{z^2 + 1}{2z}, \quad \sin\varphi = \frac{1}{2\mathrm{i}}(z - z^{-1}) = \frac{z^2 - 1}{2\mathrm{i}z}.$$

当 $\varphi$ 从 $0$ 变到 $2\pi$ 时，沿圆周 $|z| = 1$ 正向绕行一周，于是有

$$I_1 = \frac{\alpha}{2\pi}\oint_{|z|=1} f\left(\frac{z^2+1}{2z}, \frac{z^2-1}{2\mathrm{i}z}\right)\frac{1}{\mathrm{i}z}\mathrm{d}z = \frac{\alpha}{2\pi\mathrm{i}}\oint_{|z|=1} f\left(\frac{z^2+1}{2z}, \frac{z^2-1}{2\mathrm{i}z}\right)\frac{1}{z}\mathrm{d}z.$$

若函数 $F(z) = \dfrac{1}{z}f\left(\dfrac{z^2+1}{2z}, \dfrac{z^2-1}{2\mathrm{i}z}\right)$ 在 $|z| < 1$ 内只有有限个奇点 $z_1$、$z_2$、$\cdots$、$z_n$，则由留数定理得

$$I_1 = \alpha\sum_{k=1}^{n}\mathrm{Res}\left[F(z), z_k\right],$$

于是有以下定理.

**定理 1**　设 $I_1 = \int_0^\alpha f\left(\cos\dfrac{2\pi\theta}{\alpha}, \sin\dfrac{2\pi\theta}{\alpha}\right)\mathrm{d}\theta$，若函数 $F(z) = \dfrac{1}{z}f\left(\dfrac{z^2+1}{2z}, \dfrac{z^2-1}{2\mathrm{i}z}\right)$ 在圆周 $|z| = 1$ 上解析，在 $|z| < 1$ 内除有限个奇点 $z_1$、$z_2$、$\cdots$、$z_n$ 外解析，则有

$$I_1 = \alpha\sum_{k=1}^{n}\mathrm{Res}\left[F(z), z_k\right] \tag{5.18}$$

上面的推理过程，实际上的代换为

$$z = \mathrm{e}^{\mathrm{i}\frac{2\pi\theta}{\alpha}} = \cos\frac{2\pi\theta}{\alpha} + \mathrm{i}\sin\frac{2\pi\theta}{\alpha},$$

就可将定积分 $I_1$ 变为沿单位圆周 $|z| = 1$ 的复积分，再利用留数定理进行计算即可.

特别地，当 $\alpha = 2\pi$ 时，$I_1 = \int_0^{2\pi} f(\cos\theta, \sin\theta)\mathrm{d}\theta$. 代换为 $z = \mathrm{e}^{\mathrm{i}\theta}$，则式 (5.18) 变为

$$I_1 = 2\pi\sum_{k=1}^{n}\mathrm{Res}\left[F(z), z_k\right].$$

**例 1**　计算积分 $I = \displaystyle\int_0^{2\pi} \frac{\mathrm{d}\theta}{1 - 2\rho\cos\theta + \rho^2}(0 < |\rho| < 1)$.

**解**　令 $z = \mathrm{e}^{\mathrm{i}\theta}$，则 $\mathrm{d}\theta = \dfrac{\mathrm{d}z}{\mathrm{i}z}$，且

$$1 - 2\rho\cos\theta + \rho^2 = 1 - 2\rho\frac{z^2+1}{2z} + \rho^2 = \frac{(z-\rho)(1-\rho z)}{z},$$

从而有 $I = \dfrac{1}{\mathrm{i}}\displaystyle\oint_{|z|=1}\dfrac{1}{(z-\rho)(1-\rho z)}\mathrm{d}z$. 函数 $f(z) = \dfrac{1}{(z-\rho)(1-\rho z)}$ 在 $|z| < 1$ 内只有一个简单奇点 $z = \rho$，在 $|z| = 1$ 上无奇点，且

$$\text{Res}[f(z),\rho] = \lim_{z \to \rho}\left[(z-\rho) \cdot \frac{1}{(z-\rho)(1-\rho z)}\right] = \frac{1}{1-\rho^2},$$

由留数定理得

$$I = \frac{1}{i} \cdot 2\pi i \text{Res}[f(z),\rho] = \frac{2\pi}{1-\rho^2}.$$

**例 2** 计算积分 $I = \int_0^{2\pi} \sin^{2n}x \, dx \, (n \in \mathbf{N})$.

**解** 由于 $\sin^{2n}x$ 以 $\pi$ 为周期，因此

$$I = \int_0^{2\pi} \sin^{2n}x \, dx = 2\int_0^{\pi} \sin^{2n}x \, dx,$$

令 $z = e^{i\frac{2\pi x}{\pi}} = e^{2ix}$，则

$$dz = 2ie^{2ix}dx, \quad dx = \frac{dz}{2iz},$$

由于

$$\sin^{2n}x = \left[\frac{1}{2i}(e^{ix} - e^{-ix})\right]^{2n} = (-1)^n \cdot \frac{e^{2nix}(1-e^{-2ix})^{2n}}{2^{2n}} = (-1)^n \cdot \frac{z^n(1-z^{-1})^{2n}}{2^{2n}}$$

$$= (-1)^n \cdot \frac{(z-1)^{2n}}{2^{2n}z^n},$$

因此有

$$I = 2\oint_{|z|=1} (-1)^n \cdot \frac{(z-1)^{2n}}{2^{2n}z^n} \frac{dz}{2iz} = \frac{(-1)^n}{2^{2n}i}\oint_{|z|=1} \frac{(z-1)^{2n}}{z^{n+1}}dz.$$

由于函数 $f(z) = \frac{(z-1)^{2n}}{z^{n+1}}$ 在 $|z|=1$ 的内部只有一个 $n+1$ 级极点 $z=0$，在 $|z|=1$ 上无奇点，而

$$\text{Res}[f(z),0] = \frac{1}{n!}\lim_{z \to 0}\frac{d^n}{dz^n}\left[z^{n+1} \cdot \frac{(z-1)^{2n}}{z^{n+1}}\right] = \frac{1}{n!}\frac{d^n}{dz^n}\left[(z-1)^{2n}\right]\Big|_{z=0}$$

$$= \frac{(-1)^n 2n(2n-1)\cdots(n+1)}{n!},$$

由留数定理得

$$I = \frac{(-1)^n}{2^{2n}i} \cdot 2\pi i \cdot \text{Res}[f(z),0] = \frac{2\pi \cdot 2n(2n-1)\cdots(n+1)}{2^{2n}n!}.$$

### 5.3.2 形如 $I_2 = \int_{-\infty}^{+\infty} f(x) \, dx$ 的积分

**定理 2** 设 $f(z)$ 在实轴上解析，在上半平面 $\text{Im}(z) > 0$ 内除有限个奇点 $z_1$、$z_2$、$\cdots$、$z_n$ 外解析. 若存在正数 $r$、$M$ 和 $\alpha > 1$，使得当 $|z| \geq r$ 且 $\text{Im}(z) > 0$ 时，$f(z)$ 解析且满足 $|f(z)| \leq \frac{M}{|z|^{\alpha}}$，则积分 $I_2 = \int_{-\infty}^{+\infty} f(x) \, dx$ 存在且有

$$I_2 = 2\pi i \sum_{k=1}^{n} \text{Res}[f(z),z_k]. \tag{5.19}$$

**证明** 设 $C_R$ 为上半圆周 $z = Re^{i\theta}(0 \leq \theta \leq \pi)$，取充分大的 $R$ 使 $R \geq r$，并使奇点 $z_1$、

$z_2$、$\cdots$、$z_n$ 均在由 $C_R$ 及实轴上从 $-R$ 到 $R$ 的一段所围成的闭路内，如图 5.3 所示，由留数定理得

$$\int_{-R}^{+R} f(x)\,\mathrm{d}x + \int_{C_R} f(x)\,\mathrm{d}x = 2\pi\mathrm{i}\sum_{k=1}^{n} \mathrm{Res}[f(z),z_k].$$

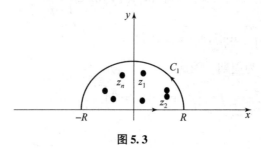

图 5.3

由于 $C_R$ 上 $|f(z)| \leqslant \dfrac{M}{|z|^{\alpha}}$，因此

$$\left| \int_{C_R} f(z)\,\mathrm{d}z \right| \leqslant \int_{C_R} |f(z)|\,\mathrm{d}z \leqslant M\int_{C_R} \frac{\mathrm{d}s}{|z|^{\alpha}} = M\frac{1}{R^{\alpha}} \cdot R\pi = M\pi R^{1-\alpha} \to 0\,(R \to \infty, \alpha > 1),$$

从而当 $R \to \infty$ 时可得所证结果

$$I_2 = \int_{-\infty}^{+\infty} f(x)\,\mathrm{d}x = 2\pi\mathrm{i}\sum_{k=1}^{n} \mathrm{Res}[f(z),z_k]. \qquad \text{（证毕）}$$

若 $f(x) = \dfrac{P(x)}{Q(x)}$ 为有理数，$Q(x)$ 在 $x$ 轴上无零点，且 $Q(x)$ 的次数至少比 $P(x)$ 的次数高两次，则有 $\lim\limits_{z \to \infty} |f(z) \cdot z^2| = A \geqslant 0$. 当 $|z|$ 充分大时，有

$$|f(z) \cdot z^2| \leqslant A + 1,$$

即

$$|f(z)| \leqslant \frac{A+1}{|z|^2}\,(A \neq \infty).$$

于是由定理 2 可得以下推论.

**推论 1** 若 $f(x) = \dfrac{P(x)}{Q(x)}$ 为有理数，在上半平面内的奇点为 $z_1$、$z_2$、$\cdots$、$z_n$，$Q(z)$ 在实轴上无零点，且 $Q(z)$ 的次数至少比 $P(z)$ 的次数高两次，则式 (5.19) 成立.

**例 3** 计算积分 $I = \displaystyle\int_{-\infty}^{+\infty} \dfrac{x^2 - 2x + 3}{x^4 + 5x^2 + 4}\mathrm{d}x.$

**解** $f(z)$ 满足推论 1 的条件，在上半平面内只有两个简单极点 $z = \mathrm{i}$ 和 $z = 2\mathrm{i}$，且

$$\mathrm{Res}[f(z),\mathrm{i}] = \lim_{z \to \mathrm{i}}(z - \mathrm{i}) \cdot \frac{z^2 - 2z + 3}{(z^2 + 1)(z^4 + 1)} = \frac{2 - 2\mathrm{i}}{6\mathrm{i}},$$

$$\mathrm{Res}[f(z),2\mathrm{i}] = \lim_{z \to 2\mathrm{i}}(z - 2\mathrm{i}) \cdot \frac{z^2 - 2z + 3}{(z^2 + 1)(z^4 + 1)} = \frac{1 + 4\mathrm{i}}{12\mathrm{i}},$$

因此得

$$I = \int_{-\infty}^{+\infty} \frac{x^2 - 2x + 3}{x^4 + 5x^2 + 4}\mathrm{d}x = 2\pi\mathrm{i}\left(\frac{2 - 2\mathrm{i}}{6\mathrm{i}} + \frac{1 + 4\mathrm{i}}{12\mathrm{i}}\right) = \frac{5}{6}\pi.$$

**例 4** 计算积分 $I = \int_0^{+\infty} \dfrac{1}{x^6 + a^6}\mathrm{d}x\,(a > 0)$.

**解** 由于 $f(x) = \dfrac{1}{x^6 + a^6}$ 为偶函数，因此

$$I = \int_0^{+\infty} \frac{1}{x^6 + a^6}\mathrm{d}x = \frac{1}{2}\int_{-\infty}^{+\infty} \frac{1}{x^6 + a^6}\mathrm{d}x,$$

$f(z)$ 在上半平面内有 3 个简单极点 $z_k = a\mathrm{e}^{\frac{(2k+1)\pi}{6}\mathrm{i}}\,(k = 0,1,2)$，则

$$\mathrm{Res}\big[f(z),z_k\big] = \frac{1}{(z^6 + a^6)'}\bigg|_{z=z_k} = \frac{1}{6z_k^5} = \frac{z_k}{6z_k^6} = -\frac{z_k}{6a^6}\,(k = 0,1,2).$$

由推论 1，得

$$I = \int_0^{+\infty} \frac{1}{x^6 + a^6}\mathrm{d}x = \frac{1}{2}\cdot 2\pi\mathrm{i}\cdot\left(-\frac{1}{6a^6}\right)(z_0 + z_1 + z_2)$$

$$= -\frac{\pi\mathrm{i}}{6a^6}\big(a\mathrm{e}^{\frac{\pi}{6}\mathrm{i}} + a\mathrm{e}^{\frac{3\pi}{6}\mathrm{i}} + a\mathrm{e}^{\frac{5\pi}{6}\mathrm{i}}\big) = \frac{\pi}{3a^5}.$$

### 5.3.3 形如 $I_3 = \int_{-\infty}^{+\infty} f(x)\mathrm{e}^{\mathrm{i}\beta x}\mathrm{d}x$ 的积分

**定理 3** 设函数 $f(z)$ 在实轴上无奇点，且在上半平面内除有限个奇点 $z_1$、$z_2$、$\cdots$、$z_n$ 外解析. 若存在正数 $M$ 和 $r$，使得当 $|z| \geqslant r$ 且 $\mathrm{Im}(z) > 0$ 时，函数 $f(z)$ 解析且有 $|f(z)| \leqslant \dfrac{M}{|z|}$，则有

$$I_3 = 2\pi\mathrm{i}\sum_{k=1}^{n}\mathrm{Res}\big[f(z)\mathrm{e}^{\mathrm{i}\beta z},z_k\big]. \tag{5.20}$$

**证明** 设 $C_R$ 为上半圆周：$z = R\mathrm{e}^{\mathrm{i}\theta}\,(0 \leqslant \theta \leqslant \pi)$，取充分大的 $R$ 使 $R \geqslant r$，并使奇点 $z_1$、$z_2$、$\cdots$、$z_n$ 均在由 $C_R$ 及实轴上从 $-R$ 到 $R$ 的一段所围成的半圆内，由留数定理得

$$\int_{-R}^{R} f(x)\mathrm{e}^{\mathrm{i}\beta x}\mathrm{d}x + \int_{C_R} f(z)\mathrm{e}^{\mathrm{i}\beta z}\mathrm{d}z = 2\pi\mathrm{i}\sum_{k=1}^{n}\mathrm{Res}\big[f(z)\mathrm{e}^{\mathrm{i}\beta z},z_k\big],$$

只需证明当 $R \to \infty$ 时，上述沿 $C_R$ 的积分趋于零.

由于当 $|z| \geqslant r$ 时有 $|f(z)| \leqslant \dfrac{M}{|z|}$，因此，当 $R \geqslant r$ 时记沿 $C_R$ 的上述积分为 $I_R$，则有

$$|I_R| = \left|\int_{C_R} f(z)\mathrm{e}^{\mathrm{i}\beta z}\mathrm{d}z\right| \leqslant \int_{C_R} |f(z)|\cdot|\mathrm{e}^{\mathrm{i}\beta z}|\,\mathrm{d}s \leqslant \frac{M}{R}\int_0^{\pi}\mathrm{e}^{-R\beta\sin\theta}R\mathrm{d}\theta = M\int_0^{\pi}\mathrm{e}^{-R\beta\sin\theta}\mathrm{d}\theta.$$

若令 $\varphi = \pi - \theta$，可得 $\int_{\frac{\pi}{2}}^{\pi}\mathrm{e}^{-R\beta\sin\theta}\mathrm{d}\theta = -\int_{\frac{\pi}{2}}^{0}\mathrm{e}^{-R\beta\sin\theta}\mathrm{d}\theta$，从而有 $|I_R| \leqslant 2M\int_0^{\frac{\pi}{2}}\mathrm{e}^{-R\beta\sin\theta}\mathrm{d}\theta$.

由图 5.4 可以看出以下不等式成立，

$$\frac{2}{\pi}\theta \leqslant \sin\theta \quad \left(0 \leqslant \theta \leqslant \frac{\pi}{2}\right), \tag{5.21}$$

因此得

$$|I_R| \leqslant 2M\int_0^{\frac{\pi}{2}}\mathrm{e}^{-\frac{2R\beta\theta}{\pi}}\mathrm{d}\theta = \frac{M\pi}{R\beta}(1 - \mathrm{e}^{-R\beta}) \to 0\,(R \to \infty),$$

令 $R \to \infty$，即可得所证等式 (5.20). (证毕)

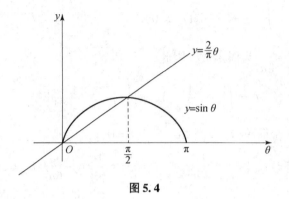

图 5.4

**推论 2** 若有理函数 $f(z) = \dfrac{P(z)}{Q(z)}$ 在实轴上无奇点，但 $Q(z)$ 的次数至少比 $P(z)$ 的次数高一次，则式（5.20）成立.

通过计算 $\displaystyle\int_{-\infty}^{+\infty} f(x) \mathrm{e}^{\mathrm{i}\beta x} \mathrm{d}x$，分别取其实、虚部可得以下两类积分的值：

$$\int_{-\infty}^{+\infty} f(x)\cos\beta x \mathrm{d}x, \quad \int_{-\infty}^{+\infty} f(x)\sin\beta x \mathrm{d}x.$$

**例 5** 计算积分 $I = \displaystyle\int_{-\infty}^{+\infty} \dfrac{x\sin x}{x^2 + 4x + 5} \mathrm{d}x$.

**解** 函数 $f(z)\mathrm{e}^{\mathrm{i}z} = \dfrac{z\mathrm{e}^{\mathrm{i}z}}{z^2 + 4z + 5}$ 在上半平面内只有一个简单极点 $z = -2 + \mathrm{i}$，且

$$\mathrm{Res}[f(z)\mathrm{e}^{\mathrm{i}z}, -2 + \mathrm{i}] = \left.\frac{z\mathrm{e}^{\mathrm{i}z}}{(z^2 + 4z + 5)'}\right|_{z = -2 + \mathrm{i}} = \frac{(-2 + \mathrm{i})\mathrm{e}^{-2\mathrm{i}-1}}{2\mathrm{i}},$$

由推论 2 得

$$\int_{-\infty}^{+\infty} \frac{x\mathrm{e}^{\mathrm{i}x}}{x^2 + 4x + 5} \mathrm{d}x = 2\pi\mathrm{i}\frac{(-2 + \mathrm{i})\mathrm{e}^{-2\mathrm{i}-1}}{2\mathrm{i}} = \frac{\pi}{\mathrm{e}}\left[(\sin 2 - 2\cos 2) + \mathrm{i}(\cos 2 + 2\sin 2)\right],$$

取其虚部得

$$\int_{-\infty}^{+\infty} \frac{x\sin x}{x^2 + 4x + 5} \mathrm{d}x = \mathrm{Im}\left(\int_{-\infty}^{+\infty} \frac{x\mathrm{e}^{\mathrm{i}x}}{x^2 + 4x + 5} \mathrm{d}x\right) = \frac{\pi}{\mathrm{e}}(\cos 2 + 2\sin 2).$$

以上提到的第二、第三种类型的积分中，都要求被积函数中的 $f(z)$ 在实轴上无奇点，但对于实轴上有孤立奇点的情形，可以按例 6 的方法进行处理.

**例 6** 计算积分 $I = \displaystyle\int_0^{+\infty} \dfrac{\sin x}{x} \mathrm{d}x$ 的值.

**解** 由于 $\dfrac{\sin x}{x}$ 为偶函数，因此 $I = \displaystyle\int_0^{+\infty} \dfrac{\sin x}{x} \mathrm{d}x = \dfrac{1}{2}\int_{-\infty}^{+\infty} \dfrac{\sin x}{x} \mathrm{d}x$. 可取 $\dfrac{\mathrm{e}^{\mathrm{i}z}}{z}$ 沿某一条闭曲线的积分来计算上式右端的积分. 但是，$z = 0$ 是 $\dfrac{\mathrm{e}^{\mathrm{i}z}}{z}$ 的 1 级极点，它在实轴上，为了使积分路线不通过奇点，取图 5.5 所示的路线.

由柯西积分定理，有

$$\int_{C_R} \frac{\mathrm{e}^{\mathrm{i}z}}{z} \mathrm{d}z + \int_{-R}^{-r} \frac{\mathrm{e}^{\mathrm{i}x}}{x} \mathrm{d}x + \int_{C_r} \frac{\mathrm{e}^{\mathrm{i}z}}{z} \mathrm{d}z + \int_r^R \frac{\mathrm{e}^{\mathrm{i}x}}{x} \mathrm{d}x = 0.$$

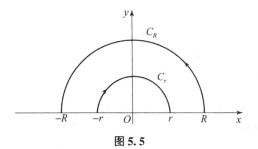

图 5.5

令 $x = -t$，则有

$$\int_{-R}^{-r} \frac{e^{ix}}{x}dx = \int_{R}^{r} \frac{e^{-it}}{t}dt = -\int_{r}^{R} \frac{e^{-ix}}{x}dx,$$

所以

$$\int_{r}^{R} \frac{e^{ix} - e^{-ix}}{x}dx + \int_{C_R} \frac{e^{iz}}{z}dz + \int_{C_r} \frac{e^{iz}}{z}dz = 0,$$

即

$$2i\int_{r}^{R} \frac{\sin x}{x}dx + \int_{C_R} \frac{e^{iz}}{z}dz + \int_{C_r} \frac{e^{iz}}{z}dz = 0. \tag{5.22}$$

由于

$$\left| \int_{C_R} \frac{e^{iz}}{z}dz \right| \leqslant \int_{C_R} \frac{|e^{iz}|}{|z|}ds = \frac{1}{R}\int_{C_R} e^{-y}ds = \int_{0}^{\pi} e^{-R\sin\theta}d\theta = 2\int_{0}^{\frac{\pi}{2}} e^{-R\sin\theta}d\theta$$

$$\leqslant \int_{0}^{\frac{\pi}{2}} e^{-R(2\theta/\pi)}d\theta \quad [利用不等式(5.21)] = \frac{\pi}{R}(1 - e^{-R}),$$

因此 $\lim\limits_{R\to\infty}\int_{C_R} \frac{e^{iz}}{z}dz = 0$. 又由于

$$\frac{e^{iz}}{z} = \frac{1}{z} + i - \frac{z}{2!} + \cdots + \frac{i^n z^{n-1}}{n!} + \cdots = \frac{1}{z} + \varphi(z),$$

其中 $\varphi(z) = i - \dfrac{z}{2!} + \cdots + \dfrac{i^n z^{n-1}}{n!} + \cdots$ 在 $z = 0$ 处是解析的，且 $\varphi(0) = i$，因此当 $|z|$ 充分小时，$|\varphi(z)|$ 有界，设 $|\varphi(z)| \leqslant M$，则有

$$\left| \int_{C_r} \varphi(z)dz \right| \leqslant \int_{C_r} |\varphi(z)|dz \leqslant M\int_{C_r} ds = M\pi r \to 0 (r \to 0),$$

从而有

$$\lim_{r\to 0}\int_{C_r} \frac{e^{iz}}{z}dz = \lim_{r\to 0}\left[ \int_{C_r} \frac{1}{z}dz + \int_{C_r} \varphi(z)dz \right] = \lim_{r\to 0}\int_{C_r} \frac{1}{z}dz + \lim_{r\to 0}\int_{C_r} \varphi(z)dz$$

$$= \int_{\pi}^{0} \frac{ire^{i\theta}}{re^{i\theta}}d\theta = -i\pi.$$

由式（5.22）可得

$$2i\int_{0}^{+\infty} \frac{\sin x}{x}dx = -\lim_{R\to\infty}\int_{C_r} \frac{e^{iz}}{z}dz - \lim_{r\to 0}\int_{C_r} \frac{e^{iz}}{z}dz = i\pi,$$

即

$$\int_0^{+\infty} \frac{\sin x}{x} dx = \frac{\pi}{2}.$$

### 5.3.4 应用

**例 7** 非线性振动系统的简化积分.

在力学专业非线性振动学习中，对描述非线性振动系统的微分方程化简，利用 Melnikov 方法确定混沌运动的门槛值等内容都要应用复变函数的基础知识、留数等方法进行处理. 下面我们介绍一个运用留数定理计算门槛值的例子. 研究非线性振动系统时，经常利用 Melnikov 方法确定混沌运动的门槛值，需要计算复杂的广义积分，给研究带来了很大困难. 利用留数定理可以计算一些广义积分，简化计算过程. 下面，我们简单介绍留数在某振动系统中的应用. 考虑弦振动方程

$$\ddot{x} + \varepsilon\delta\dot{x} + x - x^2 = \varepsilon r\cos\omega t, \quad \omega > 0. \tag{5.23}$$

令 $\dot{x} = y$，式（5.23）可转化为下列一阶微分方程组

$$\begin{cases} \dot{x} = y, \\ \dot{y} = -x + x^2\varepsilon + (r\cos\omega t - \delta y). \end{cases} \tag{5.24}$$

方程组（5.24）的 Melnikov 函数为（$\omega > 0$）

$$M(t_0) = \int_{-\infty}^{+\infty} -\delta y^2 + ry\cos\omega(t + t_0) dt = -\frac{6}{5}\delta - 3r\sin(\omega t_0)J,$$

其中，

$$J = \int_{-\infty}^{+\infty} \text{sech}^2 t \tanh t + \sin(2\omega t) dt.$$

可以看出，计算 $J$ 相当麻烦，即计算 $M(t_0)$ 是很麻烦的. 下面，令

$$f(x) = \frac{(e^x - e^{-x})e^{i2\omega x}}{(e^x + e^{-x})^3},$$

则

$$J = 4\text{Im}\left(\int_{-\infty}^{+\infty} f(z) dz\right).$$

我们取以 $\pm a$、$\pm a + i\pi$ 为顶点的矩形 $C(a > 0)$. 当 $y \in [0, \pi]$, $a \to \infty$ 时，$f(a + iy) \to 0$. 则

$$\lim_{a \to \infty}\oint_C f(z) dz = (1 - e^{-2\omega\pi}) \int_{-\infty}^{+\infty} f(z) dz. \tag{5.25}$$

已知 $z = \frac{i\pi}{2}$ 为 $f(z)$ 在上半平面的唯一奇点，且为 3 级极点，故

$$\lim_{a \to \infty}\oint_C f(z) dz = i2\pi\text{Res}\left(f(z), \frac{i\pi}{2}\right),$$

代入式（5.25）中，于是

$$J = 2\pi\omega^2\text{csch}(\omega\pi).$$

因此，Melnikov 函数为

$$M(t_0) = -\frac{6}{5}[\delta + r\pi\omega^2\text{csch}(\omega\pi)\sin(\omega t_0)] \tag{5.26}$$

利用式（5.26），可确定系统方程（5.23）发生混沌运动的门槛值.

# *5.4 辐角原理及其应用

本节将继续介绍留数定理的应用,用它给出对数留数和辐角原理的有关概念及其定理,并讨论它们在计算解析函数的零点和极点个数方面的应用.

## 5.4.1 对数留数

函数 $f(z)$ 关于闭曲线 $C$ 的对数留数是指积分

$$\frac{1}{2\pi i}\oint_C \frac{f'(z)}{f(z)}dz,$$

这里需要假定函数 $\dfrac{f'(z)}{f(z)}$ 在 $C$ 上解析. 显然,当 $C$ 为简单正向闭曲线时,上述对数留数就是对数函数 $\mathrm{Ln}f(z)$ 的导数在 $C$ 内部各个孤立奇点处的留数之和.

函数 $f(z)$ 关于闭曲线 $C$ 的对数留数与它在 $C$ 内部的零点和极点的个数有密切联系,如下所述.

**定理 1** 若函数 $f(z)$ 在正向简单闭曲线 $C$ 上解析且没有零点,又在 $C$ 的内部处有限个极点外解析,则有

$$\frac{1}{2\pi i}\oint_C \frac{f'(z)}{f(z)}dz = N - P, \qquad (5.27)$$

其中,$N$ 与 $P$ 分别是 $f(z)$ 在 $C$ 内部的零点和极点的个数,在计算零点与极点的个数时,$m$ 级的零点或极点按 $m$ 个零点或极点计算.

**证明** 设在 $C$ 内 $f(z)$ 只有 $n_k$ 级零点 $a_k(k=1,2,\cdots,s)$,且只有 $p_k$ 级极点 $b_k(k=1,2,\cdots,t)$,显然有 $n_1+n_2+\cdots+n_s=N$,$p_1+p_2+\cdots+p_t=P$. 由留数定理,只需证明对 $f(z)$ 的每个零点和极点有

$$\mathrm{Res}\left[\frac{f'(z)}{f(z)},a_k\right]=n_k, \quad \mathrm{Res}\left[\frac{f'(z)}{f(z)},b_k\right]=-p_k.$$

事实上,$f(z)$ 在零点 $a_k$ 的邻域 $|z-a_k|<\delta$ 内可表示为

$$f(z)=(z-a_k)^{n_k}\varphi_k(z),$$

其中 $\varphi_k(z)$ 在该邻域内解析且 $\varphi_k(a_k)\neq 0$,于是有

$$f'(z)=n_k(z-a_k)^{n_k-1}\varphi_k(z)+(z-a_k)^{n_k}\varphi_k'(z).$$

由于零点 $a_k$ 是孤立的,因此存在 $a_k$ 的一个去心邻域使得在该邻域内 $\varphi_k(z)\neq 0$,从而该去心邻域内有

$$\frac{f'(z)}{f(z)}=\frac{n_k}{z-a_k}+\frac{\varphi_k'(z)}{\varphi_k(z)}.$$

由于在 $|z-a_k|<\delta$ 内 $\varphi_k(z)$ 解析,因为 $\varphi_k'(z)$ 也解析,且 $\varphi_k(z)\neq 0$,因此 $\dfrac{\varphi_k'(z)}{\varphi_k(z)}$ 是此邻域内的解析函数,从而 $a_k$ 为函数 $\dfrac{f'(z)}{f(z)}$ 的 1 级极点,且有

$$\mathrm{Res}\left[\frac{f'(z)}{f(z)},a_k\right]=\lim_{z\to a_k}(z-a_k)\frac{f'(z)}{f(z)}=n_k.$$

同样地，由于 $b_k$ 是 $f(z)$ 在 $C$ 内的 $p_k$ 级极点，则在 $b_k$ 的去心邻域 $0 < |z - b_k| < \delta'$ 内，有

$$f(z) = \frac{1}{(z - b_k)^{p_k}} \psi_k(z),$$

其中 $\psi_k(z)$ 是邻域 $|z - b_k| < \delta'$ 内的一个解析函数，且 $\psi_k(b_k) \neq 0$. 由上式得

$$f'(z) = -p_k (z - b_k)^{-p_k - 1} \psi_k(z) + (z - b_k)^{-p_k} \psi_k'(z),$$

故在 $0 < |z - b_k| < \delta'$ 内，有

$$\frac{f'(z)}{f(z)} = \frac{-p_k}{z - b_k} + \frac{\psi_k'(z)}{\psi_k(z)}.$$

由于在 $|z - b_k| < \delta'$ 内 $\psi_k(z)$ 解析，因而 $\psi_k'(z)$ 也解析，且 $\psi_k(z) \neq 0$，因此 $\dfrac{\psi_k'(z)}{\psi_k(z)}$ 是此邻域内的解析函数. 由上式知 $b_k$ 是函数 $\dfrac{f'(z)}{f(z)}$ 的 1 级极点且留数为 $-p_k$，于是

$$\frac{1}{2\pi i} \oint_C \frac{f'(z)}{f(z)} dz = (n_1 + n_2 + \cdots + n_s) - (p_1 + p_2 + \cdots + p_t) = N - P. \qquad \text{(证毕)}$$

定理 1 可用于计算式 (5.27) 中的复积分.

**例 1** 计算复积分 $I = \oint_{|z| = 4} \dfrac{7z^8}{z^9 - 1} dz$.

**解** 设 $f(z) = z^9 - 1$，则 $f(z)$ 在正向圆周 $|z| = 4$ 上解析且无零点，而且在其内部也解析，有 9 个零点，则 $N = 9$，$P = 0$，得

$$I = \frac{7}{9} \oint_{|z| = 4} \frac{(z^9 - 1)'}{z^9 - 1} dz = \frac{7}{9} \cdot 2\pi i (9 - 0) = 14\pi i.$$

### 5.4.2 辐角原理

下面讨论定理 1 中对数留数的几何意义.

考虑变换 $w = f(z)$，当 $z$ 沿简单闭曲线 $C$ 的正向绕行一周时，对应点 $w$ 在 $w$ 平面内就画出一条连续的封闭曲线 $\Gamma$；$\Gamma$ 不一定是简单的闭曲线，它可以按正向绕原点若干圈，也可以按负向绕原点若干圈. 由于 $f(z)$ 在 $C$ 上不为零，因此在 $w$ 平面内 $\Gamma$ 也不经过原点，如图 5.6 所示.

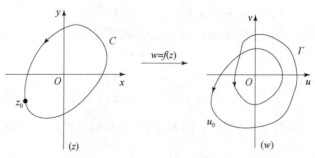

图 5.6

设简单闭曲线 $C$ 为 $z = z(t) (\alpha \leqslant t \leqslant \beta)$，$z_0$ 为 $C$ 上一点，$z_0 = z(\alpha) = z(\beta)$，则函数 $f(z)$ 关于闭曲线 $C$ 的对数留数

$$\frac{1}{2\pi i}\oint_C \frac{f'(z)}{f(z)}\mathrm{d}z = \frac{1}{2\pi i}\int_\alpha^\beta \frac{f'[z(t)]}{f[z(t)]}\cdot z'(t)\mathrm{d}t = \frac{1}{2\pi i}\int_\alpha^\beta \{\mathrm{Ln}f[z(t)]\}'_t\mathrm{d}t$$

$$= \frac{1}{2\pi i}\int_\alpha^\beta \{\mathrm{Ln}|f[z(t)]| + i\mathrm{Arg}f[z(t)]\}'_t\mathrm{d}t$$

$$= \frac{1}{2\pi i}\int_\alpha^\beta \{\mathrm{Ln}|f[z(t)]|\}'_t\mathrm{d}t + \frac{i}{2\pi i}\int_\alpha^\beta \{\mathrm{Arg}f[z(t)]\}'_t\mathrm{d}t$$

$$= \frac{1}{2\pi i}\mathrm{Ln}|f[z(t)]|\Big|_\alpha^\beta + \frac{1}{2\pi}\mathrm{Arg}f[z(t)]\Big|_\alpha^\beta$$

$$= \frac{1}{2\pi i}[\mathrm{Ln}|f(z_0)| - \mathrm{Ln}|f(z_0)|] + \frac{1}{2\pi}\{\mathrm{Arg}f[z(\beta)] - \mathrm{Arg}f[z(\alpha)]\}$$

$$= \frac{1}{2\pi}\{\mathrm{Arg}f[z(\beta)] - \mathrm{Arg}f[z(\alpha)]\}$$

$$= \frac{1}{2\pi}(2k\pi) = k\,(k \in \mathbf{Z}).$$

由此可见，函数 $f(z)$ 关于 $C$ 的对数留数的几何意义就是曲线 $\Gamma$ 绕原点 $w=0$ 回转次数的代数和（$\Gamma$ 绕 $w=0$ 逆时针转动一周次数为 1，顺时针转一周次数为 $-1$）.

称 $\mathrm{Arg}f[z(\beta)] - \mathrm{Arg}f[z(\alpha)]$ 为动点 $z$ 沿闭曲线 $C$ 一周函数 $f(z)$ 的辐角改变量，记作 $\Delta_C\mathrm{Arg}f(z)$，于是定理 1 可叙述为以下形式.

**定理 2（辐角原理）** 若 $f(z)$ 在正向简单曲线 $C$ 上解析且不为零，在 $C$ 的内部除去有限个极点外处处解析，则有

$$\frac{1}{2\pi}\Delta_C\mathrm{Arg}f(z) = N - P. \tag{5.28}$$

在定理 2 中，若 $P=0$，则有

$$N = \frac{1}{2\pi}\Delta_C\mathrm{Arg}f(z). \tag{5.29}$$

即当 $f(z)$ 在简单闭曲线 $C$ 上及 $C$ 内解析且在 $C$ 上不等于零时，$f(z)$ 在 $C$ 内零点的个数等于 $\frac{1}{2\pi}$ 乘以 $z$ 沿 $C$ 的正向绕行一周 $f(z)$ 的辐角的改变量.

### 5.4.3 路西定理

利用路西定理，我们可以对两个函数的零点的个数进行比较.

设函数 $f(z)$ 和 $g(z)$ 在简单闭曲线 $C$ 上和 $C$ 内解析，且在 $C$ 上满足条件 $|f(z)| > |g(z)|$，则在 $C$ 上有 $|f(z)| > 0$，$|f(z) + g(z)| \geq |f(z)| - |g(z)| > 0$，从而在 $C$ 上 $f(z)$ 和 $f(z) + g(z)$ 都不等于零.

又设 $N$ 和 $N'$ 分别为函数 $f(z)$ 和 $f(z) + g(z)$ 在 $C$ 的内部的零点个数，由于这两个函数在 $C$ 的内部解析，因此根据辐角原理有

$$N = \frac{1}{2\pi}\Delta_C\mathrm{Arg}f(z),$$

$$N' = \frac{1}{2\pi}\Delta_C\mathrm{Arg}[f(z) + g(z)] = \frac{1}{2\pi}\Delta_C\mathrm{Arg}\left\{f(z)\left[1 + \frac{g(z)}{f(z)}\right]\right\}$$

$$= \frac{1}{2\pi}\Delta_C \text{Arg} f(z) + \frac{1}{2\pi}\Delta_C \text{Arg}\left[1 + \frac{g(z)}{f(z)}\right].$$

由于当 $z$ 在 $C$ 上时有 $|f(z)| > |g(z)|$，因此点 $w = 1 + \dfrac{g(z)}{f(z)}$ 总在平面上的圆域 $|w - 1| < 1$ 内，如图 5.7 所示．

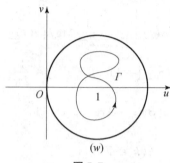

图 5.7

于是当 $z$ 在闭曲线 $C$ 上连续变动一周时，动点 $w$ 在圆周 $|w - 1| = 1$ 的内部画一封闭曲线 $\Gamma$，它不围绕点 $\omega = 0$，故得 $\Delta_C \text{Arg}\left[1 + \dfrac{g(z)}{f(z)}\right] = 0$，因此有 $\dfrac{1}{2\pi}\Delta_C \text{Arg} f(z) = N'$，即 $N = N'$，函数 $f(z)$ 和 $f(z) + g(z)$ 在 $C$ 内的零点个数相同，于是得到以下定理．

**定理 3(路西定理)** 设 $f(z)$ 和 $g(z)$ 在简单闭曲线 $C$ 上和 $C$ 内解析，且在 $C$ 上满足条件 $|f(z)| > |g(z)|$，则在 $C$ 内 $f(z)$ 与 $f(z) + g(z)$ 的零点的个数相同．

路西定理是辐角原理的一个推论，在考察函数的零点分布时，用起来特别方便．路西定理也称为零点个数比较定理．

**例 2** 试确定方程 $3z^3 - 6z^2 + 1 = 0$ 在圆 $|z| < 1$ 内以及在圆环 $1 < |z| < 3$ 内根的个数．

**解** 令 $f(z) = -6z^2$，$g(z) = 3z^3 + 1$．因为在 $|z| = 1$ 上有

$$|f(z)| = 6|z|^2 = 6 > 4 \geqslant |3z^3 + 1| = |g(z)|,$$

而函数 $f(z)$ 在 $|z| < 1$ 内仅以 $z = 0$ 为 2 级零点，所以由路西定理，方程 $f(z) + g(z) = 3z^3 - 6z^2 + 1 = 0$ 在 $|z| < 3$ 内有 3 个根，结合上述结果可以得到该方程在 $1 < |z| < 3$ 内只有一个根．

应用路西定理可以证明代数学基本定理，证明过程如例 3 所示．

**例 3** 试证方程

$$p(z) = a_0 z^n + a_1 z^{n-1} + \cdots + a_{n-1} z + a_n = 0 \ (a_0 \neq 0)$$

有且仅有 $n$ 个根．

**证明** 设 $f(z) = a_0 z^n$，$g(z) = a_1 z^{n-1} + \cdots + a_{n-1} z + a_n$，因为 $\lim\limits_{R = |z| \to \infty} \dfrac{g(z)}{f(z)} = 0$，所以存在 $R > 0$，使得当 $|z| \geqslant R$ 时有 $\left|\dfrac{g(z)}{f(z)}\right| < 1$，即 $|g(z)| < |f(z)|$，其中 $f(z)$、$g(z)$ 均在 $|z| \leqslant R$ 上解析，且 $f(z)$ 在 $|z| < R$ 内仅以 $z = 0$ 为 $n$ 级零点．由路西定理，方程 $p(z) = f(z) + g(z) = 0$ 在 $|z| < R$ 内也有 $n$ 个根；另外，当 $|z| \geqslant R$ 时有 $|f(z) + g(z)| \geqslant |f(z)| - |g(z)| > 0$，这时方程 $p(z) = 0$ 无根，从而方程 $p(z) = 0$ 有且仅有 $n$ 个根．（证毕）

# 数学文化赏析——魏尔斯特拉斯

卡尔·特奥多尔·威廉·魏尔斯特拉斯（Karl Theodor Wilhelm Weierstrass，1815 年 10 月 31 日—1897 年 2 月 19 日），德国数学家，被誉为"现代分析之父"．生于威斯特法伦的欧斯腾费尔德，逝于柏林．魏尔斯特拉斯在数学分析领域中的最大贡献，是在柯西、阿贝尔等开创的数学分析的严格化潮流中，以 $\varepsilon - \delta$ 语言，系统建立了实分析和复分析的基础，基本上完成了分析的算术化．他引进了一致收敛的概念，并由此阐明了函数项级数的逐项微分和逐项积分定理．在建立分析基础的过程中，引进了实数轴和 $n$ 维欧氏空间中一系列的拓扑概念，并将黎曼积分推广到在一个可数集上的不连续函数之上．1872 年，魏尔斯特拉斯给出了第一个处处连续但处处不可微函数的例子，使人们意识到连续性与可微性的差异，由此引出了一系列诸如皮亚诺曲线等反常性态的函数的研究．希尔伯特对他的评价是："魏尔斯特拉斯以其酷爱批判的精神和深邃的洞察力，为数学分析建立了坚实的基础．通过澄清极小、极大、函数、导数等概念，他排除了在微积分中仍在出现的各种错误提法，扫清了关于无穷大、无穷小等各种混乱观念，决定性地克服了源于无穷大、无穷小朦胧思想的困难．今天，分析学能达到这样和谐可靠和完美的程度本质上应归功于魏尔斯特拉斯的科学活动"．

在数学史上，数学大家之间的赞赏和推崇是屡见不鲜的，比如拉格朗日对泊松，比如所有人对欧拉，魏尔斯特拉斯对阿贝尔的推崇——甚至不能简单说是推崇，应该就是膜拜．

由于他的父亲认为他有经商的头脑而把他塞进了波恩大学，学习财务管理．在校期间，魏尔斯特拉斯研读过拉普拉斯的《天体力学》和雅可比的《椭圆函数新理论基础》．前者奠定了他终生对于动力学和微分方程论感兴趣的基础．

从 26 岁开始，魏尔斯特拉斯在乡村中学教书，一直到 40 岁，这是一个数学家年富力强的 15 年，也应该是最富有创造力的 15 年．但是魏尔斯特拉斯却要教授数学、物理、德文、地理甚至体育和书法课，而他的薪水微薄到连进行科学通信的邮资都付不起．即便如此，魏尔斯特拉斯还是以惊人的毅力开始数学的研究，他白天教课，晚上攻读研究阿贝尔等人的数学著作，并写了许多论文，包括《关于模函数的展开》《单复变量解析函数的表示》《幂级数论》《借助代数微分方程定义的单复变量解析函数》．这些论文显示了他建立函数论的基本思想和结构，其中有用幂级数定义复函数、椭圆函数的展开、圆环内解析函数的展开、幂级数系数的估计、一致收敛概念和解析开拓原理．

1856 年，魏尔斯特拉斯成为柏林大学的副教授，他立即着手系统建立数学分析（包括复分析）的基础，并进一步研究椭圆函数与阿贝尔函数．魏尔斯特拉斯的名气开始越来越大，他所教授的班级开始变得越来越庞大，然而听众的质量却并没有随着数量的增加而有所提升．不过魏尔斯特拉斯还是以桃李满天下而著称，他的学生中包括著名的女数学家柯瓦列夫斯卡娅、施瓦茨、富克斯、米塔－列夫勒、朔特基、柯尼希贝格等人．

在解析函数方面他用幂级数来定义解析函数，并建立了一整套解析函数理论，与柯西、黎曼一起被称为函数论的奠基人．从已知的一个在限定区域内定义一个函数的幂级数出发，根据幂级数的有关定理，推导出在其他区域中定义同一函数的另一些幂级数，这是他的一项重要发现. 他把整函数定义为在全平面上都能表示为收敛的幂级数的和函数；他还断定, 若整函数不是多项式, 则在无穷远点有一个本性奇点. 魏尔斯特拉斯关于解析函数的研究成果, 组成了现今大学数学专业中复变函数论的主要内容.

热爱可抵岁月漫长, 正是一代代如魏尔斯特拉斯一样一生热爱事业并坚持不懈的数学家们, 成就了伟大的数学事业, 也成就了飞速发展的科技.

# 第 5 章　习题

1. 求下列各函数的孤立奇点, 说明其类型, 如果是极点, 指出它的级.

(1) $\dfrac{z-1}{z(z^2+1)^2}$; (2) $\dfrac{\sin z}{z^3}$; (3) $\dfrac{\ln(1+z)}{z}$;

(4) $\dfrac{1}{z^2(e^z-1)}$; (5) $\dfrac{z}{(1+z^2)(1+e^{\pi z})}$; (6) $\dfrac{1}{\sin z^2}$.

2. $z=0$ 是函数 $f(z)=\dfrac{1}{\cos\left(\dfrac{1}{z}\right)}$ 的孤立奇点吗？为什么？

3. 求出下列函数的奇点, 并确定它们的类型, 对无穷远点也要加以讨论:

(1) $f(z)=\dfrac{\sin z-z}{z^3}$; (2) $f(z)=\dfrac{z^5}{(1-z)^2}$.

4. 用级数展开法指出函数 $6\sin z^3+z^3(z^6-6)$ 在 $z=0$ 处零点的级.

5. 指出下列各函数的所有零点, 并说明其级数.

(1) $z\sin z$; (2) $z^2 e^z$; (3) $\sin z(e^z-1)z^2$.

6. 求下列函数在有限孤立奇点处的留数.

(1) $\dfrac{z+1}{z^2-2z}$; (2) $\dfrac{1+z^4}{(z^2+1)^3}$; (3) $\dfrac{1-e^{2z}}{z^4}$; (4) $z^2\sin\dfrac{1}{z}$; (5) $\cos\dfrac{1}{1-z}$; (6) $\dfrac{1}{z\sin z}$.

7. 求函数 $f(z)=\dfrac{z^{10}}{(z^4+2)^2(z-2)^3}$ 在各有限奇点的留数总和.

8. 利用留数计算下列积分（积分曲线均取正向）.

(1) $\displaystyle\oint_{|z|=2}\dfrac{e^{2z}}{(z-1)^2}\mathrm{d}z$; (2) $\displaystyle\oint_{|z|=\frac{3}{2}}\dfrac{e^z}{(z-1)(z+3)^2}\mathrm{d}z$; (3) $\displaystyle\oint_{|z|=1}\dfrac{z}{\sin z}\mathrm{d}z$;

(4) $\displaystyle\oint_{|z|=1}\dfrac{1}{z\sin z}\mathrm{d}z$; (5) $\displaystyle\oint_{|z|=\frac{1}{2}}\dfrac{\sin z}{z(1-e^z)}\mathrm{d}z$; (6) $\displaystyle\oint_{|z|=3}\tan\pi z\mathrm{d}z$.

9. 判断 $z=\infty$ 是下列各函数的什么奇点？求出在 $\infty$ 的留数.

(1) $e^{\frac{1}{z^2}}$; (2) $\cos z-\sin z$; (3) $\dfrac{e^z}{z^2-1}$.

10. 计算积分 $\displaystyle\oint_{c}\dfrac{\mathrm{d}z}{(z+i)^{10}(z-1)(z-3)}$, 其中 $C$ 为正向圆周 $|z|=2$.

11. 计算积分 $I=\displaystyle\int_0^{2\pi}\dfrac{\mathrm{d}\theta}{a+\sin\theta}$, 其中常数 $a>1$.

12. 计算积分 $\int_0^{+\infty} \dfrac{x^2 \mathrm{d}x}{(x^2+1)^2}$.

13. 计算积分 $I = \int_0^{\infty} \dfrac{\mathrm{d}x}{(x^2+1)^2}$.

14. 计算积分 $I = \int_0^{+\infty} \dfrac{\cos mx}{1+x^2} \mathrm{d}x$.

15. 求方程 $z^8 - 5z^5 - 2z + 1 = 0$ 在 $|z| < 1$ 内根的个数.

16. 问方程 $z^5 - 8z + 10 = 0$

（1）在圆 $|z| < 1$ 内有几个根？

（2）在圆环 $1 < |z| < 3$ 内有几个根？

17. 如果 $|a| > \mathrm{e}$，求方程 $\mathrm{e}^z = az^n$ 在单位圆 $|z| < 1$ 内有 $n$ 个根.

18. 试用路西定理证明代数学基本定理：$n$ 次方程

$$a_0 z^n + a_1 z^{n-1} + \cdots + a_{n-1} z + a_n = 0 \quad (a_0 \neq 0)$$

有且只有 $n$ 个根（几重根就算作几个根）.

# 第6章 傅里叶变换

19 世纪无线电工程师赫维赛德为了求解电工学、物理学领域中的线性微分方程，逐步形成了一种所谓的符号法，后来演变成了今天的积分变换. 积分变换无论在数学理论或其应用中都是一种非常有用的工具. 最重要的积分变换有傅里叶变换、拉普拉斯变换. 由于不同应用的需要，还有其他一些积分变换，其中应用较为广泛的有梅林变换和汉克尔变换，它们都可通过傅里叶变换或拉普拉斯变换转化而来.

连续时间信号的实频域分析和连续时间系统的实频域分析便是运用傅里叶级数和傅里叶变换. 而连续时间信号与连续时间系统的复频域分析运用了拉普拉斯变换的性质. 复变函数是傅里叶变换和拉普拉斯变换的基础，因此，我们足以看到复变函数在信号中或通信中的重要作用.

傅里叶变换的实质就是傅里叶积分运算，关于傅里叶积分与后面的拉普拉斯积分的研究最初仅是从数学的观点出发的，后来这两种运算被应用于不同的领域中，实践表明，在应用的可能性方面它们远远地超过了傅里叶级数. 它是将一个函数通过积分运算化为另一个函数，同时还具有对称的逆变换形式，这种变换能简化一些微分方程的求解，而且还具有特殊的物理意义，在许多领域被广泛地应用，比如在图形处理和信号分析中有很重要的应用. 尤其是当今数字时代，离散傅里叶变换可以在计算机上实现傅里叶积分变换和逆变换，使得这些理论显得尤为重要. 本章将介绍傅里叶积分、傅里叶变换及其性质、$\delta$ 函数的傅里叶变换等内容.

## 6.1 傅里叶积分

### 6.1.1 傅里叶积分的概念

1804 年，傅里叶研究热传导时提出有限区间上任意函数可以表示为正弦和余弦的和，1829 年狄利克雷证明了如下的定理，为傅里叶级数建立了理论基础.

**定理 1** 设 $f_T(t)$ 是以 $T$ 为周期的实函数，且在 $\left[-\dfrac{T}{2}, \dfrac{T}{2}\right]$ 上满足**狄氏条件**，即 $f_T(t)$ 在一个周期 $\left[-\dfrac{T}{2}, \dfrac{T}{2}\right]$ 上满足：

（1）连续或只有有限个第一类间断点；

（2）只有有限个极值点，则 $f_T(t)$ 在连续点处，有

$$f_T(t) = \frac{a_0}{2} + \sum_{n=1}^{+\infty} (a_n \cos n\omega_0 t + b_n \sin n\omega_0 t),$$

其中

$$\omega_0 = \frac{2\pi}{T},$$

$$a_n = \frac{2}{T}\int_{-\frac{T}{2}}^{\frac{T}{2}} f_T(t)\cos n\omega_0 t\,\mathrm{d}t \quad (n = 1,2,3,\cdots),$$

$$b_n = \frac{2}{T}\int_{-\frac{T}{2}}^{\frac{T}{2}} f_T(t)\sin n\omega_0 t\,\mathrm{d}t.$$

在间断点 $t_0$ 处, $\dfrac{a_0}{2} + \sum\limits_{n=1}^{+\infty}(a_n\cos n\omega_0 t + b_n\sin n\omega_0 t)$ 收敛于 $\dfrac{1}{2}[f_T(t_0+0) + f_T(t_0-0)]$.

由于 $\cos\varphi = \dfrac{\mathrm{e}^{\mathrm{i}\varphi} + \mathrm{e}^{-\mathrm{i}\varphi}}{2}$, $\sin\varphi = \dfrac{\mathrm{e}^{\mathrm{i}\varphi} - \mathrm{e}^{-\mathrm{i}\varphi}}{2\mathrm{i}}$, 于是上面的傅里叶级数可以表示为:

$$f_T(t) = \frac{a_0}{2} + \sum_{n=1}^{+\infty}\left(a_n\frac{\mathrm{e}^{\mathrm{i}n\omega_0 t} + \mathrm{e}^{-\mathrm{i}n\omega_0 t}}{2} + b_n\frac{\mathrm{e}^{\mathrm{i}n\omega_0 t} - \mathrm{e}^{-\mathrm{i}n\omega_0 t}}{2\mathrm{i}}\right)$$

$$= \frac{a_0}{2} + \sum_{n=1}^{+\infty}\left(\frac{a_n - \mathrm{i}b_n}{2}\mathrm{e}^{\mathrm{i}n\omega_0 t} + \frac{a_n + \mathrm{i}b_n}{2}\mathrm{e}^{-\mathrm{i}n\omega_0 t}\right).$$

令 $c_0 = \dfrac{a_0}{2}$, $c_n = \dfrac{a_n - \mathrm{i}b_n}{2}$, $c_{-n} = \dfrac{a_n + \mathrm{i}b_n}{2}$, 则

$$f_T(t) = c_0 + \sum_{n=1}^{+\infty} c_n\mathrm{e}^{\mathrm{i}n\omega_0 t} + \sum_{n=1}^{+\infty} c_{-n}\mathrm{e}^{-\mathrm{i}n\omega_0 t} = \sum_{n=-\infty}^{+\infty} c_n\mathrm{e}^{\mathrm{i}n\omega_0 t}.$$

我们称 $f_T(t) = \sum\limits_{n=-\infty}^{+\infty} c_n\mathrm{e}^{\mathrm{i}n\omega_0 t}$ 为傅里叶级数的复指数形式, 其中

$$c_n = \frac{1}{T}\int_{-\frac{T}{2}}^{\frac{T}{2}} f_T(t)\mathrm{e}^{-\mathrm{i}n\omega_0 t}\,\mathrm{d}t \quad (n = 0, \pm 1, \pm 2, \pm 3,\cdots).$$

它具有明显的物理意义. 如果令

$$A_0 = \frac{a_0}{2}, A_n = \sqrt{a_n^2 + b_n^2}, \cos\theta_n = \frac{a_n}{A_n}, \sin\theta_n = \frac{-b_n}{A_n} \quad (n = 1,2,3,\cdots),$$

$$f_T(t) = A_0 + \sum_{n=1}^{+\infty} A_n\cos(n\omega_0 t + \theta_n) Tc_n \mid c_n \mid \arg(c_n).$$

这说明如果 $f_T(t)$ 代表信号, 那么一个周期为 $T$ 的信号可以分解成简谐波的和, 这些谐波的频率分别为基频 $\omega_0$ 的倍数. 换句话说, 信号 $f_T(t)$ 并不含有各种频率的成分, 而仅由一系列具有离散频率的谐波所构成, 其中 $A_n$ 反映了频率为 $n\omega_0$ 的谐波在 $f_T(t)$ 中所占的份额, 称为振幅, $\theta_n$ 反映了频率为 $n\omega_0$ 的谐波沿时间轴移动的大小, 称为相位. $c_n$ 作为复数, 可以完全刻画信号 $f_T(t)$ 的频率特性, 称为 $f_T(t)$ 的离散频谱, $\mid c_n \mid$ 称为离散振幅谱, $\arg(c_n)$ 称为离散相位谱.

对于任何一个非周期函数 $f(t)$, 都可看成是由某个周期函数 $f_T(t)$ 当 $T\to +\infty$ 时转化而来的, 即

$$f(t) = \lim_{T\to +\infty} f_T(t).$$

由 $f_T(t)$ 是周期函数, 可以知道, $f_T(t) = \sum\limits_{n=-\infty}^{+\infty}\left[\dfrac{1}{T}\int_{-\frac{T}{2}}^{\frac{T}{2}} f_T(t)\mathrm{e}^{-\mathrm{i}n\omega t}\,\mathrm{d}t\right]\mathrm{e}^{\mathrm{i}n\omega t}$, 所以

$$f(t) = \lim_{T\to +\infty} f_T(t) = \lim_{T\to +\infty} \sum_{n=-\infty}^{+\infty}\left[\frac{1}{T}\int_{-\frac{T}{2}}^{\frac{T}{2}} f_T(\tau)\mathrm{e}^{-\mathrm{i}n\omega_0\tau}\,\mathrm{d}\tau\right]\mathrm{e}^{\mathrm{i}n\omega_0 t}.$$

令 $\Delta\omega = \omega_n - \omega_{n-1} = 2\pi/T$，即 $T = 2\pi/\Delta\omega$，$\omega_n = n\omega_0$，则

$$\Delta\omega \to 0 \Leftrightarrow T \to +\infty,$$

因此

$$f(t) = \lim_{T \to +\infty} f_T(t) = \frac{1}{2\pi} \lim_{\Delta\omega \to 0} \sum_{n=-\infty}^{+\infty} \left[ \int_{-\frac{\pi}{\Delta\omega}}^{\frac{\pi}{\Delta\omega}} f_T(\tau) e^{-i\omega_n \tau} d\tau \right] e^{i\omega_n t} \Delta\omega.$$

按照积分的定义，在一定条件下，上面表达式可以写成：

$$f(t) = \frac{1}{2\pi} \int_{-\infty}^{+\infty} \left[ \int_{-\infty}^{+\infty} f(\tau) e^{-i\omega\tau} d\tau \right] e^{i\omega t} d\omega.$$

若记

$$F(\omega) = \int_{-\infty}^{+\infty} f(\tau) e^{-i\omega\tau} d\tau, \tag{6.1}$$

则

$$f(t) = \frac{1}{2\pi} \int_{-\infty}^{+\infty} F(\omega) e^{i\omega t} d\omega. \tag{6.2}$$

频谱函数 $F(\omega)$ 的模 $|F(\omega)|$ 通常称为 $f(t)$ 的振幅频谱（简称为频谱），这个频谱的图形呈连续状态，故这类频谱又称为连续谱.

**定义** 我们称反常积分

$$\int_{-\infty}^{+\infty} f(t) e^{-i\omega t} dt \tag{6.3}$$

为**傅里叶积分**，其中 $f(t)$ 为 $(-\infty, +\infty)$ 上的实值或复值函数，$\omega$ 为实值参数.

**例1** 求函数

$$f(x) = \begin{cases} e^{-x} \sin 2x, x \geqslant 0, \\ 0, \qquad x < 0 \end{cases}$$

的傅里叶积分.

**解** 由式（6.3），

$$\begin{aligned} \int_{-\infty}^{+\infty} f(t) e^{-i\omega t} dt &= \int_{-\infty}^{+\infty} f(x) e^{-i\omega x} dx \\ &= \int_0^{+\infty} e^{-(i\omega+1)x} \sin 2x dx \\ &= \frac{2}{5 - \omega^2 + 2i\omega}. \end{aligned}$$

**例2** 求三角脉冲函数

$$f(x) = \begin{cases} \dfrac{2E}{\tau}\left(x + \dfrac{\tau}{2}\right), & -\dfrac{\tau}{2} < x < 0, \\ -\dfrac{2E}{\tau}\left(x - \dfrac{\tau}{2}\right), & 0 \leqslant x < \dfrac{\tau}{2}, \\ 0, & |x| \geqslant \dfrac{\tau}{2} \end{cases}$$

的傅里叶积分，其中 $E > 0$，$\tau > 0$.

**解** 由于三角脉冲函数是偶函数，所以

$$\int_{-\infty}^{+\infty} f(x) e^{-i\omega x} dx = \int_{-\infty}^{+\infty} f(x) \cos \omega x dx = 2 \int_0^{\frac{\tau}{2}} - \frac{2E}{\tau} \left( x - \frac{\tau}{2} \right) \cos \omega x dx$$

$$= \begin{cases} \dfrac{\tau}{2} E, & \omega = 0, \\ \dfrac{8E}{\tau \omega^2} \sin^2 \dfrac{\omega \tau}{4}, & \omega \neq 0. \end{cases}$$

**例 3** 求指数衰减函数 $f(t) = \begin{cases} e^{-\beta t}, & t \geq 0, \\ 0, & t < 0 \end{cases}$ $(\beta > 0)$ 的频谱函数 $F(\omega)$ 的积分表达式，并作出频谱 $|F(\omega)|$ 的图形.

**解** 由式 (6.1),

$$F(\omega) = \int_{-\infty}^{+\infty} f(t) e^{-i\omega t} dt = \int_0^{+\infty} e^{-(\beta + i\omega)t} dt = \frac{1}{\beta + i\omega},$$

$$|F(\omega)| = \frac{1}{\sqrt{\beta^2 + \omega^2}} (其图形如图 6.1 所示).$$

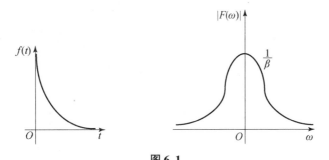

图 6.1

$$f(t) = \frac{1}{2\pi} \int_{-\infty}^{+\infty} F(\omega) e^{i\omega t} d\omega = \frac{1}{2\pi} \int_{-\infty}^{+\infty} \frac{\beta - i\omega}{\beta^2 + \omega^2} e^{i\omega t} d\omega = \frac{1}{\pi} \int_0^{+\infty} \frac{\beta \cos \omega t + \omega \sin \omega t}{\beta^2 + \omega^2} d\omega,$$ 这就是函数的积分表达式. 因此

$$\int_0^{+\infty} \frac{\beta \cos \omega t + \omega \sin \omega t}{\beta^2 + \omega^2} d\omega = \begin{cases} 0, & t < 0, \\ \pi/2, & t = 0, \\ \pi e^{-\beta t}, & t > 0. \end{cases}$$

此表达式可以用来计算一些广义积分.

### 6.1.2 傅里叶积分的物理意义

$F(\omega)$ 近似反映的是前述频谱序列的和，这就是说，此时的 $F(\omega)$ 从另一个角度对自然现象 $f_T(t)$ 的频谱给予了揭示，因而，只要傅里叶积分收敛，不论 $f(t)$ 是周期函数还是非周期函数，我们都将得到频谱函数 $F(\omega)$.

### 6.1.3 傅里叶积分定理

**定理 2** 若函数 $f(t)$ 在 $(-\infty, +\infty)$ 上满足以下条件：

(1) $f(t)$ 在任一有限区间上连续或只有有限个第一类间断点；

（2）$f(t)$ 在任一有限区间上至多只有有限个极值点；

（3）$f(t)$ 绝对可积（即积分 $\int_{-\infty}^{+\infty} |f(t)| \, dt$ 收敛），

则积分

$$\int_{-\infty}^{+\infty} f(t) e^{-i\omega t} \, dt$$

一定存在，且当 $t$ 为 $f(t)$ 的连续点时，有傅里叶积分公式

$$f(t) = \frac{1}{2\pi} \int_{-\infty}^{+\infty} \left[ \int_{-\infty}^{+\infty} f(t) e^{-i\omega t} \, dt \right] e^{i\omega t} \, d\omega.$$

当 $t$ 为 $f(t)$ 的间断点时，上式 $f(t)$ 换作 $\frac{1}{2}[f(t+0) + f(t-0)]$.

证明从略.

这个定理的条件是充分条件，也就是说当函数 $f(t)$ 满足定理条件时，傅里叶积分一定存在. 当 $f(t)$ 不满足定理条件时，傅里叶积分未必不存在. 显然例 1、例 2 和例 3 均满足此定理条件.

**例 4** 求矩形单脉冲函数 $f(t) = \begin{cases} E, & |t| \leqslant \dfrac{\tau}{2}, \\ 0, & \text{其他} \end{cases}$ 的傅里叶积分与傅里叶积分公式.

**解** 此函数显然满足傅里叶积分定理条件，故傅里叶积分

$$F(\omega) = \int_{-\infty}^{+\infty} f(t) e^{-i\omega t} \, dt = \int_{-\frac{\tau}{2}}^{\frac{\tau}{2}} E e^{-i\omega t} \, dt = \begin{cases} \dfrac{2E}{\omega} \sin\left(\dfrac{\omega\tau}{2}\right), & \omega \neq 0, \\ E\tau, & \omega = 0, \end{cases}$$

傅里叶积分公式为

$$f(t) = \frac{1}{2\pi} \int_{-\infty}^{0^-} \frac{2E}{\omega} \sin\left(\frac{\omega\tau}{2}\right) e^{i\omega t} \, d\omega + \int_{0^-}^{0^+} E\tau \, d\omega + \int_{0^+}^{+\infty} \frac{2E}{\omega} \sin\left(\frac{\omega\tau}{2}\right) e^{i\omega t} \, d\omega$$

$$= \frac{2E}{\pi} \int_{0^+}^{+\infty} \frac{\sin\dfrac{\omega\tau}{2} \cos\omega t}{\omega} \, d\omega.$$

由傅里叶积分定理我们还可以得到

$$\int_0^{+\infty} \frac{\sin\dfrac{\omega\tau}{2} \cos\omega t}{\omega} \, d\omega = \begin{cases} \dfrac{\pi}{2}, & |t| < \dfrac{\tau}{2}, \\ \dfrac{\pi}{4}, & |t| = \dfrac{\tau}{2}, \\ 0, & \text{其他}. \end{cases}$$

## 6.2 傅里叶变换

### 6.2.1 傅里叶变换的定义

我们知道当函数 $f(t)$ 的傅里叶积分收敛时，它便定义了一个函数 $F(\omega)$. 换句话说，对于函数 $f(t)$ 通过傅里叶积分有一个函数 $F(\omega)$ 与之对应. 这种对应可想象为将函数 $f(t)$ 转变

为函数 $F(\omega)$ 的一种变换，在这种意义下我们有如下定义．

**定义 1** 设 $f(t)$ 为定义在 $(-\infty, +\infty)$ 上的实值（或复值）函数，其傅里叶积分收敛．由积分

$$F(\omega) = \int_{-\infty}^{+\infty} f(t)\, \mathrm{e}^{-\mathrm{i}\omega t}\mathrm{d}t \tag{6.4}$$

建立的从 $f(t)$ 到 $F(\omega)$ 的对应称作**傅里叶变换**（简称傅氏变换），用字母 $\mathscr{F}$ 表示，即

$$F(\omega) = \mathscr{F}[f(t)]. \tag{6.5}$$

由积分

$$f(t) = \frac{1}{2\pi}\int_{-\infty}^{+\infty} F(\omega)\, \mathrm{e}^{\mathrm{i}\omega t}\mathrm{d}\omega \tag{6.6}$$

建立的从 $F(\omega)$ 到 $f(t)$ 的对应称作**傅里叶逆变换**（简称傅氏逆变换），用字母 $\mathscr{F}^{-1}$ 表示，即

$$f(t) = \mathscr{F}^{-1}[F(\omega)]. \tag{6.7}$$

式（6.5）的含义是说对函数 $f(t)$ 施加了 $\mathscr{F}$ 变换便可得到函数 $F(\omega)$．这种变换亦可理解为一种映射，故 $f(t)$ 称作 $\mathscr{F}$ 变换的像原函数，$F(\omega)$ 称作 $\mathscr{F}$ 变换的像函数．像原函数与像函数构成了一组傅氏变换对．

**例 1** 求矩形脉冲函数 $f(t) = \begin{cases} 1, & |t| \leqslant \delta, \\ 0, & |t| > \delta \end{cases}$ 的傅氏变换及其积分表达式．

**解** 根据定义，有

$$F(\omega) = \int_{-\infty}^{+\infty} f(t)\,\mathrm{e}^{-\mathrm{i}\omega t}\mathrm{d}t = \int_{-\delta}^{\delta} \mathrm{e}^{-\mathrm{i}\omega t}\mathrm{d}t = \frac{\mathrm{e}^{-\mathrm{i}\omega t}}{-\mathrm{i}\omega}\Big|_{-\delta}^{\delta} = -\frac{1}{\mathrm{i}\omega}(\mathrm{e}^{-\mathrm{i}\omega\delta} - \mathrm{e}^{\mathrm{i}\omega\delta}) = \frac{2\delta\sin\delta\omega}{\delta\omega},$$

$$f(t) = \frac{1}{2\pi}\int_{-\infty}^{+\infty} F(\omega)\,\mathrm{e}^{\mathrm{i}\omega t}\mathrm{d}\omega = \frac{1}{\pi}\int_{0}^{+\infty} F(\omega)\cos\omega t\,\mathrm{d}\omega = \frac{1}{\pi}\int_{0}^{+\infty} \frac{2\sin\omega}{\omega}\cos\omega t\,\mathrm{d}\omega$$

$$= \frac{2}{\pi}\int_{0}^{+\infty} \frac{\sin\omega\cos\omega t}{\omega}\mathrm{d}\omega.$$

这样就得到了矩形脉冲函数的傅里叶积分变换和傅里叶积分表达式．

进一步可以得到

$$\int_{0}^{+\infty} \frac{\sin\omega\cos\omega t}{\omega}\mathrm{d}\omega = \begin{cases} \dfrac{\pi}{2}, & |t| < \delta, \\[2mm] \dfrac{\pi}{4}, & |t| = \delta, \\[2mm] 0, & |t| > \delta. \end{cases}$$

因此可知当 $t = 0$ 时，$\displaystyle\int_{0}^{+\infty} \frac{\sin x}{x}\mathrm{d}x = \frac{\pi}{2}$，振幅谱为 $|F(\omega)| = 2\delta\left|\dfrac{\sin\delta\omega}{\delta\omega}\right|$，相位谱为

$$\arg[F(\omega)] = \begin{cases} 0, & \dfrac{2n\pi}{\delta} \leqslant |\omega| \leqslant \dfrac{(2n+1)\pi}{\delta}, \\[2mm] \pi, & \dfrac{(2n+1)\pi}{\delta} \leqslant |\omega| \leqslant \dfrac{(2n+2)\pi}{\delta}. \end{cases}$$

**例 2** 已知 $f(t)$ 的频谱为 $F(\omega) = \begin{cases} 0, & |\omega| \geqslant \alpha, \\ 1, & |\omega| < \alpha, \end{cases}$ 其中 $\alpha > 0$，求 $f(t)$．

**解** $f(t) = \mathscr{F}^{-1}[F(\omega)] = \dfrac{1}{2\pi}\int_{-\infty}^{+\infty} F(\omega)\,\mathrm{e}^{\mathrm{i}\omega t}\mathrm{d}\omega = \dfrac{1}{2\pi}\int_{-\alpha}^{\alpha} \mathrm{e}^{\mathrm{i}\omega t}\mathrm{d}\omega = \dfrac{\sin\alpha t}{\pi t} = \dfrac{\alpha}{\pi}\left(\dfrac{\sin\alpha t}{\alpha t}\right).$

**例3**　求钟形脉冲函数 $f(t) = Ee^{-\beta t^2}$ $(\beta > 0)$ 的傅氏变换.

**解**

$$F(\omega) = \mathscr{F}[f(t)] = \int_{-\infty}^{+\infty} f(t)e^{-i\omega t}dt$$

$$= E\int_{-\infty}^{+\infty} e^{-\beta\left(t+\frac{i\omega}{2\beta}\right)^2} e^{-\frac{\omega^2}{4\beta}}dt.$$

若令 $z = t + \dfrac{\omega}{2\beta}i$，则 $\int_{-\infty}^{+\infty} e^{-\beta\left(t+\frac{i\omega}{2\beta}\right)^2}dt = \int_{-\infty+\frac{\omega}{2\beta}i}^{+\infty+\frac{\omega}{2\beta}i} e^{-\beta z^2}dz$. 欲求之，作图 6.2 所示闭曲线 $ABCD$.

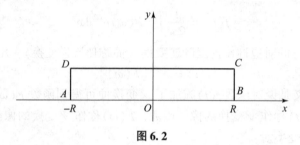

图 6.2

因为 $e^{-\beta z^2}$ 在整个复平面上处处解析，由柯西定理知对任意正实数 $R$，

$$\int_{ABCD} e^{-\beta z^2}dz = \int_{AB} e^{-\beta z^2}dz + \int_{BC} e^{-\beta z^2}dz + \int_{CD} e^{-\beta z^2}dz + \int_{DA} e^{-\beta z^2}dz = 0,$$

故 $\lim\limits_{R\to+\infty}\int_{ABCD} e^{-\beta z^2}dz = 0$. 又因为

$$\lim_{R\to+\infty}\int_{AB} e^{-\beta z^2}dz = \lim_{R\to+\infty}\int_{-R}^{R} e^{-\beta x^2}dx$$

$$= \frac{1}{\sqrt{\beta}}\int_{-\infty}^{+\infty} e^{-(\sqrt{\beta}x)^2}d\sqrt{\beta}x = \sqrt{\frac{\pi}{\beta}}, \left(\int_{-\infty}^{+\infty}\frac{1}{\sqrt{2\pi}}e^{-\frac{x^2}{2}}dx = 1\right),$$

$$\lim_{R\to+\infty}\left|\int_{R}^{R+\frac{\omega}{2\beta}i} e^{-\beta z^2}dz\right| = \lim_{R\to+\infty}\left|\int_{0}^{\frac{\omega}{2\beta}} e^{-\beta(R+iy)^2}dy\right| \leqslant \lim_{R\to+\infty}\frac{\omega}{2\beta}e^{\frac{\omega^2}{4\beta}-\beta R^2} = 0.$$

从而 $\lim\limits_{R\to+\infty}\int_{R}^{R+\frac{\omega}{2\beta}i} e^{-\beta z^2}dz = 0$. 同理 $\lim\limits_{R\to+\infty}\int_{-R+\frac{\omega}{2\beta}i}^{-R} e^{-\beta z^2}dz = 0$. 所以

$$\int_{+\infty+\frac{\omega}{2\beta}i}^{-\infty+\frac{\omega}{2\beta}i} e^{-\beta z^2}dz = \lim_{R\to+\infty}\int_{R+\frac{\omega}{2\beta}i}^{-R+\frac{\omega}{2\beta}i} e^{-\beta z^2}dz = -\sqrt{\frac{\pi}{\beta}}. \tag{6.8}$$

于是

$$F(\omega) = Ee^{-\frac{\omega^2}{4\beta}}\sqrt{\frac{\pi}{\beta}}. \tag{6.9}$$

**例4**　求高斯分布函数 $f(t) = \dfrac{1}{\sqrt{2\pi}\sigma}e^{-\frac{t^2}{2\sigma^2}}$ 的傅氏变换，其中 $\sigma > 0$.

**解**　应用式（6.9）得

$$F(\omega) = E \cdot e^{-\frac{\omega^2}{4\beta}}\sqrt{\frac{\pi}{\beta}}\left(E = \frac{1}{\sqrt{2\pi}\sigma}, \beta = \frac{1}{2\sigma^2}\right)$$

$$= e^{-\frac{\sigma^2\omega^2}{2}}.$$

**例5** 解积分方程 $\int_0^{+\infty} f(x)\cos\alpha x\,dx = \begin{cases} 1-\alpha, & 0\leqslant\alpha\leqslant 1, \\ 0, & 1<\alpha. \end{cases}$

**解** 给函数 $f(x)$ 在区间 $(-\infty, 0)$ 上补充定义，使 $f(x)$ 在区间 $(-\infty, +\infty)$ 上成为偶函数，则

$$f(x) = \frac{1}{2\pi}\int_{-\infty}^{+\infty}\left[\int_{-\infty}^{+\infty} f(x')e^{-i\alpha x'}dx'\right]e^{i\alpha x}d\alpha = \frac{1}{2\pi}\int_{-\infty}^{+\infty}\int_{-\infty}^{+\infty} f(x')e^{-i\alpha(x-x')}d\alpha dx'$$

$$= \frac{1}{\pi}\int_{-\infty}^{+\infty}\int_0^{+\infty} f(x')\cos\alpha(x-x')d\alpha dx'$$

$$= \frac{1}{\pi}\int_0^{+\infty}\int_{-\infty}^{+\infty} f(x')(\cos\alpha x\cos\alpha x' + \sin\alpha x\sin\alpha x')dx'd\alpha$$

$$= \frac{2}{\pi}\int_0^{+\infty}\int_0^{+\infty} f(x')\cos\alpha x'\cos\alpha x\,dx'd\alpha$$

$$= \frac{2}{\pi}\int_0^{+\infty}\cos\alpha x\left[\int_0^{+\infty} f(x')\cos\alpha x'dx'\right]d\alpha$$

$$= \frac{2}{\pi}\int_0^1(1-\alpha)\cos\alpha x\,d\alpha = \frac{2(1-\cos x)}{\pi x^2}(x>0).$$

**例6** 验证傅里叶核 $f(t) = \dfrac{\sin\omega_0 t}{\pi t}$ 与 $F(\omega) = \begin{cases} 1, & |\omega|\leqslant\omega_0 \\ 0, & \text{其他} \end{cases}$，构成傅氏变换对.

**解** 因为 $\dfrac{1}{2\pi}\int_{-\infty}^{+\infty} F(\omega)e^{i\omega t}d\omega = \dfrac{1}{2\pi}\int_{-\omega_0}^{\omega_0} e^{i\omega t}d\omega = \dfrac{\sin\omega_0 t}{\pi t}$，所以 $f(t)$ 与 $F(\omega)$ 构成傅氏变换对.

### 6.2.2 傅里叶变换的性质

以下为叙述方便，假设要求进行傅氏变换的函数的傅里叶积分均存在，且记
$$F(\omega) = \mathscr{F}[f(t)], \quad G(\omega) = \mathscr{F}[g(t)].$$

**1. 线性性质**

$$\mathscr{F}[\alpha f(t) + \beta g(t)] = \alpha\mathscr{F}[f(t)] + \beta\mathscr{F}[g(t)], \tag{6.10}$$

$$\mathscr{F}^{-1}[\alpha F(\omega) + \beta G(\omega)] = \alpha\mathscr{F}^{-1}[F(\omega)] + \beta\mathscr{F}^{-1}[G(\omega)], \tag{6.11}$$

其中 $\alpha$、$\beta$ 是常数.

此性质的证明可由傅氏变换与傅氏逆变换的定义直接推出.

**例7** 求函数 $F(\omega) = \dfrac{1}{(3+\omega i)(4+3\omega i)}$ 的傅氏逆变换.

**解** 因为
$$\frac{1}{(3+\omega i)(4+3\omega i)} = \frac{1/5}{\frac{4}{3}+\omega i} - \frac{1/5}{3+\omega i},$$

由于

$$\mathscr{F}^{-1}\left[\frac{1}{\frac{4}{3}+\omega i}\right] = \begin{cases} e^{-\frac{4}{3}t}, & t\geqslant 0, \\ 0, & t<0. \end{cases} \quad \mathscr{F}^{-1}\left[\frac{1}{3+\omega i}\right] = \begin{cases} e^{-3t}, & t\geqslant 0, \\ 0, & t<0. \end{cases}$$

因此得

$$\mathscr{F}^{-1}[F(\omega)] = \begin{cases} \dfrac{1}{5}e^{-\frac{4}{3}t} - \dfrac{1}{5}e^{-3t}, & t \geqslant 0, \\ 0, & t < 0. \end{cases}$$

**2. 位移性质**

$$\mathscr{F}[f(t - t_0)] = e^{-i\omega t_0}\mathscr{F}[f(t)], \tag{6.12}$$

$$\mathscr{F}^{-1}[F(\omega - \omega_0)] = e^{i\omega_0 t}\mathscr{F}^{-1}[F(\omega)], \tag{6.13}$$

其中 $t_0$ 和 $\omega_0$ 是实常数.

**证**

$$\begin{aligned} \mathscr{F}^{-1}[F(\omega - \omega_0)] &= \frac{1}{2\pi}\int_{-\infty}^{+\infty} F(\omega - \omega_0)e^{i\omega t}d\omega \\ &= \frac{1}{2\pi}\int_{-\infty}^{+\infty} F(\omega - \omega_0)e^{i(\omega-\omega_0)t}e^{i\omega_0 t}d(\omega - \omega_0) \\ &= e^{i\omega_0 t}\mathscr{F}^{-1}[F(\omega)]. \end{aligned}$$

式 (6.12) 可类似证之. （证毕）

**例 8** 求函数 $F(\omega) = \dfrac{1}{\beta + i(\omega + \omega_0)}$ $(\beta > 0, \omega_0$ 为实常数) 的傅氏逆变换.

**解** 因为

$$F(\omega) = \frac{1}{\beta + i[\omega - (-\omega_0)]},$$

$$\mathscr{F}^{-1}\left[\frac{1}{\beta + i\omega}\right] = \begin{cases} e^{-\beta t}, & t \geqslant 0, \\ 0, & t < 0, \end{cases}$$

故

$$\mathscr{F}^{-1}[F(\omega)] = e^{-i\omega_0 t}\mathscr{F}^{-1}\left[\frac{1}{\beta + i\omega}\right],$$

$$\mathscr{F}^{-1}[F(\omega)] = \begin{cases} e^{-(\beta + i\omega_0)t}, & t \geqslant 0, \\ 0, & t < 0. \end{cases}$$

**例 9** 证明 $\mathscr{F}[f(t)\sin\omega_0 t] = \dfrac{i}{2}[F(\omega + \omega_0) - F(\omega - \omega_0)]$.

**证** 因为

$$f(t)\sin\omega_0 t = f(t)\frac{1}{2i}(e^{i\omega_0 t} - e^{-i\omega_0 t}) = \frac{1}{2i}f(t)e^{i\omega_0 t} - \frac{1}{2i}f(t)e^{-i\omega_0 t},$$

由式 (6.13) 得

$$F(\omega - \omega_0) = \mathscr{F}[f(t)e^{i\omega_0 t}], \quad F(\omega + \omega_0) = \mathscr{F}[f(t)e^{-i\omega_0 t}],$$

故

$$\begin{aligned} \mathscr{F}[f(t)\sin\omega_0 t] &= \frac{1}{2i}\{\mathscr{F}[f(t)e^{i\omega_0 t}] - \mathscr{F}[f(t)e^{-i\omega_0 t}]\} \\ &= \frac{i}{2}[F(\omega + \omega_0) - F(\omega - \omega_0)]. \end{aligned}$$

（证毕）

**3. 微分性质**

设函数 $f(t)$ 在 $(-\infty, +\infty)$ 上连续或只有有限个可去间断点，

（1）当 $|t| \to +\infty$ 时，$f^{(n)}(t) \to 0$，则

$$\mathscr{F}[f^{(n)}(t)] = (\mathrm{i}\omega)^n \mathscr{F}[f(t)] \ (n = 0,1,2,\cdots);$$ (6.14)

（2）若 $\int_{-\infty}^{+\infty} |t^n f(t)| \, \mathrm{d}t$ 收敛，则

$$\mathscr{F}^{-1}[F^{(n)}(\omega)] = (-\mathrm{i}t)^n \mathscr{F}^{-1}[F(\omega)] \ (n = 0,1,2,\cdots).$$ (6.15)

以下用数学归纳法证明公式（6.15），公式（6.14）可类似证之。

**证** 当 $n = 1$ 时，由定义

$$F'(\omega) = \frac{\mathrm{d}}{\mathrm{d}\omega} \int_{-\infty}^{+\infty} f(t) \mathrm{e}^{-\mathrm{i}\omega t} \mathrm{d}t = \int_{-\infty}^{+\infty} f(t) \frac{\mathrm{d}\mathrm{e}^{-\mathrm{i}\omega t}}{\mathrm{d}\omega} \mathrm{d}t$$

$$= \int_{-\infty}^{+\infty} -\mathrm{i}t f(t) \mathrm{e}^{-\mathrm{i}\omega t} \mathrm{d}t = \mathscr{F}[-\mathrm{i}t f(t)],$$

故

$$\mathscr{F}^{-1}[F'(\omega)] = (-\mathrm{i}t) f(t) = (-\mathrm{i}t) \mathscr{F}^{-1}[F(\omega)].$$

设当 $n = k$ 时，

$$\mathscr{F}^{-1}[F^{(k)}(\omega)] = (-\mathrm{i}t)^k \mathscr{F}^{-1}[F(\omega)],$$

则当 $n = k+1$ 时，

$$F^{(k+1)}(\omega) = \frac{\mathrm{d}}{\mathrm{d}\omega}[F^{(k)}(\omega)] = \mathscr{F}\{(-\mathrm{i}t) \mathscr{F}^{-1}[F^{(k)}(\omega)]\} = \mathscr{F}\{(-\mathrm{i}t)^{k+1} \mathscr{F}^{-1}[F(\omega)]\}.$$

从而

$$\mathscr{F}^{-1}[F^{(k+1)}(\omega)] = (-\mathrm{i}t)^{k+1} \mathscr{F}^{-1}[F(\omega)].$$

所以

$$\mathscr{F}^{-1}[F^{(n)}(\omega)] = (-\mathrm{i}t)^n \mathscr{F}^{-1}[F(\omega)] \ (n = 0,1,2,\cdots).$$ （证毕）

在求 $F'(\omega)$ 的过程中，我们交换了积分和微分运算的次序。应该指出，这种交换是需要一定条件的，今后证明中碰到类似问题时，总假定这两种运算次序是可交换的。

**例 10** 求函数 $f(t) = \begin{cases} t^n \mathrm{e}^{-\beta t}, & t \geq 0, \\ 0, & t < 0, \end{cases} (\beta > 0)$ 的傅氏变换。

**解** 设 $f_1(t) = \begin{cases} \mathrm{e}^{-\beta t}, & t \geq 0, \\ 0, & t < 0, \end{cases}$ 则

$$\mathscr{F}[f_1(t)] = \int_{-\infty}^{+\infty} f_1(t) \mathrm{e}^{-\mathrm{i}\omega t} \mathrm{d}t = E \int_0^{+\infty} \mathrm{e}^{-\beta t} \cdot \mathrm{e}^{-\mathrm{i}\omega t} \mathrm{d}t = \frac{1}{\beta + \mathrm{i}\omega}.$$

由式（6.15）知

$$F_1^{(n)}(\omega) = \mathscr{F}[(-\mathrm{i})^n t^n f_1(t)] = (-\mathrm{i})^n \mathscr{F}[t^n f_1(t)],$$

而

$$f(t) = t^n f_1(t),$$

所以

$$F(\omega) = \mathscr{F}[f(t)] = \mathscr{F}[t^n f_1(t)] = (-\mathrm{i})^{-n} F_1^{(n)}(\omega) = (\mathrm{i})^n \left(\frac{1}{\beta + \mathrm{i}\omega}\right)^{(n)} = \frac{n!}{(\beta + \mathrm{i}\omega)^{n+1}}.$$

4. 积分性质

若当 $t \to +\infty$ 时，$\int_{-\infty}^{t} f(t)\mathrm{d}t \to 0$，则

$$\mathscr{F}\left[\int_{-\infty}^{t} f(t)\mathrm{d}t\right] = \frac{1}{\mathrm{i}\omega}\mathscr{F}[f(t)]. \tag{6.16}$$

**证** 因为

$$\left[\int_{-\infty}^{t} f(t)\mathrm{d}t\right]' = f(t),$$

所以由式（6.14）得

$$\mathscr{F}[f(t)] = (\mathrm{i}\omega)\mathscr{F}\left[\int_{-\infty}^{t} f(t)\mathrm{d}t\right],$$

即

$$\mathscr{F}\left[\int_{-\infty}^{t} f(t)\mathrm{d}t\right] = \frac{1}{\mathrm{i}\omega}\mathscr{F}[f(t)]. \tag{证毕}$$

**例 11** 求具有电动势 $f(t)$ 的 $LRC$ 电路的电流，其中 $L$ 是电感，$R$ 是电阻，$C$ 是电容，如图 6.3 所示.

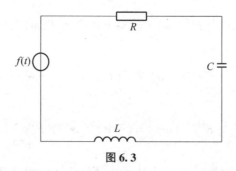

图 6.3

**解** 设 $I(t)$ 表示电路在 $t$ 时刻的电流，根据基尔霍夫定律，$I(t)$ 满足如下的积分微分方程：

$$L\frac{\mathrm{d}I}{\mathrm{d}t} + RI + \frac{1}{C}\int_{-\infty}^{t} I\mathrm{d}t = f(t).$$

等式两边同时对 $t$ 求导得

$$L\frac{\mathrm{d}^2 I}{\mathrm{d}t^2} + R\frac{\mathrm{d}I}{\mathrm{d}t} + \frac{1}{C}I = f'(t).$$

对二阶微分方程两端取傅氏变换得

$$L(\mathrm{i}\omega)^2 \mathscr{F}[I(t)] + R(\mathrm{i}\omega)\mathscr{F}[I(t)] + \frac{1}{C}\mathscr{F}[I(t)] = \mathrm{i}\omega\mathscr{F}[I(t)].$$

故

$$I(t) = \mathscr{F}^{-1}\left\{\frac{\mathrm{i}\omega\mathscr{F}[f(t)]}{L(\mathrm{i}\omega)^2 + R\mathrm{i}\omega + \frac{1}{C}}\right\}.$$

**例 12** 求积分微分方程 $ax'(t) + bx(t) + c\int_{-\infty}^{t} x(t)\mathrm{d}t = h(t)$ 的解，这里 $a$、$b$、$c$ 为常

数，$h(t)$ 为已知实函数.

**解** 设 $X(\omega) = \mathscr{F}[x(t)]$，$H(\omega) = \mathscr{F}[h(t)]$，对方程两边同时施以傅氏变换得

$$a\mathscr{F}[x'(t)] + b\mathscr{F}[x(t)] + c\mathscr{F}\left[\int_{-\infty}^{t} x(t)\mathrm{d}t\right] = \mathscr{F}[h(t)].$$

应用式（6.14）、式（6.16）有

$$a\mathrm{i}\omega\mathscr{F}[x(t)] + b\mathscr{F}[x(t)] + \frac{c}{\mathrm{i}\omega}\mathscr{F}[x(t)] = H(\omega).$$

故

$$\mathscr{F}[x(t)] = \frac{H(\omega)}{a\mathrm{i}\omega + b + \dfrac{c}{\mathrm{i}\omega}}, \quad x(t) = \mathscr{F}^{-1}\left[\frac{H(\omega)}{a\mathrm{i}\omega + b + \dfrac{c}{\mathrm{i}\omega}}\right].$$

**5. 对称性与相似性**

（1）对称性 $\quad \mathscr{F}[F(t)] = 2\pi f(-\omega).$ （6.17）

（2）相似性 $\quad \mathscr{F}[f(at)] = \dfrac{1}{|a|}F\left(\dfrac{\omega}{a}\right)(a \neq 0).$ （6.18）

**证** （1）因为 $f(t) = \dfrac{1}{2\pi}\displaystyle\int_{-\infty}^{+\infty} F(\omega)\mathrm{e}^{\mathrm{i}\omega t}\mathrm{d}\omega$，所以

$$f(-t) = \frac{1}{2\pi}\int_{-\infty}^{+\infty} F(\omega)\mathrm{e}^{-\mathrm{i}\omega t}\mathrm{d}\omega,$$

$$2\pi f(-\omega) = \int_{-\infty}^{+\infty} F(\tau)\mathrm{e}^{-\mathrm{i}\omega t}\mathrm{d}t,$$

故

$$\mathscr{F}[F(t)] = 2\pi f(-\omega).$$

（2）因为

$$\mathscr{F}[f(at)] = \int_{-\infty}^{+\infty} f(at)\mathrm{e}^{-\mathrm{i}\omega t}\mathrm{d}t = \frac{1}{a}\int_{-\infty}^{+\infty} f(at)\mathrm{e}^{-\mathrm{i}\frac{\omega}{a}at}\mathrm{d}(at)$$

$$= \begin{cases} \dfrac{1}{a}F\left(\dfrac{\omega}{a}\right), a > 0 \\[3mm] -\dfrac{1}{a}F\left(\dfrac{\omega}{a}\right), a < 0 \end{cases}$$

$$= \frac{1}{|a|}F\left(\frac{\omega}{a}\right).$$

故式（6.18）成立. （证毕）

**例 13** 求 $\mathscr{F}\left[\dfrac{2\sin t}{t}\right]$.

**解** 当 $f(t) = \begin{cases} 1, & |t| \leqslant 1, \\ 0, & |t| > 1 \end{cases}$ 时，$\mathscr{F}[f(t)] = \dfrac{2\sin\omega}{\omega}$，则由式（6.17），可得

$$\mathscr{F}\left[\frac{2\sin t}{t}\right] = 2\pi f(-\omega) = \begin{cases} 2\pi, & |\omega| \leqslant 1, \\ 0, & |\omega| > 1. \end{cases}$$

**例 14** 设 $f(t)$ 为指数衰减函数，求 $\mathscr{F}[f(at)]$.

**解** 由式 (6.18) 有

$$\mathscr{F}[f(at)] = \frac{1}{|a|}F\left(\frac{\omega}{a}\right) = \frac{1}{|a|}\frac{1}{\beta + \frac{\omega \mathrm{i}}{a}}$$

$$= \frac{a}{|a|(a\beta + \mathrm{i}\omega)} (\beta \text{ 为衰减函数的参数}).$$

**6. 卷积与卷积定理**

**定义 2** 若给定两个函数 $f_1(t)$ 和 $f_2(t)$，则由积分

$$\int_{-\infty}^{+\infty} f_1(\tau)f_2(t-\tau)\mathrm{d}\tau$$

确定的 $t$ 的函数称为函数 $f_1(t)$ 与 $f_2(t)$ 的**卷积**，记作 $f_1(t) * f_2(t)$，即

$$f_1(t) * f_2(t) = \int_{-\infty}^{+\infty} f_1(\tau)f_2(t-\tau)\mathrm{d}\tau. \tag{6.19}$$

卷积运算满足交换律

$$f_1(t) * f_2(t) = f_2(t) * f_1(t); \tag{6.20}$$

满足对加法的分配律

$$f_1(t) * [f_2(t) + f_3(t)] = f_1(t) * f_2(t) + f_1(t) * f_3(t). \tag{6.21}$$

公式 (6.21) 请读者自行证之，现证公式 (6.20).

**证** 由定义

$$f_1(t) * f_2(t) = \int_{-\infty}^{+\infty} f_1(\tau)f_2(t-\tau)\mathrm{d}\tau,$$

作变量替换 $\tau' = t - \tau$，那么

$$f_1(t) * f_2(t) = \int_{-\infty}^{+\infty} -f_1(t-\tau')f_2(\tau')\mathrm{d}\tau' = \int_{-\infty}^{+\infty} f_2(\tau)f_1(t-\tau)\mathrm{d}\tau = f_2(t) * f_1(t). \quad (\text{证毕})$$

**例 15** 设函数

$$f_1(t) = f_2(t) = \begin{cases} 1, & |t| < 1, \\ 0, & |t| > 1, \end{cases}$$

求 $f_1(t) * f_2(t)$.

**解**

$$f_1(t) * f_2(t) = \int_{-\infty}^{+\infty} f_1(\tau)f_2(t-\tau)\mathrm{d}\tau = \int_{-1}^{1} f_2(t-\tau)\mathrm{d}\tau = \int_{t-1}^{t+1} f_2(\tau')\mathrm{d}\tau' (\tau' = t - \tau)$$

$$= \begin{cases} \int_{t-1}^{t+1} 0\mathrm{d}\tau', & |t| \geq 2, \\ \int_{t-1}^{1} \mathrm{d}\tau', & 0 < t < 2, \\ \int_{-1}^{t+1} \mathrm{d}\tau', & -2 < t \leq 0 \end{cases} = \begin{cases} 0, & |t| \geq 2, \\ 2-t, & 0 < t < 2, \\ 2+t, & -2 < t \leq 0. \end{cases}$$

**定理 1** （卷积定理）

若 $F_1(\omega) = \mathscr{F}[f_1(t)], F_2(\omega) = \mathscr{F}[f_2(t)]$，则

(1) $\mathscr{F}[f_1(t) * f_2(t)] = F_1(\omega)F_2(\omega);$ \tag{6.22}

（2） $\mathscr{F}^{-1}[F_1(\omega)*F_2(\omega)]=2\pi f_1(t)f_2(t).$ （6.23）

现证式（6.22），式（6.23）可仿照证之.

证

$$
\begin{aligned}
\mathscr{F}[f_1(t)*f_2(t)] &= \int_{-\infty}^{+\infty}[f_1(t)*f_2(t)]\mathrm{e}^{-\mathrm{i}\omega t}\mathrm{d}t \\
&= \int_{-\infty}^{+\infty}\Big[\int_{-\infty}^{+\infty}f_1(\tau)f_2(t-\tau)\mathrm{d}\tau\Big]\mathrm{e}^{-\mathrm{i}\omega t}\mathrm{d}t \\
&= \int_{-\infty}^{+\infty}f_1(\tau)\mathrm{d}\tau\int_{-\infty}^{+\infty}f_2(t-\tau)\mathrm{e}^{-\mathrm{i}\omega t}\mathrm{d}t \\
&= \int_{-\infty}^{+\infty}\Big[f_1(\tau)\mathrm{e}^{-\mathrm{i}\omega t}\int_{-\infty}^{+\infty}f_2(t-\tau)\mathrm{e}^{-\mathrm{i}\omega(t-\tau)}\mathrm{d}(t-\tau)\Big]\mathrm{d}\tau \\
&= \int_{-\infty}^{+\infty}F_2(\omega)f_1(\tau)\mathrm{e}^{-\mathrm{i}\omega t}\mathrm{d}\tau \\
&= F_1(\omega)F_2(\omega).
\end{aligned}
$$

（证毕）

**例 16** 求单位阶跃函数 $f_1(t)=\begin{cases}1,t\geqslant 0\\0,t<0\end{cases}$ 与指数衰减函数 $f_2(t)=\begin{cases}\mathrm{e}^{-\beta t},t\geqslant 0\\0,\quad t<0\end{cases}$，$(\beta>0)$ 的傅氏变换的卷积 $F_1(\omega)*F_2(\omega)$.

**解** 由式（6.23）知

$$
F_1(\omega)*F_2(\omega)=\mathscr{F}[2\pi f_1(t)f_2(t)]=2\pi\mathscr{F}[f_2(t)]=\frac{2\pi}{\beta+\omega\mathrm{i}}.
$$

如若我们不用式（6.23），就需要先求出 $F_1(\omega)=\dfrac{1}{\mathrm{i}\omega}$，$F_2(\omega)=\dfrac{1}{\beta+\mathrm{i}\omega}$，再通过积分

$$
\int_{-\infty}^{+\infty}\frac{1}{\mathrm{i}\tau}\frac{1}{\beta+\mathrm{i}(\omega-\tau)}\mathrm{d}\tau
$$

求得 $F_1(\omega)*F_2(\omega)$，此过程对较复杂的 $F_1(\omega)$、$F_2(\omega)$ 积分便不太容易了.

**例 17** 解积分方程 $\displaystyle\int_{-\infty}^{+\infty}\frac{y(u)}{(x-u)^2+a^2}\mathrm{d}u=\frac{1}{x^2+b^2}$ $(0>a>b)$.

**解** 因为

$$
\int_{-\infty}^{+\infty}\frac{y(u)}{(x-u)^2+a^2}\mathrm{d}u=y(x)*\frac{1}{x^2+a^2},
$$

所以

$$
\mathscr{F}\Big[y(x)*\frac{1}{x^2+a^2}\Big]=\mathscr{F}[y(x)]\cdot\mathscr{F}\Big[\frac{1}{x^2+a^2}\Big]=\mathscr{F}\Big[\frac{1}{x^2+b^2}\Big],
$$

查表得

$$
\mathscr{F}\Big[\frac{1}{x^2+a^2}\Big]=-\frac{\pi}{a}\mathrm{e}^{a|\omega|},\quad \mathscr{F}\Big[\frac{1}{x^2+b^2}\Big]=-\frac{\pi}{b}\mathrm{e}^{b|\omega|},
$$

故

$$
\mathscr{F}[y(x)]=\frac{a}{b}\mathrm{e}^{(b-a)|\omega|},
$$

$$
y(x)=\mathscr{F}^{-1}\Big[\frac{a}{b}\mathrm{e}^{(b-a)|\omega|}\Big]=\frac{a}{b}\frac{b-a}{\pi}\mathscr{F}^{-1}\Big[\frac{\pi}{b-a}\mathrm{e}^{(b-a)|\omega|}\Big]=-\frac{a}{b\pi}\frac{b-a}{x^2+(b-a)^2}.
$$

### 7. 功率定理

**定理2**　若 $f_1(t)$、$f_2(t)$ 为实函数，$F_1(\omega) = \mathscr{F}[f_1(t)]$，$F_2(\omega) = \mathscr{F}[f_2(t)]$，且 $\overline{F_1(\omega)}$、$\overline{F_2(\omega)}$ 为 $F_1(\omega)$、$F_2(\omega)$ 的共轭函数，则

$$\int_{-\infty}^{+\infty} f_1(t)f_2(t)\,\mathrm{d}t = \frac{1}{2\pi}\int_{-\infty}^{+\infty} F_1(\omega)\,\overline{F_2(\omega)}\,\mathrm{d}\omega$$
$$= \frac{1}{2\pi}\int_{-\infty}^{+\infty} \overline{F_1(\omega)}\,F_2(\omega)\,\mathrm{d}\omega.$$

**证**

$$\int_{-\infty}^{+\infty} f_1(t)f_2(t)\,\mathrm{d}t = \frac{1}{2\pi}\int_{-\infty}^{+\infty} f_2(t)\left[\int_{-\infty}^{+\infty} F_1(\omega)\,\mathrm{e}^{\mathrm{i}\omega t}\,\mathrm{d}\omega\right]\mathrm{d}t$$
$$= \frac{1}{2\pi}\int_{-\infty}^{+\infty} F_1(\omega)\left[\int_{-\infty}^{+\infty} f_2(t)\,\mathrm{e}^{\mathrm{i}\omega t}\,\mathrm{d}t\right]\mathrm{d}\omega$$
$$= \frac{1}{2\pi}\int_{-\infty}^{+\infty} F_1(\omega)\left[\int_{-\infty}^{+\infty} f_2(t)\,\mathrm{e}^{\overline{-\mathrm{i}\omega t}}\,\mathrm{d}t\right]\mathrm{d}\omega$$
$$= \frac{1}{2\pi}\int_{-\infty}^{+\infty} F_1(\omega)\left[\overline{\int_{-\infty}^{+\infty} f_2(t)\,\mathrm{e}^{-\mathrm{i}\omega t}\,\mathrm{d}t}\right]\mathrm{d}\omega$$
$$= \frac{1}{2\pi}\int_{-\infty}^{+\infty} F_1(\omega)\,\overline{F_2(\omega)}\,\mathrm{d}\omega.$$

同理 $\displaystyle\int_{-\infty}^{+\infty} f_1(t)f_2(t)\,\mathrm{d}t = \frac{1}{2\pi}\int_{-\infty}^{+\infty} \overline{F_1(\omega)}\,F_2(\omega)\,\mathrm{d}\omega.$

在许多物理问题中，这个公式的每一边都表示能量或者功率，故该定理称作功率定理.

特别地，当 $f_1(t) = f_2(t) = f(t)$，$\mathscr{F}[f(t)] = F(\omega)$ 时，有瑞利（Rayleigh）定理：

$$\int_{-\infty}^{+\infty} [f(t)]^2\,\mathrm{d}t = \frac{1}{2\pi}\int_{-\infty}^{+\infty} |F(\omega)|^2\,\mathrm{d}\omega.$$

这个定理的第一次使用是在瑞利的黑体辐射的论文中. 在这里，左、右两边的积分均可看作系统的总能量，被积函数为能量密度函数. 当左边的积分取遍所有的坐标值时，右边的积分就取遍所有的频谱分量.

### 8. 自相关定理

**定义3**　称积分

$$\int_{-\infty}^{+\infty} f(t)f(t+\tau)\,\mathrm{d}t$$

为函数 $f(t)$ 的**自相关函数**，记作 $R(\tau)$，即

$$R(\tau) = \int_{-\infty}^{+\infty} f(t)f(t+\tau)\,\mathrm{d}t.$$

**定理3**　（自相关定理）若 $F(\omega) = \mathscr{F}[f(t)]$，则

$$\int_{-\infty}^{+\infty} f(t)f(t+\tau)\,\mathrm{d}t = \mathscr{F}^{-1}[|F(\omega)|^2].$$

**证**　由位移性质得

$$\mathscr{F}[f(t+\tau)] = \mathrm{e}^{\mathrm{i}\omega\tau}\mathscr{F}[f(t)],$$

由功率定理得

$$\int_{-\infty}^{+\infty} f(t)f(t+\tau)\,dt = \frac{1}{2\pi}\int_{-\infty}^{+\infty}\overline{F(\omega)}e^{i\omega\tau}F(\omega)\,d\omega$$

$$= \frac{1}{2\pi}\int_{-\infty}^{+\infty}|F(\omega)|^2 e^{i\omega\tau}\,d\omega$$

$$= \mathscr{F}^{-1}[\,|F(\omega)|^2\,]. \qquad (证毕)$$

作为卷积定理的特殊情况,自相关定理在通信中可解释为:信号的自相关函数是它的功率频谱模的傅氏逆变换. 傅里叶变换性质如表 6.1 所示.

**表 6.1 傅里叶变换性质一览表**

| 性质 | $f(t)$ | $F(\omega)$ |
|---|---|---|
| 相似 | $f(at)$ | $\dfrac{1}{|a|}F\left(\dfrac{\omega}{a}\right)$ |
| 线性 | $\alpha f(t)+\beta g(t)$ | $\alpha F(\omega)+\beta G(\omega)$ |
| 位移 | $f(t-t_0)$<br>$e^{i\omega_0 t}f(t)$ | $e^{-i\omega_0 t}F(\omega)$<br>$F(\omega-\omega_0)$ |
| 微分 | $f^{(n)}(t)$<br>$(-it)^n f(t)$ | $(i\omega)^n F(\omega)$<br>$F^{(n)}(\omega)$ |
| 积分 | $\displaystyle\int_{-\infty}^{t}f(t)\,dt$ | $\dfrac{1}{i\omega}F(\omega)$ |
| 卷积 | $f_1(t)*f_2(t)$<br>$f_1(t)f_2(t)$ | $F_1(\omega)F_2(\omega)$<br>$\dfrac{1}{2\pi}F_1(\omega)*F_2(\omega)$ |

注:在使用性质时,注意性质成立的条件.

# 6.3  $\delta$ 函数及其傅里叶变换

## 6.3.1  概念的引入

傅里叶级数与傅里叶变换以不同的形式反映了周期函数与非周期函数的频谱特性,是否可以借助某种手段将它们统一起来呢? 更具体地说,是否能够将离散频谱以连续频谱的方式表现出来呢? 这就需要介绍和引入单位脉冲函数和广义傅里叶积分变换,其中单位脉冲函数有很多实际背景,比如瞬时冲击力、脉冲电流、质点的质量等,这些物理量都不能用通常的函数形式表示和描述.

在原来电流为零的电路中,在 $t=0$ 时刻进入 1 单位电量的脉冲,现在需要确定电路上的电流 $I(t)$. 设 $q(t)$ 表示电路中到时刻 $t$ 为止通过导体截面的电荷函数,则

$$q(t)=\begin{cases}0, & t\leqslant 0,\\ 1, & t>0.\end{cases}$$

形式上

$$I(t) = q'(t) = \lim_{\Delta t \to 0} \frac{q(t + \Delta t) - q(t)}{\Delta t},$$

故

$$I(t) = \begin{cases} 0, t \neq 0, \\ \infty, t = 0. \end{cases}$$

此外，电路在 $t = 0$ 以后到任意时刻 $\tau$ 的总电量为

$$q = \int_0^\tau I(t)\,dt = 1,$$

亦有

$$\int_{-\infty}^{+\infty} I(t)\,dt = 1.$$

比如，研究质点的质量，可以假设长度为 $\varepsilon$ 的均匀杆放在 $x$ 轴的 $[0, \varepsilon)$ 上，其质量为 $m$，用 $\rho_\varepsilon(x)$ 表示它的线密度，则有

$$\rho_\varepsilon(x) = \begin{cases} \dfrac{m}{\varepsilon}, 0 \leqslant x < \varepsilon, \\ 0, x \notin [0, \varepsilon). \end{cases}$$

当质点在原点时，可以认为是细杆长度 $\varepsilon \to 0$ 的结果，质点的密度函数为

$$\rho(x) = \lim_{\varepsilon \to 0} \rho_\varepsilon(x) = \begin{cases} \infty, x = 0, \\ 0, x \neq 0. \end{cases}$$

这种常规的表示不能反映出质点本身的性质，必须附加一个条件 $\int_{-\infty}^{+\infty} \rho(x)\,dx = m$，这就需要引入新的函数——单位脉冲函数（$\delta$ 函数）或狄拉克函数.

$\delta$ 函数是一个极为重要的函数，它的概念中所包含的思想在数学领域中流行了一个多世纪. 利用 $\delta$ 函数可使傅里叶分析中的许多论证变得极为简捷，可表示许多函数的傅里叶变换. $\delta$ 函数不是一般意义下的函数，而是一个广义函数，它在物理学中有着广泛的应用.

### 6.3.2  $\delta$ 函数的定义

$\delta$ 函数可以用不同方式来定义，工程上常用的定义如下.

**定义 1**  满足如下两个条件的 $\delta(t)$ 函数称为**单位脉冲函数**：

(1) 当 $t \neq 0$ 时，$\delta(t) = 0$；

(2) $\int_{-\infty}^{+\infty} \delta(t)\,dt = 1.$

对于无穷次可微函数 $f(t)$，如果满足

$$\int_{-\infty}^{+\infty} \delta(t)f(t)\,dt = \lim_{\varepsilon \to 0} \int_{-\infty}^{+\infty} \delta_\varepsilon(t)f(t)\,dt,$$

其中 $\delta_\varepsilon(t) = \begin{cases} 0, t < 0, \\ \dfrac{1}{\varepsilon}, 0 \leqslant t \leqslant \varepsilon, \\ 0, t > \varepsilon, \end{cases}$ 则称 $\delta_\varepsilon(t)$ 的弱极限为狄拉克函数.

**定义 2**  满足以下两个条件：

(1) $\delta(t-t_0) = \begin{cases} 0, t \neq t_0, \\ \infty, t = t_0; \end{cases}$

(2) $\int_{-\infty}^{+\infty} \delta(t-t_0)\mathrm{d}t = 1,$

的函数称为 $\delta(t-t_0)$ 函数.

用数学语言可将 $\delta$ 函数定义如下:

**定义 3** 函数序列

$$\delta_\tau(t) = \begin{cases} \dfrac{1}{\tau}, 0 \leqslant t \leqslant \tau, \\ 0, 其他, \end{cases}$$

当 $\tau$ 趋于零时的极限 $\delta(t)$ 称为 $\delta$ **函数**,即 $\delta(t) = \lim\limits_{\tau \to 0}\delta_\tau(t)$.

这里由于

$$\int_{-\infty}^{+\infty} \delta(t)\mathrm{d}t = \int_{-\infty}^{+\infty}\lim_{\tau \to 0}\delta_\tau(t)\mathrm{d}t = \lim_{\tau \to 0}\int_{-\infty}^{+\infty}\delta_\tau(t)\mathrm{d}t = \lim_{\tau \to 0}\int_0^\tau \frac{1}{\tau}\mathrm{d}t = 1,$$

因此它与定义 1 是等价的. 在上式我们交换了积分运算和极限运算的顺序. 一般地,当一个积分的被积函数中含有因子 $\delta(t)$ 时,在运算中我们常用 $\lim\limits_{\tau \to 0}\delta_\tau(t)$ 来代替 $\delta(t)$,并且需先求积分,再求 $\tau \to 0$ 的极限,否则运算就没有意义了. 类似地,我们还可以选用一系列的三角脉冲,将 $\delta$ 函数定义为其极限,这里就不详述了.

与定义 2 相对应,我们有如下定义:

**定义 4** 函数序列

$$\delta_\tau(t-t_0) = \begin{cases} \dfrac{1}{\tau}, t_0 \leqslant t \leqslant t_0 + \tau, \\ 0, 其他, \end{cases}$$

当 $\tau$ 趋于零时的极限 $\delta(t-t_0)$ 称为 $\delta(t-t_0)$ 函数,即 $\delta(t-t_0) = \lim\limits_{\tau \to 0}\delta_\tau(t-t_0)$.

$\delta$ 函数的概念所包含的数学思想是指:对函数在自变量某值的非常狭小的"领域"内取得非常大的函数值中的"邻域"不做精确细节的苛求,注重 $\delta$ 函数的积分值.

直观上,$\delta$ 函数用一个长度为 1 的有向线段来表示(图 6.4),它表明只在 $t = t_0$($t_0$ 可以为 0)处有一脉冲,其冲击强度为 1 $\left(即 \int_{-\infty}^{+\infty} \delta(t-t_0)\mathrm{d}t = 1\right)$,在 $t \neq t_0$ 处函数值为零.

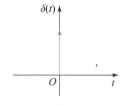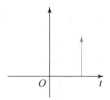

**图 6.4**

### 6.3.3 $\delta$ 函数的性质

**1. 筛选性质**

对任意的连续函数 $f(t)$,有

$$\int_{-\infty}^{+\infty} \delta(t)f(t)\,dt = f(0), \qquad\qquad (6.24)$$

$$\int_{-\infty}^{+\infty} \delta(t-t_0)f(t)\,dt = f(t_0). \qquad\qquad (6.25)$$

事实上，因为

$$\int_{-\infty}^{+\infty} \delta(t)f(t)\,dt = \int_{-\infty}^{+\infty} \lim_{\tau\to 0}\delta_\tau(t)f(t)\,dt$$

$$= \lim_{\tau\to 0}\int_0^\tau \frac{1}{\tau}f(t)\,dt$$

$$= \lim_{\tau\to 0} f(\theta\tau)\,(0 < \theta < 1),$$

所以 $\int_{-\infty}^{+\infty} \delta(t)f(t)\,dt = f(0)$. 同理可得 $\int_{-\infty}^{+\infty} \delta(t-t_0)f(t)\,dt = f(t_0)$.

**例1** 证明：$\int_{-\infty}^{+\infty} \delta(t)f(t-t_0)\,dt = f(-t_0)$.

**证** 设 $t' = t - t_0$，则 $\int_{-\infty}^{+\infty} \delta(t)f(t-t_0)\,dt = \int_{-\infty}^{+\infty} \delta(t'+t_0)f(t')\,dt'$. 由式 (6.25) 知等式成立.
（证毕）

从式 (6.24) 和式 (6.25) 中我们可以看到，等式左边的积分值是选择了函数 $f(t)$ 的单个值. 因此，该命题称作脉冲函数的选择性质，亦即**筛选性质**. 至于 $\delta(t)$ 是作为哪一种脉冲序列的极限则是无关紧要的，这一点正是 $\delta$ 函数的实用之处.

**2. $\delta$ 函数为偶函数**

$$\delta(t) = \delta(-t). \qquad\qquad (6.26)$$

事实上，

$$\int_{-\infty}^{+\infty} \delta(-t)f(t)\,dt = \int_{-\infty}^{+\infty} \delta(\tau)f(-\tau)\,d\tau = f(0).$$

这里用到变量替换 $-t = \tau$，将所得结果与式 (6.24) 比较即可得出结论.

将 $\delta$ 函数数学定义中所采用的矩形脉冲换作如下形式

$$\delta_\tau(t) = \begin{cases} \dfrac{1}{\tau}, & |t| \leqslant \dfrac{\tau}{2}, \\ 0, & |t| > \dfrac{\tau}{2}, \end{cases}$$

即可理解该性质.

**例2** 证明：$\delta(t) * f(t) = f(t) * \delta(t) = f(t)$.

**证**

$$\delta(t) * f(t) = \int_{-\infty}^{+\infty} \delta(\tau)f(t-\tau)\,d\tau$$

$$= \int_{-\infty}^{+\infty} \delta(-\tau)f(t-\tau)\,d\tau$$

$$= \int_{-\infty}^{+\infty} \delta(\tau'-t)f(\tau')\,d\tau' \quad (t-\tau = \tau')$$

$$= f(t),$$

$$f(t) * \delta(t) = \int_{-\infty}^{+\infty} f(\tau)\delta(t-\tau)\mathrm{d}\tau$$

$$= \int_{-\infty}^{+\infty} \delta(\tau-t)f(\tau)\mathrm{d}\tau$$

$$= f(t),$$

所以 $\delta(t) * f(t) = f(t) * \delta(t) = f(t)$.　　　　　　　　　　　　　　　（证毕）

**3. 相似性质**

设 $a$ 为实常数，则

$$\delta(at) = \frac{1}{|a|}\delta(t)\,(a\neq0). \tag{6.27}$$

事实上，设 $t' = at$，则

$$\int_{-\infty}^{+\infty}\delta(at)f(t)\mathrm{d}t = \begin{cases} \int_{-\infty}^{+\infty}\dfrac{1}{a}f\left(\dfrac{t'}{a}\right)\delta(t')\mathrm{d}t', a > 0, \\[3mm] \int_{-\infty}^{+\infty}-\dfrac{1}{a}f\left(\dfrac{t'}{a}\right)\delta(t')\mathrm{d}t', a < 0, \end{cases}$$

$$= \frac{1}{|a|}\int_{-\infty}^{+\infty}\delta(t')f\left(\frac{t'}{a}\right)\mathrm{d}t' = \frac{1}{|a|}f(0).$$

另外

$$\int_{-\infty}^{+\infty}\frac{\delta(t)}{|a|}f(t)\mathrm{d}t = \frac{f(0)}{|a|}.$$

从而 $\delta(at) = \dfrac{1}{|a|}\delta(t)$.

这说明，如果将 $t$ 的尺度扩大 $a$ 倍，那么冲击脉冲的冲击强度将相应地缩小到原来的 $\dfrac{1}{|a|}$.

**4. $\delta$ 函数是单位阶跃函数在 $t\neq0$ 时的导数**

$$\delta(t) = u'(t), \tag{6.28}$$

这里

$$u(t) = \begin{cases} 1, t\geq0, \\ 0, t < 0 \end{cases}$$

称为单位阶跃函数.

事实上，$\displaystyle\int_{-\infty}^{t}\delta(\tau)\mathrm{d}\tau = \begin{cases} \int_{-\infty}^{+\infty}\delta(\tau)\mathrm{d}\tau, t > 0 \\ 0, t < 0 \end{cases} = \begin{cases} 1, t > 0, \\ 0, t < 0. \end{cases}$ 故当 $t\neq0$ 时，

$$\int_{-\infty}^{t}\delta(\tau)\mathrm{d}\tau = u(t).$$

上式两边对 $t$ 求导得 $\delta(t) = u'(t)$.

这说明广义函数与普通函数之间存在局部相互转化这一事实.

### 6.3.4　$\delta$ 函数的傅里叶变换

因为

$$\mathscr{F}[\delta(t)] = \int_{-\infty}^{+\infty} \delta(t) \mathrm{e}^{-\mathrm{i}\omega t} \mathrm{d}t = \mathrm{e}^{-\mathrm{i}\omega t}\Big|_{t=0} = 1,$$

$$\mathscr{F}[\delta(t - t_0)] = \int_{-\infty}^{+\infty} \delta(t - t_0) \mathrm{e}^{-\mathrm{i}\omega t} \mathrm{d}t = \mathrm{e}^{-\mathrm{i}\omega t}\Big|_{t=t_0} = \mathrm{e}^{-\mathrm{i}\omega t_0},$$

所以

$$\delta(t) \underset{\mathscr{F}^{-1}}{\overset{\mathscr{F}}{\rightleftharpoons}} 1, \quad \delta(t - t_0) \underset{\mathscr{F}^{-1}}{\overset{\mathscr{F}}{\rightleftharpoons}} \mathrm{e}^{-\mathrm{i}\omega t_0},$$

即 $\delta(t)$ 和 $1$，$\delta(t-t_0)$ 和 $\mathrm{e}^{-\mathrm{i}\omega t_0}$ 分别构成了傅氏变换对. （证毕）

**例3** 证明：(1) $f(t) = 1$ 和 $F(\omega) = 2\pi\delta(\omega)$ 是一组傅氏变换对；

(2) $f(t) = \mathrm{e}^{\mathrm{i}\omega_0 t}$ 和 $F(\omega) = 2\pi\delta(\omega - \omega_0)$ 是一组傅氏变换对.

**证** (1) 因为

$$\frac{1}{2\pi} \int_{-\infty}^{+\infty} F(\omega) \mathrm{e}^{\mathrm{i}\omega t} \mathrm{d}\omega = \int_{-\infty}^{+\infty} \delta(\omega) \mathrm{e}^{\mathrm{i}\omega t} \mathrm{d}\omega = \mathrm{e}^{\mathrm{i}\omega t}\Big|_{\omega=0} = 1,$$

故 $f(t) = 1$ 和 $F(\omega) = 2\pi\delta(\omega)$ 构成一组傅氏变换对.

(2) 因为

$$\frac{1}{2\pi} \int_{-\infty}^{+\infty} F(\omega) \mathrm{e}^{\mathrm{i}\omega t} \mathrm{d}\omega = \int_{-\infty}^{+\infty} \delta(\omega - \omega_0) \mathrm{e}^{\mathrm{i}\omega t} \mathrm{d}\omega = \mathrm{e}^{\mathrm{i}\omega t}\Big|_{\omega=\omega_0} = \mathrm{e}^{\mathrm{i}\omega_0 t},$$

故 $f(t) = \mathrm{e}^{\mathrm{i}\omega_0 t}$ 和 $F(\omega) = 2\pi\delta(\omega - \omega_0)$ 构成一组傅氏变换对.

结论 (1) 和 (2) 说明：

$$\int_{-\infty}^{+\infty} \mathrm{e}^{-\mathrm{i}\omega t} \mathrm{d}t = 2\pi\delta(\omega), \tag{6.29}$$

$$\int_{-\infty}^{+\infty} \mathrm{e}^{-\mathrm{i}(\omega - \omega_0)t} \mathrm{d}t = 2\pi\delta(\omega - \omega_0). \tag{6.30}$$

显然，这两个积分在普通积分意义下是不存在的，这里的积分被赋予了 $\delta$ 函数的意义.

**例4** 求余弦函数 $f(x) = \cos\omega_0 x$ 的傅氏变换.

**解** 由 $\cos\omega_0 x = \dfrac{\mathrm{e}^{\mathrm{i}\omega_0 x} + \mathrm{e}^{-\mathrm{i}\omega_0 x}}{2}$ 及傅氏变换定义，有

$$\begin{aligned}
F(\omega) &= \mathscr{F}[f(x)] = \mathscr{F}[\cos\omega_0 x] \\
&= \int_{-\infty}^{+\infty} \frac{\mathrm{e}^{\mathrm{i}\omega_0 x} + \mathrm{e}^{-\mathrm{i}\omega_0 x}}{2} \mathrm{e}^{-\mathrm{i}\omega x} \mathrm{d}x \\
&= \frac{1}{2} \int_{-\infty}^{+\infty} \left[ \mathrm{e}^{-\mathrm{i}(\omega - \omega_0)x} + \mathrm{e}^{-\mathrm{i}(\omega + \omega_0)x} \right] \mathrm{d}x \\
&= \frac{1}{2} \left[ 2\pi\delta(\omega - \omega_0) + 2\pi\delta(\omega + \omega_0) \right] \\
&= \pi \left[ \delta(\omega - \omega_0) + \delta(\omega + \omega_0) \right].
\end{aligned}$$

同理可得

$$F(\omega) = \mathscr{F}[f(x)] = \mathscr{F}[\sin\omega_0 x] = \mathrm{i}\pi\left[\delta(\omega + \omega_0) - \delta(\omega - \omega_0)\right].$$

**例5** 证明单位阶跃函数 $u(t)$ 在 $t \neq 0$ 时的傅氏变换为 $F(\omega) = \dfrac{1}{\mathrm{i}\omega} + \pi\delta(\omega)$.

**证** 因为

$$\frac{1}{2\pi}\int_{-\infty}^{+\infty}F(\omega)\mathrm{e}^{\mathrm{i}\omega t}\mathrm{d}\omega = \frac{1}{2\pi}\int_{-\infty}^{+\infty}\left[\frac{1}{\mathrm{i}\omega}+\pi\delta(\omega)\right]\mathrm{e}^{\mathrm{i}\omega t}\mathrm{d}\omega$$

$$= \frac{1}{2\pi\mathrm{i}}\int_{-\infty}^{+\infty}\frac{1}{\omega}\mathrm{e}^{\mathrm{i}\omega t}\mathrm{d}\omega + \frac{1}{2}\int_{-\infty}^{+\infty}\delta(\omega)\mathrm{e}^{\mathrm{i}\omega t}\mathrm{d}\omega$$

$$= \frac{1}{\pi}\int_{0}^{+\infty}\frac{\sin\omega t}{\omega}\mathrm{d}\omega + \frac{1}{2},$$

而

$$\int_{0}^{+\infty}\frac{\sin\omega t}{\omega}\mathrm{d}\omega = \begin{cases} \dfrac{\pi}{2}, & t>0, \\ 0, & t=0, \\ -\dfrac{\pi}{2}, & t<0. \end{cases}$$

因此，当 $t\neq 0$ 时，$\dfrac{1}{2\pi}\displaystyle\int_{-\infty}^{+\infty}F(\omega)\mathrm{e}^{\mathrm{i}\omega t}\mathrm{d}\omega = \begin{cases} 1,t>0, \\ 0,t<0, \end{cases}$ 即在 $t\neq 0$ 时，单位阶跃函数 $u(t)$ 和

$F(\omega)=\dfrac{1}{\mathrm{i}\omega}+\pi\delta(\omega)$ 构成了一组傅氏变换对. 　　　　　　　　　　　　　　（证毕）

## 数学文化赏析——傅里叶

让·巴普蒂斯·约瑟夫·傅里叶（Baron Jean Baptiste Joseph Fourier, 1768 年 3 月 21 日——1830 年 5 月 16 日），法国欧塞尔人，著名数学家、物理学家. 主要贡献体现在研究《热的传播》和《热的分析理论》，对 19 世纪的数学和物理学的发展都产生了深远影响.

傅里叶生于法国中部欧塞尔（Auxerre）一个裁缝家庭，9 岁时沦为孤儿，被当地一主教收养. 1780 年起就读于地方军校，1795 年任巴黎综合工科大学助教，1798 年随拿破仑军队远征埃及，受到拿破仑器重，回国后于 1801 年被任命为伊泽尔省格伦诺布尔地方长官.

傅里叶早在 1807 年就写成关于热传导的基本论文《热的传播》，1811 年向科学院提交了经修改的论文，该文获科学院大奖，却未正式发表. 傅里叶在论文中推导出著名的热传导方程，并在求解该方程时发现解函数可以由三角函数构成的级数形式表示，从而提出任一函数都可以展成三角函数的无穷级数. 傅里叶级数（即三角级数）、傅里叶分析等理论均由此创始. 傅里叶由于对传热理论的贡献于 1817 年当选为巴黎科学院院士.

在 1820 年，傅里叶考虑到一种可能性：地球的大气层可能是一种隔热体. 这种看法被广泛公认为是有关当前广为人知的"温室效应"的第一项建议. 1822 年，傅里叶出版了专著《热的解析理论》. 这部经典著作将欧拉、伯努利等人在一些特殊情形下应用的三角级数方法发展成内容丰富的一般理论，三角级数后来就以傅里叶的名字命名. 傅里叶应用三角级数求解出了热传导方程，为了处理无穷区域的热传导问题又导出了当前所称的"傅里叶积分"，这一切都极大地推动了偏微分方程边值问题的研究. 然而傅里叶的工作意义远不止于此，它迫使人们对函数概念做修正、推广，特别是引起了对不连续函数的探讨；三角级数收敛性问题更刺激了集合论的诞生. 因此，《热的解析理论》影响了整个 19 世纪分析严格化的进程. 傅里叶 1822 年成为科学院终身秘书.

傅里叶变换的基本思想首先由傅里叶提出，所以以其名字来命名以示纪念. 从现代数学的眼光来看，傅里叶变换是一种特殊的积分变换. 它能将满足一定条件的某个函数表示成正弦基函数的线性组合或者积分. 在不同的研究领域，傅里叶变换具有多种不同的变体形式，如连续傅里叶变换和离散傅里叶变换.

尽管最初傅里叶分析是作为热过程的解析分析的工具，但是其思想方法仍然具有典型的还原论和分析主义的特征. "任意"的函数通过一定的分解，都能够表示为正弦函数的线性组合形式，而正弦函数在物理上是被充分研究而相对简单的函数类，这一想法跟化学上的原子论想法何其相似. 奇妙的是，现代数学发现傅里叶变换具有非常好的性质，使得它如此的好用和有用，让人不得不感叹造物的神奇.

在电子学中，傅里叶级数是一种频域分析工具，可以理解成一种复杂的周期波分解成直流项、基波（角频率为 $\omega$）和各次谐波（角频率为 $n\omega$）的和，也就是级数中的各项. 一般，随着 $n$ 的增大，各次谐波的能量逐渐衰减，所以一般从级数中取前 $n$ 项之和就可以很好接近原周期波形. 这是傅里叶级数在电子学分析中的重要应用. 傅里叶变换在物理学、数论、组合数学、信号处理、概率、统计、密码学、声学、光学等领域都有着广泛的应用.

1830 年 5 月 16 日，傅里叶在巴黎去世，时年 63 岁. 其墓地现位于拉雪兹神父公墓.

小行星 10101 号被命名为傅里叶星，他也是名字被刻在埃菲尔铁塔的七十二位法国科学家之一.

# 第 6 章　习题

1. 计算函数 （1） $f(t) = \begin{cases} \sin t, & |t| < 6\pi \\ 0, & |t| \geqslant 6\pi \end{cases}$，与 （2） $f(t) = e^{-|t|}$ 的傅里叶变换.

2. 已知函数 $f(t)$ 的傅里叶变换 $F(\omega) = \pi[\delta(\omega + \omega_0) + \delta(\omega - \omega_0)]$，求 $f(t)$.

3. 证明：如果 $f(t)$ 满足傅里叶变换的条件，当 $f(t)$ 为奇函数时，则有 $f(t) = \int_0^{+\infty} b(\omega) \cdot \sin \omega t \mathrm{d}\omega$，其中 $b(\omega) = \dfrac{2}{\pi} \int_0^{+\infty} f(t) \cdot \sin \omega t \mathrm{d}t$；当 $f(t)$ 为偶函数时，则有 $f(t) = \int_0^{+\infty} a(\omega) \cdot \cos \omega t \mathrm{d}\omega$，其中 $a(\omega) = \dfrac{2}{\pi} \int_0^{+\infty} f(t) \cdot \cos \omega t \mathrm{d}t$.

4. 在 3 题中，设 $f(t) = \begin{cases} t^2, & |t| < 1 \\ 0, & |t| \geqslant 1 \end{cases}$，计算 $a(\omega)$ 的值.

5. 求函数 $f(t) = t \cdot e^{-t^2}$ 的傅里叶变换.

6. 若 $F(\omega) = \mathscr{F}[f(t)]$，利用傅里叶变换的性质求下列函数 $g(t)$ 的傅里叶变换：

(1) $g(t) = tf(2t)$；　　　　　　(2) $g(t) = (t-2)f(t)$；

(3) $g(t) = (t-2)f(-2t)$；　　　(4) $g(t) = t^3 f(2t)$.

7. 利用留数定理计算傅里叶变换：

(1) $f(t) = \dfrac{\sin \pi t}{1 - t^2}$；　(2) $f(t) = \dfrac{1}{1 + t^4}$；　(3) $f(t) = \dfrac{t}{1 + t^4}$.

8. 设函数 $F(t)$ 是解析函数，而且在带形区域 $|\mathrm{Im}(t)| < \delta$ 内有界. 定义函数 $G_L(\omega)$ 为

$$G_L(\omega) = \int_{-L/2}^{L/2} f(t)\,\mathrm{e}^{-\mathrm{i}\omega t}\,\mathrm{d}t.$$

证明：当 $L \to \infty$ 时，有 $\dfrac{1}{2\pi}\displaystyle\int_{-\infty}^{\infty} G_L(\omega)\mathrm{e}^{\mathrm{i}\omega t}\mathrm{d}\omega \to F(t)$ 对所有的实数 $t$ 成立.

9. 求符号函数 $\operatorname{sgn} t = \dfrac{t}{|t|} = \begin{cases} -1, & t < 0, \\ 1, & t > 0 \end{cases}$ 的傅里叶变换.

10. 设函数 $f(t)$ 的傅里叶变换 $F(\omega)$，$a$ 为一常数. 证明 $[f(at)](\omega) = \dfrac{1}{|a|}F\left(\dfrac{\omega}{a}\right)$.

11. 设 $F(\omega) = \mathscr{F}[f(t)]$，证明 $F(-\omega) = \mathscr{F}[f(-t)]$.

12. 设 $F(\omega) = \mathscr{F}[f(t)]$，证明：

$$\mathscr{F}[f(t)\cdot\cos\omega_0 t] = \frac{1}{2}[F(\omega-\omega_0) + F(\omega+\omega_0)];$$

$$\mathscr{F}[f(t)\cdot\sin\omega_0 t] = \frac{1}{2}[F(\omega-\omega_0) - F(\omega+\omega_0)].$$

13. 设 $u(t)$ 为单位阶跃函数，求下列函数的傅里叶变换.

$$f(t) = \mathrm{e}^{-at}\sin\omega_0 t \cdot u(t).$$

14. 设 $f(t) = \begin{cases} 0, & t < 0, \\ \mathrm{e}^{-t}, & t \geqslant 0, \end{cases}$ $g(t) = \begin{cases} \sin t, & 0 \leqslant t \leqslant \dfrac{\pi}{2}, \\ 0, & \text{其他}, \end{cases}$ 计算 $f(t) * g(t)$.

15. 求函数 $f(t) = \displaystyle\int_{-\infty}^{t} u(x)\mathrm{e}^{-x}\sin^2 x\,\mathrm{d}x$ 的傅里叶变换.

16. 求函数 $f(t) = \delta\left(t^2 - \dfrac{\pi^2}{4}\right)$ 的傅里叶变换.

17. 求函数 $f(x) = \sin^3 x$ 的傅里叶变换.

# 第 7 章 拉普拉斯变换

傅里叶变换虽然具有广泛的应用，特别是在信号处理领域，直到今天它仍然是最基本的分析和处理工具，甚至可以说信号分析本质就是傅里叶积分变换，但任何东西都有局限性，傅里叶变换也一样，人们对傅里叶积分变换的局限性做了各种各样的改进。一方面提高它对问题的刻画能力，如窗口傅里叶变换、小波变换等；另一方面，扩大它本身的使用范围，比如本章要介绍的拉普拉斯变换就是如此。我们知道傅里叶变换对函数有一定的要求，而绝对可积是一个很强的条件，即使一些简单函数，有时也不能满足这个条件，另外傅里叶积分变换必须在整个实数轴上定义，但在工程实际问题中，许多以时间为自变量的函数，就不能在整个实数上定义，因此傅里叶积分变换在处理这样的问题时，有一定的局限性。19 世纪末英国工程师赫维赛德发明了一种算子法，而其数学上的根源还是来自拉普拉斯，最后发展成了今天的被称为拉普拉斯积分变换的形式。

## 7.1 拉普拉斯变换的概念

### 7.1.1 拉普拉斯变换的概念

设函数 $f(t)$ 是定义在 $[0, +\infty)$ 上的实值函数，我们对其计算傅里叶变换

$$\mathscr{F}[f(t)u(t)\mathrm{e}^{-\beta t}] = \int_{-\infty}^{+\infty} f(t)u(t)\mathrm{e}^{-\beta t}\mathrm{e}^{-\mathrm{i}\omega t}\mathrm{d}t = \int_0^{+\infty} f(t)\mathrm{e}^{-(\beta+\mathrm{i}\omega)t}\mathrm{d}t$$

令 $s = \beta + \mathrm{i}\omega$，便得到了被称作拉普拉斯 (Laplace) 积分的含复参变量 $s$ 的反常积分

$$\mathscr{F}[f(t)u(t)\mathrm{e}^{-\beta t}] = \int_0^{+\infty} f(t)\mathrm{e}^{-st}\mathrm{d}t = F(s). \tag{7.1}$$

**定义** 设函数 $f(t)$ 是定义在 $[0, +\infty)$ 上的实值函数，如果对于复参数 $s = \beta + \mathrm{i}\omega$，积分 $F(s) = \int_0^{+\infty} f(t)\mathrm{e}^{-st}\mathrm{d}t$ 在复平面 $s$ 的某一域内收敛，则称 $F(s)$ 为 $f(t)$ 的**拉普拉斯变换**，简称为拉氏变换，记为 $\mathscr{L}[f(t)] = F(s) = \int_0^{+\infty} f(t)\mathrm{e}^{-st}\mathrm{d}t$，称 $f(t)$ 为 $F(s)$ 的拉普拉斯逆变换，简称为拉氏逆变换，记为 $f(t) = \mathscr{L}^{-1}[F(s)]$。$F(s)$ 称为像函数，$f(t)$ 称为像原函数。

由此可以知道，$f(t)$ 的拉普拉斯积分变换就是 $f(t)u(t)\mathrm{e}^{-\beta t}$ 的傅里叶积分变换，首先通过单位阶跃函数 $u(t)$ 使函数 $f(t)$ 在 $t<0$ 的部分为 0，其次对函数 $f(t)$ 在 $t>0$ 的部分乘一个衰减的指数函数 $\mathrm{e}^{-\beta t}$ 以降低其增长速度，这样就有希望使函数 $f(t)u(t)\mathrm{e}^{-\beta t}$ 满足傅里叶积分变换的条件，从而对它进行傅里叶积分变换。收敛的拉普拉斯积分在右半平面上同时定义了一个函数 $F(s)$，这个函数我们称其为复频函数，$s$ 称为复频率。显然，$F(s)$ 事实上是函数 $f(t)\mathrm{e}^{-t\mathrm{Re}(s)}$ 的频谱函数，由此可见拉普拉斯积分的物理意义。

**例 1** 求单位阶跃函数 $u(t) = \begin{cases} 1, t \geqslant 0, \\ 0, t < 0 \end{cases}$ 的拉普拉斯变换.

**解** 积分 $\int_0^b e^{-st} dt = \dfrac{1}{s}(1 - e^{-sb})$ 在 $b \to +\infty$ 时，当且仅当 $\mathrm{Re}(s) > 0$ 时才有极限，因此

$$F(s) = \int_0^{+\infty} u(t) e^{-st} dt = \frac{1}{s} \quad (\mathrm{Re}(s) > 0).$$

**例 2** 求指派函数 $f(t) = e^{\alpha t}$ 的拉普拉斯变换（其中 $\alpha$ 为任意复数）.

**解** $\mathscr{L}[f(t)] = \int_0^{+\infty} e^{\alpha t} e^{-st} dt = \int_0^{+\infty} e^{-(s-\alpha)t} dt = \dfrac{1}{s - \alpha} \quad (\mathrm{Re}(s) > \mathrm{Re}(\alpha)).$

**例 3** 求正弦函数 $f(t) = \sin kt$ 的拉普拉斯变换（其中 $k$ 为任意复数）.

**解**

$$\mathscr{L}[f(t)] = \int_0^{+\infty} \sin kt \, e^{-st} dt = \frac{1}{2\mathrm{i}} \int_0^{+\infty} (e^{\mathrm{i}kt} - e^{-\mathrm{i}kt}) e^{-st} dt$$

$$= \frac{1}{2\mathrm{i}} \left( \frac{1}{s - \mathrm{i}k} - \frac{1}{s + \mathrm{i}k} \right) \quad (\mathrm{Re}(s - \mathrm{i}k) > 0 \text{ 且 } \mathrm{Re}(s + \mathrm{i}k) > 0)$$

$$= \frac{k}{s^2 + k^2} \quad (\mathrm{Re}(s) > |\mathrm{Re}(\mathrm{i}k)|. \text{ 如果 } k \text{ 为实数，表示 } \mathrm{Re}(s) > 0).$$

## 7.1.2 拉普拉斯变换存在定理

拉普拉斯积分也和傅里叶积分一样，对某些函数积分收敛，如例 1、例 2、例 3 中的函数 $u(t)$、$e^{\alpha t}$、$\sin kt$. 对另外一些函数如 $e^{t^2}$、$t e^{t^2}$ 积分发散. 关于这个问题，我们给出如下的拉普拉斯积分存在定理.

**定理** 若函数 $f(t)$ 在区间 $[0, +\infty)$ 上满足下列条件：

(1) 在 $t \geqslant 0$ 的任一有限区间上分段连续；

(2) 当 $t \to +\infty$ 时，$f(t)$ 的增长速度不超过某一指数函数，即存在常数 $M > 0$ 及 $c > 0$，使得 $|f(t)| \leqslant M e^{ct} (0 \leqslant t < +\infty)$，则 $f(t)$ 的拉氏变换 $F(s) = \int_0^{+\infty} f(t) e^{-st} dt$ 在 $\mathrm{Re}(s) > c$ 半平面上一定存在，并且在 $\mathrm{Re}(s) > c$ 的半平面内，$F(s)$ 为解析函数.

**证** 由条件 (2) 可知，存在常数 $M > 0$ 及 $c > 0$ 使得

$$|f(t)| < M e^{ct} (t \geqslant 0),$$

于是，当 $\mathrm{Re}(s) > c$ 时，

$$\left| \int_0^{+\infty} f(t) e^{-st} dt \right| \leqslant \int_0^{+\infty} \left| f(t) e^{-st} \right| dt < M \int_0^{+\infty} \left| e^{-(s-c)t} \right| dt$$

$$= M \int_0^{+\infty} e^{-(s-c)t} dt = \frac{M}{s - c}$$

所以积分 $\int_0^{+\infty} f(t) e^{-st} dt$ 在 $\mathrm{Re}(s) > c$ 时收敛，即该积分存在.

又因为

$$\int_0^{+\infty} \left| t f(t) e^{-st} \right| dt \leqslant M \int_0^{+\infty} t e^{-(s-c)t} dt$$

$$= \frac{M}{(s-c)^2}(\mathrm{Re}(s)>c),$$

故

$$\begin{aligned}
\frac{\mathrm{d}}{\mathrm{d}s}[F(s)] &= \frac{\mathrm{d}}{\mathrm{d}s}\Big[\int_0^{+\infty} f(t)\,\mathrm{e}^{-st}\mathrm{d}t\Big] \\
&= \int_0^{+\infty} \frac{\mathrm{d}}{\mathrm{d}s}[f(t)\,\mathrm{e}^{-st}]\mathrm{d}t \\
&= \int_0^{+\infty} -tf(t)\,\mathrm{e}^{-st}\mathrm{d}t.
\end{aligned}$$

所以函数 $F(s)$ 在半平面 $\mathrm{Re}(s)>c$ 上可导、解析.

由拉普拉斯积分存在定理我们可以看到：　　　　　　　　　　　　　（证毕）

（1）工程技术中遇到的大部分函数都满足定理条件；

（2）一个在 $[0,+\infty)$ 上分段连续的函数，经过拉普拉斯积分运算，得到了一个在 $\mathrm{Re}(s)>c$ 半平面上的解析函数；

（3）定理的条件是充分的，而不是必要的，即在不满足定理条件的前提下，拉普拉斯积分仍可能存在，如函数 $t^{-\frac{1}{2}}$ 在 $t=0$ 处不满足定理的条件（1），但它的拉普拉斯积分为 $\sqrt{\dfrac{\pi}{s}}$.

**例4** 求函数 $f(t)=\mathrm{ch}\,kt$ 的拉普拉斯变换（其中 $k$ 为任意复数）.

**解** 因为 $\mathrm{ch}\,kt=\dfrac{\mathrm{e}^{kt}+\mathrm{e}^{-kt}}{2}$，所以

$$\mathscr{L}[\mathrm{ch}\,kt]=\int_0^{+\infty}\frac{\mathrm{e}^{kt}+\mathrm{e}^{-kt}}{2}\mathrm{e}^{-st}\mathrm{d}t=\frac{1}{2}\Big(\frac{1}{s-k}+\frac{1}{s+k}\Big)=\frac{s}{s^2-k^2}(\mathrm{Re}(s)>|\mathrm{Re}(k)|).$$

采用同样的方法我们还可得到

$$\mathscr{L}[\mathrm{sh}\,kt]=\frac{s}{s^2-k^2}(\mathrm{Re}(s)>|\mathrm{Re}(k)|);$$

$$\mathscr{L}[\cos kt]=\frac{s}{s^2+k^2}((\mathrm{Re}(s)>|\mathrm{Re}(ik)|),\ \text{如果}\ k\ \text{为实数，表示}\ \mathrm{Re}(s)>0).$$

由例1～例4，我们可得拉普拉斯公式：

$$\mathscr{L}[u(t)]=\frac{1}{s}(\mathrm{Re}(s)>0);$$

$$\mathscr{L}[\mathrm{e}^{\alpha t}]=\frac{1}{s-\alpha}(\mathrm{Re}(s)>\mathrm{Re}(\alpha));$$

$$\mathscr{L}[\sin kt]=\frac{k}{s^2+k^2}((\mathrm{Re}(s)>|\mathrm{Re}(ik)|),\ \text{如果}\ k\ \text{为实数表示}\ \mathrm{Re}(s)>0);$$

$$\mathscr{L}[t^m]=\frac{\Gamma(m+1)}{s^{m+1}}(m>-1,\mathrm{Re}(s)>0).$$

**例5** 求 $\delta$ 函数的拉普拉斯变换.

**解** 在具体求解运算之前，我们先把拉普拉斯变换中积分下限的问题加以澄清. 若函数

$f(t)$满足拉普拉斯积分存在定理的条件，在 $t=0$ 处有界，此时 $\mathscr{L}[f(t)] = \int_0^{+\infty} f(t)\mathrm{e}^{-st}\mathrm{d}t$ 积分中的下限取 $0^+$ 或 $0^-$ 不会影响其结果，但当 $f(t)$ 在 $t=0$ 处为 $\delta$ 函数，或包含了 $\delta$ 函数时，拉普拉斯积分的下限就必须明确指出是 $0^+$ 还是 $0^-$，因为

$$\mathscr{L}_+[f(t)] = \int_{0+}^{+\infty} f(t)\mathrm{e}^{-st}\mathrm{d}t$$

称为 $0^+$ 系统，在电路上 $0^+$ 表示换路后初始时刻；

$$\mathscr{L}_-[f(t)] = \int_{0-}^{+\infty} f(t)\mathrm{e}^{-st}\mathrm{d}t$$

称为 $0^-$ 系统，在电路上 $0^-$ 表示换路前终止时刻；

$$\mathscr{L}_-[f(t)] = \int_{0-}^{0+} f(t)\mathrm{e}^{-st}\mathrm{d}t + L_+[f(t)].$$

可以发现，当 $f(t)$ 在 $t=0$ 附近有界时，则

$$\int_{0-}^{0+} f(t)\mathrm{e}^{-st}\mathrm{d}t = 0,$$

即

$$\mathscr{L}_-[f(t)] = \mathscr{L}_+[f(t)].$$

当 $f(t)$ 在 $t=0$ 处包含了一个 $\delta$ 函数时，

$$\int_{0-}^{0+} f(t)\mathrm{e}^{-st}\mathrm{d}t \neq 0,$$

即

$$\mathscr{L}_-[f(t)] \neq \mathscr{L}_+[f(t)].$$

为此，将进行拉氏变换的函数 $f(t)$，当 $t=0_-$ 时的定义可扩大到当 $t>0$ 及 $t=0$ 的任意一个邻域内. 这样拉氏变换的定义 $\mathscr{L}[f(t)] = \int_0^{+\infty} f(t)\mathrm{e}^{-st}\mathrm{d}t$ 应为 $\mathscr{L}_-[f(t)] = \int_{0-}^{+\infty} f(t)\mathrm{e}^{-st}\mathrm{d}t$. 为书写简便起见，该定义仍为原来的形式.

根据上面的陈述及 $\delta$ 函数的筛选性质易得

$$\mathscr{L}[\delta(t)] = \int_{0-}^{+\infty} \delta(t)\mathrm{e}^{-st}\mathrm{d}t = \int_{-\infty}^{+\infty} \delta(t)\mathrm{e}^{-st}\mathrm{d}t = 1.$$

如果脉冲出现在 $t=t_0$ 时刻（$t_0>0$），有

$$\mathscr{L}[\delta(t-t_0)] = \int_{0-}^{+\infty} \delta(t-t_0)\mathrm{e}^{-st}\mathrm{d}t = \int_{-\infty}^{+\infty} \delta(t-t_0)\mathrm{e}^{-st}\mathrm{d}t = \mathrm{e}^{-st_0}.$$

**例 6** 求函数 $f(t) = \mathrm{e}^{-\beta t}\delta(t) - \beta\mathrm{e}^{-\beta t}u(t)(\beta>0)$ 的拉氏变换.

**解** $\mathscr{L}[f(t)] = \mathscr{L}_-[f(t)]$

$$= \int_{0-}^{+\infty} [\mathrm{e}^{-\beta t}\delta(t) - \beta\mathrm{e}^{-\beta t}u(t)]\mathrm{e}^{-st}\mathrm{d}t$$

$$= \int_{-\infty}^{+\infty} \mathrm{e}^{-(\beta+s)t}\delta(t)\mathrm{d}t - \int_0^{+\infty} \beta\mathrm{e}^{-(\beta+s)t}\mathrm{d}t$$

$$= 1 - \frac{\beta}{s+\beta}$$

$$= \frac{s}{s+\beta}(\mathrm{Re}(s) > -\beta).$$

最后，关于拉氏变换再做一点注明，拉氏变换中的像函数在 $t<0$ 时，一律定义为 $f(t)=0$. 这是因为拉氏变换只以区间 $0 \leqslant t < +\infty$ 为基础，从数学观点来看，无论 $f(t)$ 在 $(-\infty,0)$ 上有无定义，拉氏变换都一样.

## 7.2  拉普拉斯逆变换

由傅里叶变换的产生过程我们知道

$$
\begin{aligned}
F(\omega) &= \int_{-\infty}^{+\infty} f(t) \mathrm{e}^{-\mathrm{i}\omega t} \mathrm{d}t \\
&= \int_{-\infty}^{+\infty} f^*(t) \mathrm{e}^{-st} \mathrm{d}t (s = \alpha + \mathrm{i}\omega,\ f^*(t) = \mathrm{e}^{\alpha t} f(t)).
\end{aligned} \tag{7.2}
$$

傅里叶逆变换为

$$
f(t) = \frac{1}{2\pi} \int_{-\infty}^{+\infty} F(\omega) \mathrm{e}^{\mathrm{i}\omega t} \mathrm{d}\omega. \tag{7.3}
$$

又由拉氏变换产生的过程，我们知道拉氏变换就是拉普拉斯积分

$$
F(s) = \int_0^{+\infty} f^*(t) \mathrm{e}^{-st} \mathrm{d}t. \tag{7.4}
$$

对比式（7.2）、式（7.4）两式，我们发现：拉氏变换是傅氏变换的特殊情况，即当 $t<0$ 时 $f^*(t)=0$. 一并考虑 $f(t)=f^*(t)\mathrm{e}^{-\alpha t}$，$s=\alpha+\mathrm{i}\omega$，则由式（7.3）得

$$
\begin{aligned}
f^*(t) &= \frac{1}{2\pi\mathrm{i}} \int_{\alpha-\mathrm{i}\infty}^{\alpha+\mathrm{i}\infty} F(s) \mathrm{e}^{-st} \mathrm{d}s \\
&= \frac{1}{2\pi\mathrm{i}} \int_{\alpha-\mathrm{i}\infty}^{\alpha+\mathrm{i}\infty} \left[ \int_0^{+\infty} f^*(t) \mathrm{e}^{-st} \mathrm{d}t \right] \mathrm{e}^{st} \mathrm{d}s
\end{aligned} \tag{7.5}
$$

由此，我们考虑用式（7.5）来定义拉普拉斯逆变换. 对比拉氏变换的定义，也为书写方便，像原函数我们仍用 $f(t)$ 表示，下面给出拉普拉斯逆变换的定义.

**定义**  若 $F(s) = \mathscr{L}[f(t)]$，则积分

$$
f(t) = \frac{1}{2\pi\mathrm{i}} \int_{\alpha-\mathrm{i}\infty}^{\alpha+\mathrm{i}\infty} F(s) \mathrm{e}^{st} \mathrm{d}s \quad (\alpha \text{ 为 } s \text{ 的实部}) \tag{7.6}
$$

建立的从 $F(s)$ 到 $f(t)$ 的对应称作**拉普拉斯逆变换**（简称拉氏逆变换）. 用字母 $\mathscr{L}^{-1}$ 表示，即

$$
f(t) = \mathscr{L}^{-1}[F(s)].
$$

它与拉氏变换构成了一组拉氏变换对.

由傅里叶积分存在定理与拉普拉斯积分存在定理我们容易得到如下定理.

**定理 1**  若 $f(t)$ 满足拉普拉斯积分存在定理的条件，$F(s) = \mathscr{L}[f(t)]$. 那么，在 $f(t)$ 的连续点处有反演公式

$$
f(t) = \frac{1}{2\pi\mathrm{i}} \int_{\alpha-\mathrm{i}\infty}^{\alpha+\mathrm{i}\infty} F(s) \mathrm{e}^{st} \mathrm{d}s.
$$

在 $f(t)$ 的间断点处，上式右端收敛于 $\frac{1}{2}[f(t+0)+f(t-0)]$，其中 $\mathrm{Re}(s)=\alpha>c_0$.

要由式（7.6）求拉氏逆变换，就要计算式（7.6）右边的复变函数的积分，这通常是较困难的，但当 $F(s)$ 满足一定条件时，可以通过留数来求之.

**定理 2** 若 $s_1$、$s_2$、$\cdots$、$s_n$ 是函数 $F(s)$ 的所有奇点（适当选取 $\alpha$ 使这些奇点全在 $\mathrm{Re}(s)<\alpha$ 的范围内），且当 $s\to\infty$ 时，$F(s)\to0$，则有

$$\frac{1}{2\pi\mathrm{i}}\int_{\alpha-\mathrm{i}\infty}^{\alpha+\mathrm{i}\infty}F(s)\mathrm{e}^{st}\mathrm{d}s=\sum_{k=1}^{n}\left[F(s)\mathrm{e}^{st},s_k\right],$$

即

$$f(t)=\sum_{k=1}^{n}\mathrm{Res}\left[F(s)\mathrm{e}^{st},s_k\right](t>0).\tag{7.7}$$

**\*证** 如图 7.1 所示闭曲线 $C=L+C_R$，$C_R$ 在 $\mathrm{Re}(s)<\alpha$ 的区域内是半径为 $R$ 的圆弧，当 $R$ 充分大后，可以使 $F(s)$ 的所有奇点包含在闭曲线 $C$ 围成的区域内．同时，$\mathrm{e}^{st}$ 在整个复平面上解析，所以 $F(s)\mathrm{e}^{st}$ 的奇点就是 $F(s)$ 的奇点，根据留数定理可得

$$\int_{C}F(s)\mathrm{e}^{st}\mathrm{d}s=2\pi\mathrm{i}\sum_{k=1}^{n}\mathrm{Res}\left[F(s)\mathrm{e}^{st},s_k\right],$$

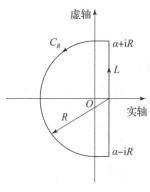

**图 7.1**

即

$$\frac{1}{2\pi\mathrm{i}}\left[\int_{\alpha-\mathrm{i}R}^{\alpha+\mathrm{i}R}F(s)\mathrm{e}^{st}\mathrm{d}s+\int_{C_R}F(s)\mathrm{e}^{st}\mathrm{d}s\right]=\sum_{k=1}^{n}\mathrm{Res}\left[F(s)\mathrm{e}^{st},s_k\right].$$

对上式，取 $R\to+\infty$ 时的极限，并根据推广的若尔当引理，当 $t>0$ 时，有

$$\lim_{R\to+\infty}\int_{C_R}F(s)\mathrm{e}^{st}\mathrm{d}s=0,$$

从而

$$\frac{1}{2\pi\mathrm{i}}\int_{\alpha-\mathrm{i}\infty}^{\alpha+\mathrm{i}\infty}F(s)\mathrm{e}^{st}\mathrm{d}s=\sum_{k=1}^{n}\mathrm{Res}\left[F(s)\mathrm{e}^{st},s_k\right],$$

故

$$f(t)=\mathscr{L}^{-1}\left[F(s)\right]=\sum_{k=1}^{n}\mathrm{Res}\left[F(s)\mathrm{e}^{st},s_k\right].$$

即使 $F(s)$ 在 $\mathrm{Re}(s)<\alpha$ 的半平面内有可列个奇点，式 (7.7) 在一定条件下也是成立的．（证毕）

**例 1** 已知 $F(s)=\dfrac{1}{(s-2)(s-1)^2}$，求 $f(t)=\mathscr{L}^{-1}\left[F(s)\right]$．

**解** 由于 $s_1=2$，$s_2=1$ 是像函数的简单极点和 2 级极点，所以

$$f(t)=\mathrm{Res}\left[F(s)\mathrm{e}^{st},2\right]+\mathrm{Res}\left[F(s)\mathrm{e}^{st},1\right]=\mathrm{e}^{2t}-\mathrm{e}^{t}-t\mathrm{e}^{t}.$$

**例2**    求 $\mathscr{L}^{-1}\left[\dfrac{se^{-2s}}{s^2+16}\right]$.

**解**    由定理 2 有 $\mathscr{L}^{-1}\left[\dfrac{se^{-2s}}{s^2+16}\right]=\sum\limits_{k=1}^{n}\operatorname{Res}\left[\dfrac{se^{-2s}}{s^2+16},s_k\right]$.而 $s_1=4\mathrm{i}$，$s_2=-4\mathrm{i}$ 为函数 $\dfrac{se^{-2s}}{s^2+16}$ 的两个 1 级极点，

$$\operatorname{Res}\left[\dfrac{se^{(t-2)s}}{s^2+16},4\mathrm{i}\right]=\left.\dfrac{e^{(t-2)s}}{2}\right|_{s=4\mathrm{i}}=\dfrac{1}{2}e^{4(t-2)\mathrm{i}},$$

$$\operatorname{Res}\left[\dfrac{se^{(t-2)s}}{s^2+16},-4\mathrm{i}\right]=\left.\dfrac{e^{(t-2)s}}{2}\right|_{s=-4\mathrm{i}}=\dfrac{1}{2}e^{-4(t-2)\mathrm{i}}.$$

故

$$\mathscr{L}^{-1}\left[\dfrac{se^{-2s}}{s^2+16}\right]=\dfrac{1}{2}\left[e^{4(t-2)\mathrm{i}}+e^{-4(t-2)\mathrm{i}}\right]=\cos\left[4(t-2)\right](t>2).$$

**例3**    求函数 $F(s)=\dfrac{\beta}{s^2(s^2+\beta^2)}$ 的拉氏逆变换.

**解**    因为 $s=0$ 为 2 级极点，$s=\pm\beta\mathrm{i}$ 为 1 级极点，

$$\operatorname{Res}\left[\dfrac{\beta e^{st}}{s^2(s^2+\beta^2)},0\right]=\lim_{s\to0}\dfrac{\mathrm{d}}{\mathrm{d}s}\left[s^2\cdot\dfrac{\beta}{s^2(s^2+\beta^2)}e^{st}\right]=\dfrac{t}{\beta},$$

$$\operatorname{Res}\left[\dfrac{\beta e^{st}}{s^2(s^2+\beta^2)},\beta\mathrm{i}\right]=\left.\dfrac{\beta e^{st}}{4s^3+2s\beta^2}\right|_{s=\beta\mathrm{i}}=-\dfrac{e^{\mathrm{i}\beta t}}{2\mathrm{i}\beta^2},$$

$$\operatorname{Res}\left[\dfrac{\beta e^{st}}{s^2(s^2+\beta^2)},-\beta\mathrm{i}\right]=\dfrac{e^{-\mathrm{i}\beta t}}{2\mathrm{i}\beta^2}.$$

所以，

$$\mathscr{L}^{-1}\left[F(s)\right]=\dfrac{t}{\beta}+\dfrac{1}{\beta^2}\dfrac{e^{-\mathrm{i}\beta t}-e^{\mathrm{i}\beta t}}{2\mathrm{i}}=\dfrac{t}{\beta}-\dfrac{\sin\beta t}{\beta^2}.$$

一般地，若函数 $F(s)$ 是有理函数：$F(s)=\dfrac{A(s)}{B(s)}$，其中 $A(s)$、$B(s)$ 是不可约的多项式，$B(s)$ 的次数是 $n$，$A(s)$ 的次数小于 $B(s)$ 的次数，在这种情况下 $F(s)$ 满足定理的条件，可采用式（7.7）求 $F(s)$ 的逆变换.

## 7.3    拉普拉斯变换与逆变换的性质

前两节我们利用拉普拉斯变换的定义与拉普拉斯逆变换的定理求得一些较简单的函数的拉普拉斯变换与拉普拉斯逆变换. 但仅用这些来求各种函数的变换就显得不太方便，有的甚至求不出来. 本节的性质及现成的拉普拉斯变换简表（见附录3），将在求像函数或像原函数时提供帮助.

以下我们来讨论拉普拉斯变换的性质，为叙述方便，假设这些函数的拉普拉斯变换均存在，且记

$$\mathscr{L}[f(t)] = F(s), \quad \mathscr{L}[g(t)] = G(s).$$

1. 线性性质

$$\mathscr{L}[\alpha f(t) + \beta g(t)] = \alpha\mathscr{L}[f(t)] + \beta\mathscr{L}[g(t)], \quad (7.8)$$

$$\mathscr{L}^{-1}[\alpha F(s) + \beta G(s)] = \alpha\mathscr{L}^{-1}[F(s)] + \beta\mathscr{L}^{-1}[G(s)], \quad (7.9)$$

其中，$\alpha$、$\beta$ 是常数.

**例 1** 求函数 $f(t) = \sin kt + \cos kt + e^{kt}$ 的拉氏变换.

**解** 由式 (7.8) 及拉普拉斯变换表可知

$$\mathscr{L}[f(t)] = \mathscr{L}[\sin kt] + \mathscr{L}[\cos kt] + \mathscr{L}[e^{kt}]$$

$$= \frac{s+k}{s^2+k^2} + \frac{1}{s-k}(\mathrm{Re}(s) > |\mathrm{Re}(ik)| \text{ 且 } \mathrm{Re}(k) > 0).$$

**例 2** 求函数 $F(s) = \dfrac{1}{(s-a)(s-b)}(a \neq b)$ 的拉氏逆变换.

**解** 因为

$$F(s) = \frac{1}{(b-a)}\left(\frac{1}{s-a} - \frac{1}{s-b}\right),$$

所以由式 (7.9) 及拉普拉斯变换表知

$$\mathscr{L}^{-1}[F(s)] = \frac{1}{a-b}\mathscr{L}^{-1}\left[\frac{1}{s-a}\right] - \frac{1}{a-b}\mathscr{L}^{-1}\left[\frac{1}{s-b}\right]$$

$$= \frac{1}{a-b}(e^{at} - e^{bt})[\mathrm{Re}(s) > \max(\mathrm{Re}(a), \mathrm{Re}(b))].$$

**例 3** 求函数 $F(s) = \dfrac{s}{(s^2+a^2)(s^2+b^2)}$ 的拉氏逆变换.

**解** 因为

$$F(s) = \frac{1}{b^2-a^2}\left(\frac{s}{s^2+a^2} - \frac{s}{s^2+b^2}\right),$$

所以由式 (7.9) 及拉普拉斯变换表知

$$\mathscr{L}^{-1}[F(s)] = \frac{1}{b^2-a^2}\mathscr{L}^{-1}\left[\frac{s}{s^2+a^2}\right] - \frac{1}{b^2-a^2}\mathscr{L}^{-1}\left[\frac{s}{s^2+b^2}\right]$$

$$= \frac{1}{b^2-a^2}(\cos at - \cos bt)[\mathrm{Re}(s) > \max(|\mathrm{Re}(ia)|, |\mathrm{Re}(ib)|)].$$

通过例 2、例 3 我们发现，当 $F(s)$ 为真分式有理函数时，$F(s)$ 可分解为部分分式之和. 针对每个部分分式，我们可以通过拉氏变换的性质和查表求出其拉氏变换，最后再根据式 (7.9) 求得 $F(s)$ 的逆变换. 这种方法称为求像原函数的部分分式法.

2. 相似性质

设 $\mathscr{L}[f(t)] = F(s)$，则对任意常数 $a > 0$，有 $\mathscr{L}[f(at)] = \dfrac{1}{a}F\left(\dfrac{s}{a}\right)$.

**证** 令 $x = at$，则

$$\mathscr{L}[f(at)] = \int_0^{+\infty} f(at)e^{-st}dt = \frac{1}{a}\int_0^{+\infty} f(x)e^{-\frac{s}{a}x}dx = \frac{1}{a}F\left(\frac{s}{a}\right). \quad \text{(证毕)}$$

**例 4**　求 $\cos \omega t$ 的拉普拉斯积分变换.

**解**　$\mathscr{L}[\cos \omega t] = \mathscr{L}\left[\dfrac{1}{2}(\mathrm{e}^{\mathrm{i}\omega t} + \mathrm{e}^{-\mathrm{i}\omega t})\right]$

$$= \frac{1}{2}(\mathscr{L}[\mathrm{e}^{\mathrm{i}\omega t}] + \mathscr{L}[\mathrm{e}^{-\mathrm{i}\omega t}]) = \frac{1}{2}\left(\frac{1}{s - \mathrm{i}\omega} + \frac{1}{s + \mathrm{i}\omega}\right) = \frac{s}{s^2 + \omega^2}.$$

**例 5**　已知 $F(s) = \dfrac{5s - 1}{(s+1)(s-2)}$，求 $\mathscr{L}^{-1}[F(s)]$.

**解**　$\mathscr{L}^{-1}[F(s)] = \mathscr{L}^{-1}\left[\dfrac{5s - 1}{(s+1)(s-2)}\right]$

$$= \mathscr{L}^{-1}\left[\frac{2}{s+1} + \frac{3}{s-2}\right] = 2\mathscr{L}^{-1}\left[\frac{1}{s+1}\right] + 3\mathscr{L}^{-1}\left[\frac{1}{s-2}\right] = 2\mathrm{e}^{-t} + 3\mathrm{e}^{2t}.$$

**3. 微分性质**

（1）像原函数的微分性质：

$$\mathscr{L}[f'(t)] = sF(s) - f(0); \tag{7.10}$$

$$\mathscr{L}[f^n(t)] = s^n F(s) - s^{n-1}f(0) - s^{n-2}f'(0) - \cdots - f^{(n-1)}(0)\,(\mathrm{Re}(s) > c_0). \tag{7.11}$$

（2）像函数的微分性质：

$$F'(s) = \mathscr{L}[-tf(t)]\,(\mathrm{Re}(s) > c_0); \tag{7.12}$$

$$F^n(s) = \mathscr{L}[(-t)^n f(t)]\,(\mathrm{Re}(s) > c_0). \tag{7.13}$$

**证**　根据拉氏变换的定义，有 $\mathscr{L}[f'(t)] = \displaystyle\int_0^{+\infty} f'(t)\mathrm{e}^{-st}\mathrm{d}t$，对等式的右边用分部积分法，得

$$\int_0^{+\infty} f'(t)\mathrm{e}^{-st}\mathrm{d}t = f(t)\mathrm{e}^{-st}\Big|_0^{+\infty} + s\int_0^{+\infty} f(t)\mathrm{e}^{-st}\mathrm{d}t$$

$$= s\mathscr{L}[f(t)] - f(0).$$

所以 $\mathscr{L}[f'(t)] = sF(s) - f(0)$. 重复应用式（7.10）可得

$$\mathscr{L}[f''(t)] = \mathscr{L}\{[f'(t)]'\}$$

$$= s\mathscr{L}[f'(t)] - f'(0)$$

$$= s^2 F(s) - sf(0) - f'(0).$$

由此类推，便可得

$$\mathscr{L}[f^{(n)}(t)] = s^n F(s) - s^{n-1}f(0) - s^{n-2}f'(0) - \cdots - f^{(n-1)}(0)\,(\mathrm{Re}(s) > c_0).$$

特别地，当 $f(t)$ 含有脉冲函数 $\delta(t)$ 时，有

$$\mathscr{L}[f^{(n)}(t)] = s^n F(s) - s^{n-1}f(0^-) - s^{n-2}f'(0^-) - \cdots - f^{(n-1)}(0^-).$$

（2）由于 $F(s)$ 在 $\mathrm{Re}(s) > c_0$ 内解析，因而

$$F'(s) = \frac{\mathrm{d}}{\mathrm{d}s}\int_0^{+\infty} f(t)\mathrm{e}^{-st}\mathrm{d}t = \int_0^{+\infty} \frac{\mathrm{d}}{\mathrm{d}s}[f(t)\mathrm{e}^{-st}]\mathrm{d}t$$

$$= \int_0^{+\infty} -tf(t)\mathrm{e}^{-st}\mathrm{d}t = \mathscr{L}[-tf(t)],$$

用同样的方法可求得

$$F''(s) = \mathscr{L}[(-t)^2 f(t)],$$

$$F^{(n)}(s) = \mathscr{L}[(-t)^{(n)}f(t)].\qquad\text{(证毕)}$$

利用式 (7.10) 和式 (7.11)，我们可以把关于 $f(t)$ 的微分运算转化为对 $F(s)$ 的代数运算. 利用式 (7.12) 和式 (7.13)，我们可以把求像函数的导数的问题转化为求像函数乘以 $(-t)^n$ 的拉氏变换，同时亦可反过来求解问题.

**例 6**　求函数 $f(t) = \sin kt$ 的拉氏变换.

**解**　因为

$$(\sin kt)'' = -k^2\sin kt,$$
$$\mathscr{L}[f''(t)] = s^2 F(s) - sf(0) - f'(0).$$

所以

$$s^2\mathscr{L}[\sin kt] - k = -k^2\mathscr{L}[\sin kt],$$
$$\mathscr{L}[\sin kt] = \frac{k}{s^2+k^2}$$

$(\mathrm{Re}(s) > |\mathrm{Re}(ik)|, k$ 为实数时 $\mathrm{Re}(s) > 0).$

**例 7**　求函数 $f(t) = t^2\cos kt$ 的拉氏变换.

**解**　因为 $\mathscr{L}[\cos kt] = \dfrac{s}{s^2+k^2}$，由式 (7.13)，得

$$\mathscr{L}[t^2\cos kt] = \mathscr{L}[(-t)^2\cos kt] = \left(\frac{s}{s^2+k^2}\right)'' = \frac{2s^3-6sk^2}{(s^2+k^2)^3}$$

$(\mathrm{Re}(s) > |\mathrm{Re}(ik)|, k$ 为实数时 $\mathrm{Re}(s) > 0).$

**例 8**　求函数 $F(s) = \ln\dfrac{s+1}{s-1}$ 的拉氏逆变换.

**解**　由式 (7.12) 得 $\mathscr{L}^{-1}[F'(s)] = -tf(t).$ 而

$$F'(s) = \frac{1}{s+1} - \frac{1}{s-1},$$

所以

$$f(t) = -\frac{1}{t}\mathscr{L}^{-1}\left[\frac{1}{s+1} - \frac{1}{s-1}\right].$$

查拉普拉斯变换表，得

$$f(t) = \frac{1}{t}(e^t - e^{-t}) = \frac{2}{t}\mathrm{sh}\,t\quad(\mathrm{Re}(s) > 1).$$

**例 9**　求解微分方程 $y''(t) + \omega^2 y(t) = 0$, $y(0) = 0$, $y'(0) = \omega$.

**解**　对方程的两边做拉普拉斯积分变换，可以得到

$$s^2 Y(s) - sy(0) - y'(0) + \omega^2 Y(s) = 0,$$

从而得到 $Y(s) = \dfrac{\omega}{s^2+\omega^2}$, $y(t) = \mathscr{L}^{-1}[Y(s)] = \mathscr{L}^{-1}\left[\dfrac{\omega}{s^2+\omega^2}\right] = \sin\omega t.$

**例 10**　求 $f(t) = t^m$ 的拉普拉斯积分变换.

**解**　设 $f(t) = t^m$，则 $f^{(m)}(t) = m!$，且

$$f(0) = f'(0) = \cdots = f^{(m-1)}(0) = 0,$$

故 $\mathscr{L}[t^m] = \dfrac{1}{s^m}\mathscr{L}[m!] = \dfrac{m!}{s^{m+1}}$.

**例 11**  求函数 $f(t) = t\sin\omega t$ 的拉普拉斯积分变换.

**解**  $\mathscr{L}[f(t)] = \mathscr{L}[t\sin\omega t] = -\{\mathscr{L}[\sin\omega t]\}' = -\left\{\dfrac{s}{s^2+\omega^2}\right\}' = \dfrac{2\omega s}{(s^2+\omega^2)^2}$.

**4. 积分性质**

（1）像原函数的积分性质：

$$\mathscr{L}\left[\int_0^t f(t)\,\mathrm{d}t\right] = \dfrac{1}{s}F(s)\ ;\qquad(7.14)$$

$$\mathscr{L}\left[\underbrace{\int_0^t \mathrm{d}t \int_0^t \mathrm{d}t \cdots \int_0^t f(t)\,\mathrm{d}t}_{n次}\right] = \dfrac{1}{s^n}F(s)\ .\qquad(7.15)$$

（2）像函数的积分性质：

$$\mathscr{L}\left[\dfrac{f(t)}{t}\right] = \int_s^{+\infty} F(s)\,\mathrm{d}s\qquad(7.16)$$

$$\mathscr{L}\left[\dfrac{f(t)}{t^n}\right] = \underbrace{\int_s^{+\infty} \mathrm{d}s \int_s^{+\infty} \mathrm{d}s \cdots \int_s^{+\infty} F(s)\,\mathrm{d}s}_{n次}\ .\qquad(7.17)$$

**证**  （1）设 $h(t) = \displaystyle\int_0^t f(t)\,\mathrm{d}t$ ，则

$$h'(t) = f(t),\ h(0) = 0.$$

由微分性质公式（7.10）得

$$\mathscr{L}[h'(t)] = s\mathscr{L}[h(t)] - h(0),$$

即

$$\mathscr{L}\left[\int_0^t f(t)\,\mathrm{d}t\right] = \dfrac{1}{s}F(s).$$

重复应用式（7.14）可得

$$\mathscr{L}\left[\underbrace{\int_0^t \mathrm{d}t \int_0^t \mathrm{d}t \cdots \int_0^t f(t)\,\mathrm{d}t}_{n次}\right] = \dfrac{1}{s^n}F(s).$$

由此，我们可以把关于像原函数的积分运算转化为对像函数的代数运算.

（2）设 $G(s) = \displaystyle\int_s^{+\infty} F(s)\,\mathrm{d}s$ ，则 $G'(s) = -F(s)$. 由微分性质公式（7.12）得

$$\mathscr{L}^{-1}[G'(s)] = -t\mathscr{L}^{-1}[G(s)],$$

从而

$$G(s) = \mathscr{L}\left\{\dfrac{-\mathscr{L}^{-1}[F(s)]}{-t}\right\},$$

即

$$\int_s^{+\infty} F(s)\,\mathrm{d}s = \mathscr{L}\left[\dfrac{f(t)}{t}\right].$$

当 $s = 0$ 时，有

$$\int_0^{+\infty} \frac{f(t)}{t} dt = \int_0^{+\infty} F(s) ds .$$

重复应用式 (7.16) 可得

$$\mathscr{L}\left[\frac{f(t)}{t^n}\right] = \underbrace{\int_s^{+\infty} ds \int_s^{+\infty} ds \cdots \int_s^{+\infty} F(s) ds}_{n次} .$$

**例 12** 求函数 $f(t) = \int_0^t \frac{\sin \tau}{\tau} d\tau$ 的拉氏变换.

**解** 由式 (7.14) 得

$$\mathscr{L}[f(t)] = \mathscr{L}\left[\int_0^t \frac{\sin \tau}{\tau} d\tau\right] = \frac{1}{s}\mathscr{L}\left[\frac{\sin t}{t}\right],$$

又由式 (7.16) 得

$$\mathscr{L}\left[\frac{\sin t}{t}\right] = \int_s^{+\infty} \mathscr{L}[\sin t] ds = \int_s^{+\infty} \frac{1}{s^2+1} ds = \frac{\pi}{2} - \arctan s,$$

故

$$\mathscr{L}\left[\int_0^t \frac{\sin \tau}{\tau} d\tau\right] = \frac{1}{s}\left(\frac{\pi}{2} - \arctan s\right).$$

同时可得

$$\int_0^{+\infty} \frac{\sin t}{t} dt = \int_0^{+\infty} \frac{1}{s^2+1} ds = \frac{\pi}{2} .$$

这与我们熟知的结果一致.

**例 13** 计算积分 $\int_0^t \frac{e^{-at} - e^{-bt}}{t} dt$ .

**解** 因为 $\int_0^{+\infty} \frac{f(t)}{t} dt = \int_0^{+\infty} F(s) ds$ , 所以

$$\int_0^t \frac{e^{-at} - e^{-bt}}{t} dt = \int_0^{+\infty} \mathscr{L}[e^{-at} - e^{-bt}] ds$$

$$= \int_0^{+\infty}\left(\frac{1}{s+a} - \frac{1}{s+b}\right) ds = \ln \frac{b}{a} .$$

**例 14** 计算下列积分:

(1) $\int_0^{+\infty} e^{-3t}\cos 2t dt$ ; (2) $\int_0^{+\infty} \frac{1-\cos t}{t} e^{-t} dt$ .

**解** (1) $\mathscr{L}[(\cos 2t)] = \frac{s}{s^2+4}$ , $\int_0^{+\infty} e^{-3t}\cos 2t dt = \frac{s}{s^2+4}\Big|_{s=3} = \frac{3}{13}$ ;

(2) $\mathscr{L}\left[\frac{1-\cos t}{t}\right] = \int_s^{+\infty} \mathscr{L}[1-\cos t] ds = \int_s^{+\infty} \frac{1}{s(s^2+1)} ds = \frac{1}{2}\ln \frac{s^2+1}{s^2}$ ,

令 $s=1$ , 则 $\int_0^{+\infty} \frac{1-\cos t}{t} e^{-t} dt = \frac{1}{2}\ln 2$ .

**5. 延迟性质**

若当 $t<0$ 时 $f(t)=0$ , 则对任一非负实数 $t_0$ 有

$$\mathscr{L}[f(t - t_0)] = e^{-st_0}F(s),\qquad(7.18)$$

或

$$\mathscr{L}^{-1}[e^{-st_0}F(s)] = f(t - t_0).$$

证　因为

$$
\begin{aligned}
\mathscr{L}[f(t - t_0)] &= \int_0^{+\infty} f(t - t_0)e^{-st}\mathrm{d}t\\
&= \int_{t_0}^{+\infty} f(t - t_0)e^{-st}\mathrm{d}t\ (t < t_0\ \text{时}\ f(t) = 0)\\
&= e^{-st_0}\int_{t_0}^{+\infty} f(t - t_0)e^{-s(t - t_0)}\mathrm{d}(t - t_0)\\
&= e^{-st_0}\int_0^{+\infty} f(u)e^{-su}\mathrm{d}u\ (u = t - t_0)\\
&= e^{-st_0}F(s)\ ,
\end{aligned}
$$

故等式成立. 　　　　　　　　　　　　　　　　　　　　　　　　　　　（证毕）

函数 $f(t - t_0)$ 与 $f(t)$ 相比，$f(t)$ 是从 $t = 0$ 开始有非零数值，而 $f(t - t_0)$ 是从 $t = t_0$ 开始才有非零数值，即向后延迟了一个时间 $t_0$. 从它们的图像来讲，$f(t - t_0)$ 的图像是由 $f(t)$ 的图像沿 $t$ 轴向右平移距离 $t_0$ 而得. 这个性质表明，时间函数延迟 $t_0$ 的拉氏变换等于它的像函数乘以指数因子 $e^{-st_0}$.

**例 15**　求函数 $u(t - t_0) = \begin{cases} 1, t \geq t_0 \\ 0, t < t_0 \end{cases}$ 的拉氏变换.

**解**　由于 $\mathscr{L}[u(t)] = \dfrac{1}{s}$，故由延迟性质得

$$\mathscr{L}[u(t - t_0)] = \frac{1}{s}e^{-st_0}.$$

**例 16**　求函数 $u(5t - 2) = \begin{cases} 1, t \geq \dfrac{2}{5} \\ 0, t < \dfrac{2}{5} \end{cases}$ 的拉氏变换.

**解**　依相似性质有 $\mathscr{L}[u(5t - 2)] = \dfrac{1}{5}\mathscr{L}[u(t - 2)]\Big|_{s = \frac{s}{5}}$；依延迟性质有

$$\mathscr{L}[u(t - 2)] = e^{-2s}\mathscr{L}[u(t)] = \frac{1}{s}e^{-2s},$$

故

$$\mathscr{L}[u(5t - 2)] = \frac{1}{5s}e^{-2s}\Big|_{s = \frac{s}{5}} = \frac{1}{s}e^{-\frac{2}{5}s}.$$

在实际中常常希望改变时间的比例尺，或者将一个给定的时间函数标准化后再求它的拉氏变换，这时就要用到这个性质.

**例 17**　求如图 7.2 所示阶梯函数 $f(t)$ 的拉氏变换.

**解**　利用单位阶跃函数，可将这个函数表示为

$$f(t) = Au(t) + Au(t - t_0) + Au(t - 2t_0) + \cdots$$

$$= A[u(t) + u(t - t_0) + u(t - 2t_0) + \cdots].$$

再由线性性质和延迟性质可得

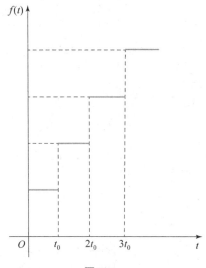

**图 7.2**

$$\mathscr{L}[f(t)] = A\left(\frac{1}{s} + \frac{1}{s}e^{-st_0} + \frac{1}{s}e^{-2st_0} + \cdots\right)$$

$$= \frac{A}{s}(1 + e^{-st_0} + e^{-2st_0} + \cdots)$$

$$= \frac{A}{s} \cdot \frac{1}{1 - e^{-st_0}}(\text{Re}(s) > 0).$$

应用延迟性质，我们还可以求周期函数的拉氏变换. 设 $f_T(t)(t > 0)$ 是以 $T$ 为周期的周期函数，如果

$$f_T(t) = f(t), \quad 0 \leqslant t < T,$$

则

$$\mathscr{L}[f_T(t)] = \frac{1}{1 - e^{-sT}}\int_0^T f(t)e^{-st}\mathrm{d}t. \tag{7.19}$$

事实上，在第 $k + 1$ 个周期内

$$f_T(t) = f(t - kT), \quad kT \leqslant t < (k + 1)T,$$

不妨设在 $t \geqslant T$ 上有 $f(t) = 0$，应用延迟性质得

$$\mathscr{L}[f(t - kT)] = e^{-skT}\mathscr{L}[f(t)],$$

因此

$$\mathscr{L}[f_T(t)] = \mathscr{L}\left[\sum_{k=0}^{\infty} f(t - kT)\right] = \sum_{k=0}^{\infty} \mathscr{L}[f(t - kT)]$$

$$= \mathscr{L}[f(t)]\sum_{k=0}^{\infty} e^{-skT} = \frac{1}{1 - e^{-sT}}\int_0^T f(t)e^{-st}\mathrm{d}t.$$

**例 18** 求全波整流函数 $f(t) = |\sin t|(t > 0)$ 的拉氏变换.

**解** 由式 (7.18) 可知

$$\mathscr{L}[\ |\sin t|\ ] = \frac{1}{1 - e^{-\pi s}} \int_0^\pi \sin t e^{-st} dt$$

$$= \frac{1}{1 - e^{-\pi s}} \left[ \frac{e^{-st}}{s^2 + 1^2} (-s\sin t - \cos t) \right]_0^\pi$$

$$= \frac{1}{1 - e^{-\pi s}} \frac{1 + e^{-\pi s}}{s^2 + 1} = \frac{1}{s^2 + 1} \mathrm{cth} \frac{s\pi}{2}.$$

**例 19** 求函数 $F(s) = \dfrac{s e^{-2s}}{s^2 - 16}$ 的拉氏逆变换.

**解** 因为

$$\mathscr{L}^{-1} \left[ \frac{s}{s^2 - 16} \right] = \mathrm{ch}\, 4t \quad (\mathrm{Re}(s) > 4),$$

$$F(s) = e^{-2s} \frac{s}{s^2 - 16},$$

由式 (7.17) 知

$$\mathscr{L}^{-1}[F(s)] = \begin{cases} \mathrm{ch}\, 4(t - 2), & t \geqslant 2, \\ 0, & t < 2. \end{cases}$$

**6. 位移性质**

$$F(s - a) = \mathscr{L}[e^{at} f(t)] \ (a \text{ 为一复常数}), \tag{7.20}$$

或

$$\mathscr{L}^{-1}[F(s - a)] = e^{at} f(t).$$

**证** 由拉氏变换的定义知

$$\mathscr{L}[e^{at} f(t)] = \int_0^{+\infty} e^{at} f(t) e^{-st} dt$$

$$= \int_0^{+\infty} f(t) e^{-(s-a)t} dt = F(s - a).$$

该性质表明, 一个函数乘以指数函数 $e^{at}$ 后的拉氏变换等于其像函数做位移 $a$. （证毕）

**例 20** 求函数 $F(s) = \dfrac{2s + 5}{(s + 2)^2 + 3^2}$ 的拉氏逆变换.

**解** $F(s) = \dfrac{2(s + 2) + 1}{(s + 2)^2 + 3^2}$, 由位移性质知

$$\mathscr{L}^{-1}[F(s)] = \mathscr{L}^{-1} \left[ \frac{2(s + 2) + 1}{(s + 2)^2 + 3^2} \right] = e^{-2t} \mathscr{L}^{-1} \left[ \frac{2s + 1}{s^2 + 3^2} \right]$$

$$= e^{-2t} \left\{ 2\mathscr{L}^{-1} \left[ \frac{s}{s^2 + 3^2} \right] + \frac{1}{3} \mathscr{L}^{-1} \left[ \frac{3}{s^2 + 3^2} \right] \right\},$$

查拉普拉斯变换表得

$$\mathscr{L}^{-1}[F(s)] = e^{-2s} \left( 2\cos 3t + \frac{1}{3} \sin 3t \right).$$

**例 21** 求函数 $f(t) = \int_0^t t e^{at} \sin at dt$ 的拉氏变换.

**解** 由积分性质

$$\mathscr{L}[f(t)] = \mathscr{L}\left[\int_0^t te^{at}\sin at\,dt\right] = \frac{1}{s}\mathscr{L}[te^{at}\sin at],$$

由微分性质知

$$\mathscr{L}[t\sin at] = -\{\mathscr{L}[\sin at]\}' = -\left(\frac{a}{s^2+a^2}\right)' = \frac{2as}{(s^2+a^2)^2},$$

由位移性质知

$$\mathscr{L}[te^{at}\sin at] = \frac{2a(s-a)}{[(s-a)^2+a^2]^2},$$

故

$$\mathscr{L}\left[\int_0^t te^{at}\sin at\,dt\right] = \frac{2as-2a^2}{s(s^2-2as+2a^2)^2}.$$

**例 22** 设 $f(t) = \sin t$，求 $\mathscr{L}\left[f\left(t-\frac{\pi}{2}\right)\right]$.

**解** $\mathscr{L}\left[f\left(t-\frac{\pi}{2}\right)\right] = \mathscr{L}\left[\sin\left(t-\frac{\pi}{2}\right)\right] = \frac{1}{s^2+1}e^{-\frac{\pi}{2}s}$.

**例 23** 求 $\mathscr{L}^{-1}\left[\frac{1}{s-1}e^{-s}\right]$.

**解** 因为 $\mathscr{L}^{-1}\left[\frac{1}{s-1}\right] = e^t u(t)$，所以 $\mathscr{L}^{-1}\left[\frac{1}{s-1}e^{-s}\right] = e^{t-1}u(t-1) = \begin{cases} e^{t-1}, t>1, \\ 0, t<1. \end{cases}$

**6. 相似性质**

$$\mathscr{L}[f(at)] = \frac{1}{a}F\left(\frac{s}{a}\right)(a>0). \tag{7.21}$$

事实上，令 $u = at$ 可得

$$\begin{aligned} \mathscr{L}[f(at)] &= \int_0^{+\infty} f(at)e^{-st}dt = \int_0^{+\infty} \frac{1}{a}f(u)e^{-\frac{s}{a}u}du \\ &= \frac{1}{a}F\left(\frac{s}{a}\right)(a>0). \end{aligned}$$

**7. 卷积与卷积定理**

**定义** 若给定两个函数 $f_1(t)$、$f_2(t)$ 在 $t<0$ 时均为零，则积分

$$\int_0^t f_1(\tau)f_2(t-\tau)d\tau \tag{7.22}$$

称为函数 $f_1(t)$ 与 $f_2(t)$ 的**卷积**，记作 $f_1(t)*f_2(t)$，即

$$f_1(t)*f_2(t) = \int_0^t f_1(\tau)f_2(t-\tau)d\tau.$$

实际上，这个卷积的定义就是第 6 章卷积定义在 $t<0$ 时，$f_1(t)=f_2(t)=0$ 的特殊情形.
卷积满足交换律

$$f_1(t)*f_2(t) = f_2(t)*f_1(t);$$

以及对加法的分配律

$$f_1(t)*[f_2(t)+f_3(t)] = f_1(t)*f_2(t)+f_1(t)*f_3(t).$$

以上性质，请读者自行证之.

**例 24** 已知函数

$$f_1(t) = \begin{cases} t, & t \geqslant 0, \\ 0, & t < 0; \end{cases} \qquad f_2(t) = \begin{cases} \sin t, & t \geqslant 0, \\ 0, & t < 0. \end{cases}$$

求 $f_1(t) * f_2(t)$.

**解** 依卷积定义, 有

$$\begin{aligned} f_1(t) * f_2(t) &= \int_0^t \tau \sin(t - \tau) \, \mathrm{d}\tau \\ &= \tau \cos(t - \tau) \Big|_0^t - \int_0^t \cos(t - \tau) \, \mathrm{d}\tau \\ &= t + \tau \sin(t - \tau) \Big|_0^t \\ &= t - \sin t. \end{aligned}$$

**定理 1** (卷积定理)

若 $F_1(s) = \mathscr{L}[f_1(t)]$, $F_2(s) = \mathscr{L}[f_2(t)]$, 则

$$\mathscr{L}[f_1(t) * f_2(t)] = F_1(s) F_2(s), \tag{7.23}$$

或

$$\mathscr{L}^{-1}[F_1(s) F_2(s)] = f_1(t) * f_2(t).$$

**证** 在 $t < 0$ 时, $f_1(t) = f_2(t) = 0$, 则

$$F_1(s) F_2(s) = \int_{-\infty}^{+\infty} f_1(\tau) \mathrm{e}^{-s\tau} \, \mathrm{d}\tau \int_{-\infty}^{+\infty} \mathrm{e}^{-su} f_2(u) \, \mathrm{d}u.$$

若做变量替换 $u = t - \tau$ 引入变量 $t$, 那么

$$F_1(s) F_2(s) = \int_{-\infty}^{+\infty} f_1(\tau) \mathrm{e}^{-s\tau} \Big[ \int_{-\infty}^{+\infty} \mathrm{e}^{-s(t-\tau)} f_2(t - \tau) \, \mathrm{d}t \Big] \, \mathrm{d}\tau.$$

由于上式右端绝对可积, 故可交换积分次序, 即

$$F_1(s) F_2(s) = \int_{-\infty}^{+\infty} \mathrm{e}^{-st} \Big[ \int_{-\infty}^{+\infty} f_1(\tau) f_2(t - \tau) \, \mathrm{d}\tau \Big] \mathrm{d}t.$$

而

$$\int_{-\infty}^{+\infty} f_1(\tau) f_2(t - \tau) \, \mathrm{d}\tau = \begin{cases} \int_0^t f_1(\tau) f_2(t - \tau) \, \mathrm{d}\tau, & t \geqslant 0, \\ 0, & t < 0. \end{cases}$$

故

$$\begin{aligned} F_1(s) F_2(s) &= \int_0^{+\infty} \mathrm{e}^{-st} \Big[ \int_0^t f_1(\tau) f_2(t - \tau) \, \mathrm{d}\tau \Big] \mathrm{d}t \\ &= \int_0^{+\infty} [f_1(t) * f_2(t)] \mathrm{e}^{-st} \, \mathrm{d}t \\ &= \mathscr{L}[f_1(t) * f_2(t)]. \end{aligned}$$ (证毕)

应用此定理, 我们可以将复杂的卷积运算表达的积分改变成简单的代数乘法运算. 故卷积定理常被用来证明一些难以计算出的积分关系.

例如, 在半无限长棒热传导理论中占有重要地位的函数

$$\varphi(x, t) = \frac{x}{2\sqrt{\pi} t^{3/2}} \mathrm{e}^{\frac{-x^2}{4t}},$$

有
$$\mathscr{L}[\varphi(x,t)] = \mathrm{e}^{-x\sqrt{s}} \ (x>0).$$

而
$$\mathrm{e}^{-x_1\sqrt{s}}\mathrm{e}^{-x_2\sqrt{s}} = \mathrm{e}^{-(x_1+x_2)\sqrt{s}} (x_1>0, x_2>0),$$

因此，由定理得
$$\varphi(x_1,t) * \varphi(x_2,t) = \varphi(x_1+x_2,t).$$

这一关系若用显式写出，则相当复杂，若要通过直接计算加以证明，那不是一两页篇幅所能完成的，但利用上面的卷积定理却简单得几乎让人不敢相信.

不难推证，若 $\mathscr{L}[f_k(t)] = F_k(s)(k=1,2,\cdots,n)$，则
$$\mathscr{L}[f_1(t)*f_2(t)*\cdots f_n(t)] = F_1(s)F_2(s)\cdots F_n(s).$$

**例 25** 求函数 $F(s) = \dfrac{1}{s^2(1+s^2)}$ 的拉氏逆变换.

**解** 因为
$$F(s) = \frac{1}{s^2}\frac{1}{1+s^2}, \quad \mathscr{L}^{-1}\left[\frac{1}{s^2}\right] = t, \quad \mathscr{L}^{-1}\left[\frac{1}{1+s^2}\right] = \sin t.$$

由卷积定理知
$$\mathscr{L}^{-1}[F(s)] = \mathscr{L}^{-1}\left[\frac{1}{s^2}\frac{1}{1+s^2}\right] = t*\sin t = t - \sin t.$$

**例 26** 求函数 $F(s) = \dfrac{1}{(s^2+4s+13)^2}$ 的拉氏逆变换.

**解** 因为
$$F(s) = \frac{1}{(s+2)^2+3^2} \cdot \frac{1}{(s+2)^2+3^2},$$

由位移性质知
$$\mathscr{L}^{-1}\left[\frac{3}{(s+2)^2+3^2}\right] = \mathrm{e}^{-2t}\sin 3t$$

故由卷积定理得
$$\begin{aligned}
\mathscr{L}^{-1}[F(s)] &= \frac{1}{9}(\mathrm{e}^{-2t}\sin 3t)*(\mathrm{e}^{-2t}\sin 3t)\\
&= \frac{1}{9}\int_0^t \mathrm{e}^{-2\tau}\sin 3\tau\, \mathrm{e}^{-2(t-\tau)}\sin(3t-3\tau)\mathrm{d}\tau\\
&= \frac{1}{9}\mathrm{e}^{-2t}\int_0^t \sin 3\tau\sin(3t-3\tau)\mathrm{d}\tau\\
&= \frac{1}{18}\mathrm{e}^{-2t}\int_0^t [\cos(6\tau-3t)-\cos 3t]\mathrm{d}\tau\\
&= \frac{1}{18}\mathrm{e}^{-2t}\left[\frac{\cos(6\tau-3t)}{6}-\tau\cos 3t\right]_0^t\\
&= \frac{1}{54}\mathrm{e}^{-2t}(\sin 3t - 3t\cos 3t).
\end{aligned}$$

**例 27** 求积分方程 $y(t) = at + \displaystyle\int_0^t y(\tau)\sin(t-\tau)\mathrm{d}\tau$ 的解.

**解** 因为

$$\int_0^t y(\tau)\sin(t-\tau)\mathrm{d}\tau = y(t)*\sin t,$$

对积分方程两边同时实施拉氏变换得

$$\mathscr{L}[y(t)] = a\mathscr{L}[t] + \mathscr{L}[y(t)*\sin t].$$

由卷积定理知

$$\mathscr{L}[y(t)] = \frac{a}{s^2} + \mathscr{L}[y(t)]\cdot\mathscr{L}[\sin t],$$

故

$$\mathscr{L}[y(t)] = \frac{a}{s^2} + \frac{\mathscr{L}[y(t)]}{s^2+1},$$

$$y(t) = \mathscr{L}^{-1}\left[\frac{a}{s^2} + \frac{a}{s^4}\right] = a\left(t + \frac{1}{6}t^3\right).$$

*8  初值定理与终值定理

**初值与终值**  我们称 $f(0)$ 和 $f(0^+) = \lim_{t\to 0^+} f(t)$ 为 $f(t)$ 的初值，$f(+\infty) = \lim_{t\to+\infty} f(t)$ 为 $f(t)$ 的终值（假定两个极限存在）.

**定理2**  （初值定理）若 $f'(t)$ 的拉氏变换存在，则

$$\lim_{s\to\infty} sF(s) = f(0). \tag{7.24}$$

**定理3**  （终值定理）若 $f'(t)$ 的拉氏变换存在，且 $sF(s)$ 的一切奇点都在左半平面（$\mathrm{Re}(s) < 0$），则

$$\lim_{s\to 0} sF(s) = f(+\infty).$$

**证**  考虑关系式

$$sF(s) = \mathscr{L}[f'(t)] + f(0) = \int_0^{+\infty} \frac{\mathrm{d}f(t)}{\mathrm{d}t}\mathrm{e}^{-st}\mathrm{d}t + f(0).$$

令 $s\to\infty$ 得

$$\lim_{s\to\infty} sF(s) = \lim_{s\to\infty}\left[\int_0^{+\infty}\frac{\mathrm{d}f(t)}{\mathrm{d}t}\mathrm{e}^{-st}\mathrm{d}t + f(0)\right]$$

$$= \int_0^{+\infty}\lim_{s\to\infty}\mathrm{e}^{-st}\frac{\mathrm{d}f(t)}{\mathrm{d}t}\mathrm{d}t + f(0)$$

$$= f(0)\ \left(\lim_{s\to\infty} sF(s) = \lim_{\mathrm{Re}(s)\to+\infty} sF(s)\right).$$

在关系式中，令 $s\to 0$ 得

$$\lim_{s\to 0} sF(s) = \lim_{s\to 0}\left[\int_0^{+\infty}\frac{\mathrm{d}f(t)}{\mathrm{d}t}\mathrm{e}^{-st}\mathrm{d}t + f(0)\right]$$

$$= \int_0^{+\infty}\lim_{s\to 0}\mathrm{e}^{-st}\frac{\mathrm{d}f(t)}{\mathrm{d}t}\mathrm{d}t + f(0)$$

$$= \int_0^{+\infty}\frac{\mathrm{d}f(t)}{\mathrm{d}t}\mathrm{d}t + f(0)$$

$$= f(t)\Big|_0^{+\infty} + f(0)$$

$$= \lim_{t \to +\infty} f(t) = f(+\infty).$$

因此，倘若允许交换积分与极限的运算顺序，我们就证明了这两个定理．在前一定理中，通常总是许可这样做的；在后一定理中，仅在满足定理中所叙述的特定条件下才允许这样做．

例如 $F(s) = \dfrac{\omega}{s^2 + \omega^2} (\omega > 0)$，则 $sF(s) = \dfrac{s\omega}{s^2 + \omega^2}$．由于它的奇点 $s = \pm i\omega$ 位于虚轴 $\mathrm{Re}(s) = 0$ 上，因此不满足终值定理的条件，即使极限 $\lim_{s \to 0} sF(s)$ 存在，终值定理也不能用．然而初值定理仍然可以用．

在实际应用中，有时我们只关心函数 $f(t)$ 在 $t = 0$ 附近或 $t$ 相当大的情况，它们可能是某个系统的动态响应的初始情况或稳定状态情况．这时我们并不需要用逆变换求出 $f(t)$ 的表达式，而可以直接由 $F(s)$ 来确定这些值．

终值定理的一个有趣的实际应用是飞机自动着陆系统．这类系统，通常也称作终值控制系统，它要求某指定产量的终值为零．如图 7.3 所示，当时间 $t$ 变大（接近着陆时刻）时，与关心飞机对理想着陆路径的偏离相比较，我们更加关心 $\varepsilon$ 的终值为零．

表 7.1 所示为拉普拉斯变换性质一览表．

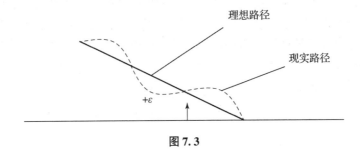

**图 7.3**

**表 7.1 拉普拉斯变换性质一览表**

| 性质 | $f(t)$ | $F(s)$ |
|---|---|---|
| 相似 | $f(at)$ | $\dfrac{1}{a} F\left(\dfrac{s}{a}\right) (a > 0)$ |
| 线性 | $\alpha f(t) + \beta g(t)$ | $\alpha F(s) + \beta F(s)$ |
| 位移 | $e^{at} f(t)$ | $F(s - a)$ |
| 延迟 | $f(t - t_0)$ | $e^{-st_0} F(s)$ |
| 微分 | $f'(t)$ | $sF(s) - f(0)$ |
| | $f^n(t)$ | $s^n F(s) - s^{n-1} f(0) - s^{n-2} f'(0) \cdots - f^{(n-1)}(0)$ |
| | $-tf(t)$ | $F'(s)$ |
| | $(-t)^n f(t)$ | $F^{(n)}(s)$ |
| | $\displaystyle\int_0^t f(t)\,\mathrm{d}t$ | $\dfrac{1}{s} F(s)$ |
| | $\underbrace{\displaystyle\int_0^t \cdots \int_0^t f(t)\,\mathrm{d}t}_{n\text{次}}$ | $\dfrac{1}{s^n} F(s)$ |

续表

| 性质 | $f(t)$ | $F(s)$ |
|---|---|---|
| 积分 | $\dfrac{f(t)}{t}$ | $\displaystyle\int_s^\infty F(s)\,\mathrm{d}s$ |
| | $\dfrac{f(t)}{t^n}$ | $\underbrace{\displaystyle\int_s^\infty\cdots\int_s^\infty F(s)\,\mathrm{d}s}_{n次}$ |
| 卷积 | $f_1(t)*f_2(t)$ | $F_1(s)\cdot F_2(s)$ |

注：在使用性质时，注意性质成立的条件.

# 7.4 拉普拉斯变换的应用

我们知道，许多物理系统，如电路系统、自动控制系统、振动系统等的研究可以归结为求常系数线性微分方程的初值问题. 由于拉氏变换提供了求解初值问题的一种简便方法，所以拉氏变换在各种线性系统理论分析中的应用十分广泛. 这一节，我们将介绍利用拉氏变换求解线性微分方程及微分方程组的方法，以及拉氏变换在线性控制系统中的应用.

解线性微分方程及微分方程组的基本思想如下：

## 7.4.1 求解常系数线性微分方程

1. 初值问题

**例1** 求 $y''' + 3y'' + 3y' + y = 1$ 满足初值条件 $y(0) = y'(0) = y''(0) = 0$ 的特解.

**解** 设 $\mathscr{L}[y(t)] = Y(s)$，对方程两边取拉氏变换，根据拉氏变换的微分性质并考虑到初值条件，可得像方程

$$s^3 Y(s) + 3s^2 Y(s) + 3sY(s) + Y(s) = \frac{1}{s},$$

于是 $Y(s) = \dfrac{1}{s(s+1)^3} = \dfrac{1}{s} - \dfrac{1}{s+1} - \dfrac{1}{(s+1)^2} - \dfrac{1}{(s+1)^3}$，取逆变换，得

$$y(t) = 1 - \mathrm{e}^{-t} - t\mathrm{e}^{-t} - \frac{1}{2}t^2\mathrm{e}^{-t}.$$

**例2** 求 $y' + y = u(t-b)\,(b>0)$ 满足初值条件 $y(0) = y_0$ 的特解.

**解** 对方程两边取拉氏变换得像方程

$$sY(s) - y_0 + Y(s) = \frac{1}{s}\mathrm{e}^{-bs}.$$

于是 $Y(s) = \dfrac{e^{-bs}}{s(s+1)} + \dfrac{y_0}{s+1}$，取逆变换，得

$$y(t) = [1 - e^{-(t-b)}]u(t-b) + y_0 e^{-t} = \begin{cases} y_0 e^{-t}, & 0 \leqslant t \leqslant b, \\ 1 + (y_0 - b)e^{-t}, & t > b. \end{cases}$$

**例 3**　如图 7.4 所示的电路中，当 $t = 0$ 时，开关 S 闭合，接入信号源 $e(t) = E_0 \sin \omega t$，起始电流等于零，求 $I(t)$.

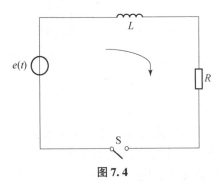

图 7.4

**解**　根据基尔霍夫定律，有

$$L \frac{dI(t)}{dt} + RI(t) = E_0 \sin \omega t,$$

且初值条件为 $I(0) = 0$. 设 $\mathscr{L}[I(t)] = I(s)$，对方程两边取拉氏变换，得像方程

$$LsI(s) + RI(s) = E_0 \frac{\omega}{s^2 + \omega^2},$$

于是 $I(s) = \dfrac{E_0 \omega}{(Ls + R)(s^2 + \omega^2)} = \dfrac{E_0}{L} \cdot \dfrac{1}{s + \dfrac{R}{L}} \cdot \dfrac{\omega}{s^2 + \omega^2}$. 取逆变换，并根据卷积定理，可得

$$I(t) = \frac{E_0}{L}(e^{-\frac{R}{L}} * \sin \omega t) = \frac{E_0}{L} \int_0^t \sin \omega \tau e^{-\frac{R}{L}(t-\tau)} d\tau$$

$$= \frac{E_0}{R^2 + L^2 \omega^2}(R \sin \omega t - \omega L \cos \omega t) + \frac{E_0 \omega}{R^2 + L^2 \omega^2} e^{-\frac{R}{L}t}.$$

所得结果的第一部分代表一个稳定的（幅度不变的）振荡，第二部分则随时间而衰减.

**例 4**　质量为 $m$ 的物体挂在弹性系数为 $k$ 的弹簧的一端（图 7.5），作用在物体上的外力为 $F_x(t)$. 若物体自静止平衡位置 $x = 0$ 处开始运动，求该物体的运动规律 $x(t)$.

**解**　根据牛顿第二运动定律，有

$$mx''(t) = F_x(t) - kx(t),$$

其中 $-kx(t)$ 由胡克（Hooke）定律所得，是弹性恢复力，且 $x(0) = x'(0) = 0$. 设 $\mathscr{L}[x(t)] = X(s)$，$\mathscr{L}[F_x(t)] = F(s)$，对方程两边取拉氏变换，并考虑初值条件，则

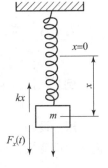

图 7.5

$$ms^2 X(s) + kX(s) = F(s).$$

若记 $\omega_0^2 = \dfrac{k}{m}$，则有 $X(s) = \dfrac{1}{m} \cdot \dfrac{F(s)}{s^2 + \omega_0^2}$，根据卷积定理，得

$$x(t) = \frac{1}{m}\mathscr{L}^{-1}\left[\frac{1}{s^2 + \omega_0^2}\right] * \mathscr{L}^{-1}[F(s)] = \frac{1}{m\omega_0}\int_0^t F_x(\tau)\sin\omega_0(t-\tau)\,\mathrm{d}\tau.$$

**2. 边值问题**

**例 5** 求 $y'' - 2y' + y = 0$ 满足 $y(0) = 0, y(1) = 2$ 的特解.

**解** 像方程为

$$s^2 Y(s) - sy(0) - y'(0) - 2sY(s) + 2y(0) + Y(s) = 0,$$

于是 $Y(s) = \dfrac{y'(0)}{(s-1)^2}$，取逆变换，得 $y(t) = y'(0)te^t$，把 $t = 1$ 代入，可得

$$y(1) = y'(0)\mathrm{e} = 2,$$

即 $y'(0) = 2\mathrm{e}^{-1}$，所以 $y(t) = 2te^{t-1}$.

以上各例如果用求解常微分方程的经典方法去做，就会发现运算太烦琐了，对某些较特别的方程（如非齐次项具有跳跃点时），求解起来就很困难. 应用拉氏变换，我们将微分的运算转化为代数运算，并将初值条件和边界条件一并考虑，借助拉普拉斯变换表，使求解微分方程变得异常简便.

### 7.4.2 求解积分方程

**例 6** 求解积分方程 $f(t) = at - \displaystyle\int_0^t \sin(x-t)f(x)\,\mathrm{d}x\,(a \neq 0)$.

**解** 由于 $f(t) * \sin t = \displaystyle\int_0^t \sin(x-t)f(x)\,\mathrm{d}x$，所以原方程可以化为

$$f(t) = at - f(t) * \sin t.$$

令 $F(s) = \mathscr{L}[f(t)]$，因而 $\mathscr{L}[t] = \dfrac{1}{s^2}$，$\mathscr{L}[\sin t] = \dfrac{1}{1+s^2}$，对原方程的两边取拉普拉斯积分变换，可以得到 $F(s) = \dfrac{a}{s^2} + \dfrac{1}{1+s^2}F(s)$，故 $F(s) = a\left(\dfrac{1}{s^2} + \dfrac{1}{s^4}\right)$，取拉普拉斯逆变换，可以得到 $f(t) = a\left(t + \dfrac{t^3}{6}\right)$.

### 7.4.3 求解常系数线性微分方程组

**例 7** 求 $\begin{cases} x' + y + z' = 1, \\ x + y' + z = 0, \\ y + 4z' = 0 \end{cases}$ 满足 $x(0) = y(0) = z(0) = 0$ 的解.

**解** 设 $\mathscr{L}[x(t)] = X(s)$，$\mathscr{L}[y(t)] = Y(s)$，$\mathscr{L}[z(t)] = Z(s)$. 对方程组中每个方程两边取拉氏变换，得像方程组

$$\begin{cases} sX(s) + Y(s) + sZ(s) = \dfrac{1}{s}, \\ X(s) + sY(s) + Z(s) = 0, \\ Y(s) + 4sZ(s) = 0. \end{cases}$$

解此方程组得

$$X(s) = \frac{4s^2 - 1}{4s^2(s^2 - 1)}, \quad Y(s) = -\frac{1}{s(s^2 - 1)}, \quad Z(s) = \frac{1}{4s^2(s^2 - 1)}.$$

对每个像函数取逆变换，可得

$$x(t) = \mathscr{L}^{-1}\left[\frac{4s^2 - 1}{4s^2(s^2 - 1)}\right] = \frac{1}{4}\mathscr{L}^{-1}\left[\frac{3}{s^2 - 1} + \frac{1}{s^2}\right] = \frac{1}{4}(3\,\mathrm{sh}\,t + t),$$

$$y(t) = \mathscr{L}^{-1}\left[-\frac{1}{s(s^2 - 1)}\right] = \mathscr{L}^{-1}\left[\frac{1}{s} - \frac{s}{s^2 - 1}\right] = 1 - \mathrm{ch}\,t,$$

$$z(t) = \mathscr{L}^{-1}\left[\frac{1}{4s(s^2 - 1)}\right] = \frac{1}{4}\mathscr{L}^{-1}\left[\frac{1}{s^2 - 1} - \frac{1}{s^2}\right] = \frac{1}{4}(\mathrm{sh}\,t - t).$$

**例 8**　求 $\begin{cases} y'' - x'' + x' - y = \mathrm{e}^t - 2, \\ 2y'' - x'' - 2y' + x = -t, \end{cases}$ 满足初值条件 $\begin{cases} y(0) = y'(0) = 0, \\ x(0) = x'(0) = 0 \end{cases}$ 的解.

**解**　设 $\mathscr{L}[x(t)] = X(s)$，$\mathscr{L}[y(t)] = Y(s)$. 对应方程组中每个方程两边取拉氏变换，并考虑初值条件，得

$$\begin{cases} s^2 Y(s) - s^2 X(s) + sX(s) - Y(s) = \dfrac{1}{s - 1} - \dfrac{2}{s}, \\[2mm] 2s^2 Y(s) - s^2 X(s) - 2sY(s) + X(s) = -\dfrac{1}{s^2}, \end{cases}$$

整理、化简并求解得 $X(s) = \dfrac{2s - 1}{s^2(s - 1)^2}$，$Y(s) = \dfrac{1}{s(s - 1)^2}$.

对每个像函数求逆变换，得

$$y(t) = \mathscr{L}^{-1}\left[\frac{1}{s} + \frac{1}{(s - 1)^2} - \frac{1}{s - 1}\right] = 1 + t\mathrm{e}^t - \mathrm{e}^t.$$

因为 $X(s)$ 具有两个 2 级极点：$s = 0, 1$，所以

$$x(t) = \lim_{s \to 0}\frac{\mathrm{d}}{\mathrm{d}s}\left[\frac{2s - 1}{(s - 1)^2}\mathrm{e}^{st}\right] + \lim_{s \to 1}\frac{\mathrm{d}}{\mathrm{d}s}\left[\frac{2s - 1}{s^2}\mathrm{e}^{st}\right]$$

$$= \lim_{s \to 0}\left[t\mathrm{e}^{st}\frac{2s - 1}{(s - 1)^2} - \frac{2s}{(s - 1)^3}\mathrm{e}^{st}\right] + \lim_{s \to 1}\left[t\mathrm{e}^{st}\frac{2s - 1}{s^2} + \frac{2(1 - s)}{s^3}\mathrm{e}^{st}\right]$$

$$= -t + t\mathrm{e}^{st}.$$

例 7 与例 8 向我们展示了求解常系数线性微分方程组的方法. 容易看出，当我们只求某个未知函数，而不必知道其余的未知函数时，这将省去许多运算. 一般来说，用经典求解方法并不能做到.

## *7.5　梅林变换和 z 变换

关于拉氏变换，我们也可像傅氏变换那样，定义其有限拉氏变换与离散拉氏变换. 从实际应用角度考虑，在此我们介绍两种由拉氏变换导出的常用积分变换.

### 7.5.1 梅林变换

**1. 梅林变换的定义**

**定义 1**  反常积分 $\int_0^{+\infty} f(x) x^{s-1} \mathrm{d}x$ 称为**梅林变换**，记作 $F_M(s)$，即

$$F_M(s) = \int_0^{+\infty} f(x) x^{s-1} \mathrm{d}x, \tag{7.25}$$

用符号 MLT 表示，即

$$\mathrm{MLT}[f(x)] = F_M(s).$$

$f(x)$ 的梅林逆变换由下式给出

$$f(x) = \frac{1}{2\pi \mathrm{i}} \int_{\alpha - \mathrm{i}\infty}^{\alpha + \mathrm{i}\infty} F_M(s) x^{-s} \mathrm{d}s \ (\alpha \text{ 为 } s \text{ 的实部}). \tag{7.26}$$

若令 $x = \mathrm{e}^{-t}$，则 $x^{s-1} = \mathrm{e}^{-t(s-1)}$，$\mathrm{d}x = -\mathrm{e}^{-t} \mathrm{d}t$. 从而

$$F_M(s) = \int_{-\infty}^{+\infty} f(\mathrm{e}^{-t}) \mathrm{e}^{-st} \mathrm{d}t. \tag{7.27}$$

式（7.27）表示的是 $t$ 的函数的双边拉普拉斯变换，它和 $x$ 的函数的梅林变换是一样的. 当我们把时间 $t$ 的函数看作 $\mathrm{e}^{-t}$ 的函数时，就把所有正的时间变化范围压缩到了 $\mathrm{e}^{-t}$ 在 1 到 0 之间的变化范围.

**例 1**  由定义 1 知，当 $f(x) = \delta(x - a)$ 时，

$$F_M(s) = \int_0^{+\infty} f(x) x^{s-1} \mathrm{d}x = \int_{-\infty}^{+\infty} \delta(x - a) x^{s-1} \mathrm{d}x = a^{s-1}.$$

当 $f(x) = u(x - a)$ 时，$F_M(s) = \int_a^{+\infty} x^{s-1} \mathrm{d}x = -\dfrac{a^s}{s}(\mathrm{Re}(s) < 0)$；

当 $f(x) = \mathrm{e}^{-ax}$ 时，$F_M(s) = \int_0^{+\infty} \mathrm{e}^{-ax} x^{s-1} \mathrm{d}x = a^{-s} \Gamma(s)(\mathrm{Re}(a) > 0, \mathrm{Re}(s) > 0)$.

**2. 梅林变换的性质**

（1）线性性质：

$$\alpha f_1(x) + \beta f_2(x) \xrightarrow{\mathrm{MLT}} \alpha F_{1M}(s) + \beta F_{2M}(s),$$

其中，$\alpha$、$\beta$ 为任意常数.

（2）相似性质：

$$f(ax) \xrightarrow{\mathrm{MLT}} a^{-s} F_M(s)(a > 0);$$

$$f(x^a) \xrightarrow{\mathrm{MLT}} a^{-1} F_M\left(\frac{s}{a}\right)(a > 0).$$

（3）位移性质：

$$x^a f(x) \xrightarrow{\mathrm{MLT}} F_M(s + a).$$

（4）微分性质：

$$f^{(n)}(x) \xrightarrow{\mathrm{MLT}} (-1)^n (s - n) \cdots (s - 1) F_M(s - n).$$

（5）积分性质：

$$\int_0^{+\infty} f\left(\frac{x}{u}\right) g(u)\,\mathrm{d}u \xrightarrow{\mathrm{MLT}} F_M(s) G_M(s).$$

关于这些性质的证明读者可根据定义自行完成. 由于我们对双边拉氏变换未曾做过介绍, 而拉氏变换又与傅氏变换紧密相连. 因此, 读者可借助傅氏变换理解这些性质.

**例 2** 因为

$$\sin x = \frac{\mathrm{e}^{\mathrm{i}x} - \mathrm{e}^{-\mathrm{i}x}}{2\mathrm{i}}, \quad \mathrm{e}^{-ax} \xrightarrow{\mathrm{MLT}} a^{-1}\Gamma(s)\,(\mathrm{Re}(a) > 0,\ \mathrm{Re}(s) > 0),$$

所以, 由性质 (1), 得

$$\sin x \xrightarrow{\mathrm{MLT}} \frac{1}{2\mathrm{i}}[(-\mathrm{i})^{-s} - (\mathrm{i})^{(-s)}]\Gamma(s)$$

$$= \frac{1}{2\mathrm{i}}[(\mathrm{i})^{s} - (\mathrm{i})^{-s}]\Gamma(s)$$

$$= \frac{1}{2\mathrm{i}}[\mathrm{e}^{\frac{1}{2}\pi\mathrm{i}s} - \mathrm{e}^{-\frac{1}{2}\pi\mathrm{i}s}]\Gamma(s)$$

$$= \Gamma(s)\sin\frac{1}{2}\pi s\,(\,|\mathrm{Re}(s)| < 1);$$

由性质 (2), $\sin kx \xrightarrow{\mathrm{MLT}} k^{-s}\Gamma(s)\sin\dfrac{1}{2}\pi s\,(k > 0,\ |\mathrm{Re}(s)| < 1);$

由性质 (3), $x^n\sin kx \xrightarrow{\mathrm{MLT}} k^{-(s+n)}\Gamma(s+n)\sin\dfrac{1}{2}\pi(s+n)\,(k > 0,\ |\mathrm{Re}(s)| < 1);$

由性质 (4), $\sin^{(n)}x \xrightarrow{\mathrm{MLT}} (-1)^n(s-n)\cdots(s-1)\Gamma(s-n)\sin\dfrac{1}{2}\pi(s-n)\,(\,|\mathrm{Re}(s)| < 1).$

### 7.5.2　$z$ 变换

**1. $z$ 变换的定义**

**定义 2**　离散的函数序列 $f(n)\,(n = 0, 1, 2, \cdots)$ 的 $z$ **变换** $F(z)$ 由

$$F(z) = \sum_{n=0}^{\infty} f(n) z^{-n} \tag{7.28}$$

给出, 其中 $z$ 是复变量. 变换也可用符号 $\mathscr{Z}$ 表示, 即

$$F(z) = \mathscr{Z}[f(n)].$$

$f(n)$ 的 $z$ 变换的逆变换由下式给出

$$f(n) = \frac{1}{2\pi\mathrm{i}}\int_C F(z) z^{n-1}\,\mathrm{d}z, \tag{7.29}$$

其中 $C$ 为一环绕原点并完全位于 $F(z)$ 收敛域内的逆时针方向的闭曲线.

式 (7.29) 由式 (7.28) 两边同时乘以 $z^{k-1}$ 再积分得到.

**例 3**　由定义 2 有, 当 $f(n) = \delta(n)$ 时, $\mathscr{Z}[\delta(n)] = \sum\limits_{n=0}^{\infty} \delta(n) z^{-n} = [1 \times z^{-n}]_{n=0} = 1.$

当 $f(n) = u(n)$ 时, $\mathscr{Z}[u(n)] = \sum\limits_{n=0}^{\infty} u(n) z^{-n} = \sum\limits_{n=0}^{\infty} z^{-n} = \dfrac{z}{z-1}\,(\,|z| > 1).$

当 $f(n) = a^n\,(a \neq 0)$ 时, $\mathscr{Z}[a^n] = \sum\limits_{n=0}^{\infty} a^n z^{-n} = \sum\limits_{n=0}^{\infty} (az^{-1})^n = \dfrac{z}{z-a}\,(\,|z| > |a|).$

当 $f(n) = n$ 时，$\mathscr{Z}[n] = \sum\limits_{n=0}^{\infty} nz^{-n} = -z\sum\limits_{n=0}^{\infty} -nz^{-n-1} = -z\left[\dfrac{z}{z-1}\right]' = \dfrac{z}{(z-1)^2}(\,|z| > 1)$.

**2. $z$ 变换的性质**

（1）线性性质：
$$\mathscr{Z}[\alpha f_1(n) + \beta f_2(n)] = \alpha F_1(z) + \beta F_2(z),$$
其中，$\alpha$、$\beta$ 为任意常数.

（2）相似性质：
$$\mathscr{Z}[a^{-n}f(n)] = F(az)(a > 0).$$

（3）延迟性质：
$$\mathscr{Z}[f(n-a)] = z^{-a}F(z)(a \geq 0^+).$$

（4）微分性质：
$$\mathscr{Z}[nf(n)] = zF'(z);$$
$$\mathscr{Z}[(1-n)f(n-1)] = F'(z).$$

（5）卷积与卷积定理.

**定义 3** 两个离散序列 $f_1(n)$、$f_2(n)(n = 0,1,2,\cdots)$ 的卷积定义为
$$f_1(n) * f_2(n) = \sum_{k=0}^{n} f_1(k)f_2(n-k).$$

**定理 1**（卷积定理）$\mathscr{Z}[f_1(n) * f_2(n)] = F_1(z)F_2(z).$

以上性质的证明均来自定义，非常简单，限于篇幅，请读者自行证之.

**例 4** 求齐次方程 $f(n+2) + 3f(n+1) + 2f(n) = 0$ 当 $f(0) = 0, f(1) = 1$ 时的解.

**解** 设 $\mathscr{Z}[f(n)] = F(z)$，对方程两边取 $z$ 变换，得
$$z^2 F(z) - z + 3zF(z) + 2F(z) = 0,$$
即
$$F(z) = \frac{z}{z^2 + 3z + 2} = \frac{z}{z+1} - \frac{z}{z+2}(\,|z| > 2).$$

由上例知，$F(z)$ 的逆变换为 $f(n) = (-1)^n - (-2)^n$，即为所求齐次方程的解.

最后我们要说的是：在双边拉普拉斯积分 $\int_{-\infty}^{+\infty} f(t)e^{st}\mathrm{d}t$ 中，令 $x = e^{-t}$ 就导出了梅林变换，而令 $z = e^{-s}$ 就导出了 $z$ 变换. 下面把这三种变换和它们的逆变换一并列出供参考比较：
$$F(s) = \int_{-\infty}^{+\infty} f(t)e^{-st}\mathrm{d}t, \quad f(t) = \frac{1}{2\pi i}\int_{\alpha-i\infty}^{\alpha+i\infty} F(s)e^{st}\mathrm{d}s;$$
$$F_M(s) = \int_0^{+\infty} f(t)x^{s-1}\mathrm{d}x, \quad f(t) = \frac{1}{2\pi i}\int_{\alpha-i\infty}^{\alpha+i\infty} F_M(s)x^{-s}\mathrm{d}s;$$
$$F(z) = \sum_{n=0}^{\infty} f(n)z^{-n}, \quad f(n) = \frac{1}{2\pi i}\oint_C F(z)z^{n-1}\mathrm{d}z.$$

## 数学文化赏析——拉普拉斯

皮埃尔－西蒙·拉普拉斯侯爵（Pierre－Simon marquis de Laplace, 1749 年 3 月 23 日—

1827 年 3 月 5 日），法国著名的天文学家和数学家，天体力学的集大成者.

1749 年，拉普拉斯生于法国西北部卡尔瓦多斯的博蒙昂诺日，在完成学业之后，写了一篇阐述力学一般原理的论文，求教于达朗贝尔. 由于这篇论文异常出色，达朗贝尔为其才华所感，欣然回了一封热情洋溢的信，达朗贝尔还介绍他去巴黎陆军学校任教授. 拉普拉斯事业上的辉煌时期便从此开始.

拉普拉斯把注意力主要集中在天体力学的研究上面. 他把牛顿的万有引力定律应用到整个太阳系，1773 年解决了一个当时著名的难题：解释木星轨道为什么在不断地收缩，而同时土星的轨道又在不断地膨胀. 拉普拉斯用数学方法证明行星平均运动的不变性，即行星的轨道大小只有周期性变化，并证明为偏心率和倾角的 3 次幂. 这就是著名的拉普拉斯定理. 此后他开始了太阳系稳定性问题的研究. 1784—1785 年，他求得天体对其外任一质点的引力分量可以用一个势函数来表示，这个势函数满足一个偏微分方程，即著名的拉普拉斯方程. 1785 年他被选为科学院院士. 1786 年证明行星轨道的偏心率和倾角总保持很小和恒定，能自动调整，即摄动效应是守恒和周期性的，不会积累也不会消解. 1787 年发现月球的加速度同地球轨道的偏心率有关，从理论上解决了太阳系动态中观测到的最后一个反常问题. 自 1795 年以后，他先后任巴黎综合工科学校和高等师范学校教授；1796 年他的著作《宇宙体系论》问世，书中提出了对后来有重大影响的关于行星起源的星云假说. 在这部书中，他独立于康德，提出了第一个科学的太阳系起源理论——星云说. 康德的星云说是从哲学角度提出的，而拉普拉斯则从数学、力学角度充实了星云说，因此，人们常常把他们两人的星云说称为"康德 – 拉普拉斯星云说".

《分析概率论》（1812 年）汇集了 40 年以来概率论方面的进展以及拉普拉斯自己在这方面的发现，对概率论的基本理论做了系统的整理. 这本书包含了几何概率、伯努利定理和最小二乘法原理等. 著名的拉普拉斯变换就是在此书中述及的. 1814 年他还出版了《概率的哲学探讨》，他被公认为是概率论的奠基人之一.

1814 年拉普拉斯提出科学假设，假定如果有一个智能生物能确定从最大天体到最轻原子的运动的现时状态，就能按照力学规律推算出整个宇宙的过去状态和未来状态. 后人把他所假定的智能生物称为"拉普拉斯妖". 1816 年，拉普拉斯被选为法兰西学院院士.

他长期从事大行星运动理论和月球运动理论方面的研究，尤其是他特别注意研究太阳系天体摄动、太阳系的普遍稳定性问题以及太阳系稳定性的动力学问题. 在总结前人研究的基础上取得大量重要成果，他的这些成果集中在 1799—1825 年出版的 5 卷 16 册巨著《天体力学》之内. 在这部著作中第一次提出天体力学这一名词，是经典天体力学的代表作. 它吸取了前人的大量成果，给予天体运动以严格的数学描述，对位势理论同样作出了数学刻画. 这对后来物理学、引力论、流体力学、电磁学以及原子物理等，都产生了极为深远的影响. 在位势理论中他提出了有名的"拉普拉斯方程". 因此他被誉为"法国的牛顿"和天体力学之父.

拉普拉斯才华横溢，著作如林，他的研究领域是多方面的，有天体力学、概率论、微分方程、复变函数、势函数理论、代数、测地学、毛细现象理论等，并有卓越的创见. 他是一位分析学的大师，把分析学应用到力学，特别是天体力学，获得了划时代的结果. 他学识渊博，但学而不厌. 拉普拉斯在研究天体问题的过程中，创造和发展了许多数学的方法，以他的名字命名的拉普拉斯变换、拉普拉斯定理和拉普拉斯方程，在科学技术的各个领域有着广泛的应用．他的遗言是："我们知道的是微小的，我们不知道的是无限的．"他曾说："自然的一切结果都只是数目不多的一些不变规律的数学结论．"他还强调指出："认识一位巨人的研究方法，对于科学的进步，……并不比发现本身用处更少．科学研究的方法经常是极富兴趣的部分．"

## 第 7 章习题

1. 求下列函数的拉普拉斯变换．

(1) $f(t) = \begin{cases} 2, 0 \leqslant t < 1, \\ 1, 1 \leqslant t < 2, \\ 0, t \geqslant 2; \end{cases}$ (2) $f(t) = \begin{cases} \cos t, 0 \leqslant t < \pi, \\ 0, \quad t \geqslant \pi. \end{cases}$

2. 求下列函数的拉普拉斯逆变换．

(1) $F(s) = \dfrac{1}{(s^2 + 4)^2}$; (2) $F(s) = \dfrac{1}{s^4 + 5s^2 + 4}$; (3) $F(s) = \dfrac{s}{(s-1)(s-2)}$;

(4) $F(s) = \dfrac{s^2 + 8}{(s^2 + 4)^2}$; (5) $F(s) = \dfrac{1}{s(s+1)(s+2)}$.

3. 求下列函数的拉普拉斯变换．

(1) $f(t) = \sin t \cdot \cos t$; (2) $f(t) = e^{-4t}$; (3) $f(t) = \sin^2 t$;

(4) $f(t) = t^2$; (5) $f(t) = \sinh bt$.

4. 设函数 $f(t) = \cos t \cdot \delta(t) - \sin t \cdot u(t)$，其中函数 $u(t)$ 为阶跃函数，求 $f(t)$ 的拉普拉斯变换．

5. 求下图所表示的周期函数的拉普拉斯变换．

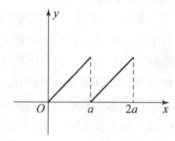

6. 求下列函数的拉普拉斯变换．

(1) $f(t) = \dfrac{t}{2l} \cdot \sin lt$; (2) $f(t) = e^{-2t} \cdot \sin 5t$; (3) $f(t) = 1 - t \cdot e^t$;

(4) $f(t) = e^{-4t} \cdot \cos 4t$; (5) $f(t) = u(2t - 4)$; (6) $f(t) = 5\sin 2t - 3\cos 2t$;

(7) $f(t) = t^{\frac{1}{2}} \cdot e^{\delta t}$; (8) $f(t) = t^2 + 3t + 2$.

7. 求下列函数的拉普拉斯逆变换．

(1) $F(s) = \dfrac{s+2}{(s^2 + 4s + 5)^2}$; (2) $F(s) = \dfrac{2s^2 + 3s + 3}{(s+1)(s+3)^2}$; (3) $F(s) = \dfrac{s}{(s^2 + 4)^2}$;

(4) $F(s) = \ln \dfrac{s-1}{s+1}$；　(5) $F(s) = \dfrac{s^2 + 2s - 1}{s (s-1)^2}$.

8. 记 $\mathscr{L}[f(t)] = F(s)$，对常数 $s_0$，若 $\mathrm{Re}(s - s_0) > \delta_0$，证明 $\mathscr{L}[\mathrm{e}^{s_0 t} \cdot f(t)] = F(s - s_0)$.

9. 记 $\mathscr{L}[f(t)] = F(s)$，证明：$F^{(n)}(s) = \mathscr{L}[(-t)^n \cdot f(t)]$.

10. 记 $\mathscr{L}[f(t)] = F(s)$，如果 $a$ 为常数，证明：$\mathscr{L}[f(at)] = \dfrac{1}{a} F\left(\dfrac{s}{a}\right)$.

11. 记 $\mathscr{L}[f(t)] = F(s)$，证明：$\mathscr{L}\left[\dfrac{f(t)}{t}\right] = \displaystyle\int_s^\infty F(s)\,\mathrm{d}s$，即 $\displaystyle\int_0^{+\infty} \dfrac{f(t)}{t} \cdot \mathrm{e}^{-st}\,\mathrm{d}t = \int_s^\infty F(s)\,\mathrm{d}s$

12. 计算下列函数的卷积.

(1) $1 * 1$；　(2) $t * t$；　(3) $t * \mathrm{e}^t$；　(4) $\sin at * \sin at$；

(5) $\delta(t - \tau) * f(t)$；　(6) $\sin at * \sin at$.

13. 设函数 $f(t)$、$g(t)$、$h(t)$ 均满足当 $t < 0$ 时恒为零，证明

(1) $f(t) * g(t) = g(t) * f(t)$；　(2) $[f(t) + g(t)] * h(t) = f(t) * h(t) + g(t) * h(t)$.

14. 利用卷积定理证明 $\mathscr{L}\left[\displaystyle\int_0^t f(t)\,\mathrm{d}t\right] = \dfrac{F(s)}{s}$.

15. 利用卷积定理证明 $\mathscr{L}^{-1}\left[\dfrac{s}{(s^2 + a^2)}\right] = \dfrac{t}{2a} \cdot \sin at$.

16. 利用卷积定理证明 $\mathscr{L}^{-1}\left[\dfrac{1}{\sqrt{s}(s - 1)}\right] = \dfrac{2}{\sqrt{\pi}} \mathrm{e}^t \displaystyle\int_0^{\sqrt{t}} \mathrm{e}^{-y^2}\,\mathrm{d}y$.

17. 求下列微分方程的解.

(1) $y'' + 2y' - 3y = \mathrm{e}^{-t}$，$y(0) = 0, y'(0) = 1$；

(2) $y'' - y' = 4\sin t + 5\cos 2t$，$y(0) = -1, y'(0) = -2$；

(3) $y'' - 2y' + 2y = 2\mathrm{e}^t \cdot \cos 2t$，$y(0) = y'(0) = 0$；

(4) $y''' + y' = \mathrm{e}^{2t}$，$y(0) = y'(0) = y''(0) = 0$；

(5) $y^{(4)} + 2y'' + y = 0$，$y(0) = y'(0) = y'''(0) = 0, y''(0) = 1$.

18. 求下列微分方程组的解.

(1) $\begin{cases} x' + x - y = \mathrm{e}^t, \\ y' + 3x - 2y = 2 \cdot \mathrm{e}^t, \end{cases}$　$x(0) = y(0) = 1$；

(2) $\begin{cases} x' - 2y' = g(t), \\ x'' - y'' + y = 0, \end{cases}$　$x(0) = x'(0) = y(0) = y'(0) = 0$.

19. 求下列方程的解.

(1) $x(t) + \displaystyle\int_0^t x(t - \omega) \cdot \mathrm{e}^\omega\,\mathrm{d}\omega = 2t - 3$；　(2) $y(t) - \displaystyle\int_0^t (t - \omega) \cdot y(\omega)\,\mathrm{d}\omega = t$.

# 第 8 章　复变函数的 MATLAB 基本操作

MATLAB 是目前应用最广泛的工程计算软件之一. 本章主要介绍利用 MATLAB 软件对复变函数理论中一些重要运算的操作方法, 比如, 对复变函数的基本运算、极限与微积分、留数、级数、积分变换等几个部分介绍 MATLAB 的操作.

## 8.1　复数的基本计算的 MATLAB 实现

在 MATLAB 中, 复数的实部、虚部、共轭复数和辐角都可以调用内部函数来计算. 而对于复数的乘、除、开方、乘幂、指数、对数、三角运算也可以通过 MATLAB 命令实现. 本小节主要介绍复数的实部、虚部、共轭复数和辐角以及复数的乘、除、开方、乘幂、指数、对数、三角运算等基本运算的 MATLAB 实现.

在 MATLAB 中, 复数的单位为 i 和 j, 即: $i = j = \sqrt{-1}$. 在命令窗口中其值显示为: $0 + 1.0000i$. MATLAB 生成复数的方法有以下两种:

(1) 由 $z = x + y * i$ 产生, 可简写成 $z = x + yi$;

(2) 由 $z = r * \exp(i * \theta)$ 产生, 可简写成 $z = r * \exp(\theta i)$, 其中 $r$ 为复数 $z$ 的模, $\theta$ 为复数 $z$ 辐角的弧度值.

**例 1 (复数的生成)**　在 MATLAB 中生成复数矩阵

$$A = \begin{bmatrix} i & 3 - 2i \\ -6 + 5i & -i \end{bmatrix} \text{与} B = \begin{bmatrix} 1 - 5i & 3 - 8i \\ -2 - 6i & 4 + 9i \end{bmatrix}.$$

分析: 可以按照实数矩阵的方式, 逐个输入元素. 同一行元素间用空格或逗号分开, 不同行元素用分号隔开, 或者将实部、虚部矩阵分开输入, 再写成和的形式.

```
>> A = [i,3 -2i; -6 +5i, -i]
A =
          0 + 1.0000i          3.0000 - 2.0000i
         -6.0000 + 5.0000i     0 - 1.0000i
>> B = [1,3;-2,4] -[5 8;6 -9]*i
B =
  1.0000 - 5.0000i  3.0000 - 8.0000i
 -2.0000 - 6.0000i  4.0000 + 9.0000i
```

**例 2 (复数的模与辐角)**　化简下列复数并求它们的实部、虚部、辐角、模和共轭复数:

$$i^{10} + i^3 + i + 12; \quad \frac{(3+i)^2 (1+i)^2}{(5+i)^3 (2+i)^4}; \quad 3 - 2i; \quad i^{2012}; \quad \ln(\sqrt{5+i} + i).$$

分析: 将上述复数, 放在一个矩阵 (向量) 中, 可以分别应用这些命令: real( )、imag( )、angle( )、abs( )、conj( ).

```
>> A = [i^10 + i^3 + i + 12,((3 + i)^2 * (1 + i)^2)/((5 + i)^3 * (2 + i)^4),3 - 2 * i,i^
2012,log((5 + i)^(1/2) + i)]
A = 11.0000   0.0059 - 0.0014i   3.0000 - 2.0000i   1.0000   0.9393 + 0.4983i
>> real(A)   % 复数矩阵 A 的实部
ans = 11.0000   0.0059   3.0000   1.0000   0.9393
>> imag(A)   % 复数矩阵 A 的虚部
ans = 0   - 0.0014   - 2.0000   0   0.4983
>> angle(A)   % 复数矩阵 A 的辐角
ans = 0   - 0.2325   - 0.5880   0   0.4877
>> abs(A)   % 复数矩阵 A 的模
ans = 11.0000   0.0060   3.6056   1.0000   1.0632
>> conj(A)   % 复数矩阵 A 的共轭复数
ans = 11.0000   0.0059 + 0.0014i   3.0000 + 2.0000i   1.0000   0.939 3 - 0.4983i
```

### 例 3 (建立一个复数或复数矩阵)

利用 $a = 3$，$b = 8$，生成一个复数，以及随机生成一个 $2 \times 3$ 阶的复数矩阵.

分析：可以应用命令：complex(a,b).

```
>> z = complex(3,8)
z = 3.0000 + 8.0000i
>> A = rand(2,3);
>> B = rand(2,3);
>> Z = complex(A,B)
Z = 0.9501 + 0.4565i   0.6068 + 0.8214i   0.8913 + 0.6154i
   0.2311 + 0.0185i   0.4860 + 0.4447i   0.7621 + 0.7919i
```

### 例 4 (复数的乘除)

计算 (1) $-2i(3 + i)(2 + 4i)(1 + i)$；(2) $\dfrac{(3 + 4i)(-1 + 2i)}{(-1 - i)(3 - i)}$.

分析：这是复数的乘除法，乘法用"*"，除法用"/". 我们练习用 M 文件的形式写程序.

**解** 在 MATLAB 编辑器中建立 M 文件 Example4. m：

```
clc
format rat                          % 有理数表示
a = -2i * (3 + i) * (2 + 4i) * (1 + i)
b = (3 + 4i) * (-1 + 2i)/((-1 - i) * (3 - i))
```

运行结果为：

```
a =
    32 + 24i
b =
    2 - 3/2i
```

### 例 5 (复数的乘幂与方根)

计算：$z_1 = (1 + i)^5$，$z_2 = \sqrt[8]{-1}$，$z_3 = (1 - i)^{\frac{1}{3}}$.

分析：复数的乘幂与方根均使用"^"，注意在计算方根时，MATLAB 只能计算 $k = 0$ 时的根. 如果想求出所有方根，可用"solve"命令.

**解**   在 MATLAB 窗口键入：

```
>> z1 = (1 + i)^5
z1 =
    -4.0000 - 4.0000i
>> z2 = ( -1)^(1/8)
z2 =
    0.9239 + 0.3827i              % 取 k = 0 之值
>> z3 = (1 - i)^(1/3)
z3 =
    1.0842 - 0.2905i              % 取 k = 0 之值
```

**例 6（指数函数与对数函数）**   计算下列初等函数：

$z_1 = e^{1 + i\frac{\pi}{3}}$，$z_2 = 5^i$，$z_3 = (1 + i)^{2i}$，$z_4 = \log(-3 + 4i)$.

分析：复数的指数函数和对数函数分别为 exp 和 log，在 MATLAB 中，复数运算的结果都是主值.

**解**   在 MATLAB 窗口键入：

```
>> z1 = exp(1 + i * pi/3)
z1 =
    1.3591 + 2.3541i
>> z2 = exp(i * log(5))          % 或 >> z2 = 5^i
z2 =
    -0.0386 + 0.9993i
>> z3 = (1 + i)^2i               % 或 >> z3 = exp(2i * log(1 + i))
z3 =
    0.1599 + 0.1328i
>> z4 = log( -3 + 4i)
z4 =
    1.6094 + 2.2143i
```

**例 7**   （三角函数）计算 $\sin(1 + 2i)$.

分析：复数三角函数的形式和调用方式与实数一致，函数返回复数 $z$ 的函数值. 表 8.1 为复数三角函数.

表 8.1   复数三角函数

| 函数名 | 函数功能 | 函数名 | 函数功能 |
|---|---|---|---|
| $\sin(z)$ | 返回复数 $z$ 的正弦函数值 | $\text{asin}(z)$ | 返回复数 $z$ 的反正弦值 |
| $\cos(z)$ | 返回复数 $z$ 的余弦函数值 | $\text{acos}(z)$ | 返回复数 $z$ 的反余弦值 |
| $\tan(z)$ | 返回复数 $z$ 的正切函数值 | $\text{atan}(z)$ | 返回复数 $z$ 的反正切值 |
| $\cot(z)$ | 返回复数 $z$ 的余切函数值 | $\text{acot}(z)$ | 返回复数 $z$ 的反余切值 |
| $\sec(z)$ | 返回复数 $z$ 的正割函数值 | $\text{asec}(z)$ | 返回复数 $z$ 的反正割值 |

| 函数名 | 函数功能 | 函数名 | 函数功能 |
|---|---|---|---|
| csc($z$) | 返回复数 $z$ 的余割函数值 | acsc($z$) | 返回复数 $z$ 的反余割值 |
| sinh($z$) | 返回复数 $z$ 的双曲正弦值 | coth($z$) | 返回复数 $z$ 的双曲余切值 |
| cosh($z$) | 返回复数 $z$ 的双曲余弦值 | sech($z$) | 返回复数 $z$ 的双曲正割值 |
| tanh($z$) | 返回复数 $z$ 的双曲正切值 | csch($z$) | 返回复数 $z$ 的双曲余割值 |

**解**　在 MATLAB 窗口键入：

```
> > z = sin(1 + 2i)
z =
    3.1658 + 1.9596i
```

**例 8**　求方程 $x^4 = 5$ 所有的根.

分析：复数方程求根可应用 solve 命令，格式：solve ('f (x) = 0').

**解**　在 MATLAB 命令窗口键入：

```
> > solve('x^4 = 5')
```

结果为：

```
ans =
[ 5^(1/4) ]
[ -5^(1/4) ]
[ -5^(1/4) * i ]
[ 5^(1/4) * i ]
```

**例 9**　求下列方程的根.

（1）$\ln(z^4 + 2z^3 + z^2 + 3) = 10$；（2）$\cos(z + i) = \dfrac{1}{2}$.

**解**　MATLAB 程序如下：

```
> > solve('log(z^4 + 2 * z^3 + z^2 + 3) = 10') % solve 表示对方程求根
ans =
-1/2 + 1/2 * (1 + 4 * (exp(10) - 3)^(1/2))^(1/2)
-1/2 - 1/2 * (1 + 4 * (exp(10) - 3)^(1/2))^(1/2)
-1/2 + 1/2 * i * (-1 + 4 * (exp(10) - 3)^(1/2))^(1/2)
-1/2 - 1/2 * i * (-1 + 4 * (exp(10) - 3)^(1/2))^(1/2)
> > solve('cos(z + i) = 1/2')
ans = -i + 1/3 * pi
```

## 8.2　复数的微积分计算的 MATLAB 实现

复变函数的微积分包括极限、导数（包括偏导数）、符号函数的积分（非闭曲线）等，这些都可以通过 MATLAB 的符号运算工具箱来实现.

**例 1** 求下列函数的极限：$\lim\limits_{z\to 0}\dfrac{\sin z}{z}$, $\lim\limits_{t\to\infty}t\left(1+\dfrac{z}{t}\right)^{t}$.

分析：复变函数求极限可应用 limit 命令，格式如下：

(1) $\mathrm{limit(f,z,a)}$ 表示函数 $f$ 在 $z$ 趋向于 $a$ 时的极限；

(2) $\mathrm{limit(f,a)}$ 表示函数 $f$ 中的自变量（系统默认为 $z$）在趋于 $a$ 时的极限；

(3) $\mathrm{limit(f)}$ 表示函数 $f$ 中的自变量（系统默认为 $z$）在趋于 0 时的极限；

(4) $\mathrm{limit(f,z,a,'left')}$ 表示函数 $f$ 在 $z$ 趋于 $a$ 时的左极限；

(5) $\mathrm{limit(f,z,a,'right')}$ 表示函数 $f$ 在 $z$ 趋于 $a$ 时的右极限.

**解** 在 MATLAB 命令窗口键入：

```
> > syms z % 定义符号变量
> > a = limit((sin(z))/z,z,0) % 表示 sin(z)/z 以 z 为变量在 0 处的极限
a = 1
> > syms z t
> > b = limit((1 + z/t)^t,t,inf) % limit 对 t 求极限,inf 表示无穷大
b = exp(z)
```

**例 2** $f(z) = \begin{cases} \dfrac{z}{|z|}, & z\neq 0, \\ 0, & z = 0, \end{cases}$ 试求 $f(z)$ 在 $z=0$ 点处的左右极限.

**解** MATLAB 程序如下：

```
> > syms z
> > a = limit(z/abs(z),z,0,'left')
a = -1
> > b = limit(z/abs(z),z,0,'right')
b = 1
```

**例 3** 求函数 $\dfrac{\mathrm{e}^{z}}{(1+z)\sin z}$ 的导数.

分析：复变函数求导数可应用 diff 命令，格式如下：

(1) $\mathrm{diff(f)}$ 表示函数 $f$ 的导数；

(2) $\mathrm{diff(f,'z')}$ 表示对函数 $f$ 中的自变量 $z$ 求导数；

(3) $\mathrm{diff(f,n)}$ 表示函数 $f$ 的 $n$ 阶导数.

**解** 在 MATLAB 命令窗口键入：

```
> > syms z
> > f = exp(z)/((1 + z) * sin(z));
> > diff(f,z)
ans =
exp(z)/(1 + z)/sin(z) - exp(z)/(1 + z)^2/sin(z) - exp(z)/(1 + z)/sin(z)^2 * cos(z)
> > pretty(ans) % 化简结果
```

$$\frac{\exp(z)}{(1+z)\sin z} - \frac{\exp(z)}{(1+z)^2 \sin z} - \frac{\exp(z)}{(1+z)\sin(z)^2}$$

**例 4** 求函数 $\ln(1+\sin z)$ 在 $z = \dfrac{i}{2}$ 处的导数和三阶导数.

**解** 在 MATLAB 命令窗口键入:

```
>> syms z
>> f = log(1 + sin(z));
>> dfdz = diff(f,z)% 求导函数
dfdz =
cos(z)/(1 + sin(z))
>> vdfdz = subs(dfdz,z,i/2)% 给变量赋值
vdfdz =
0.8868 - 0.4621i
>> dfdz3 = diff(f,3)
Dfdz3 =
- cos(z)/(1 + sin(z)) + 3 * sin(z)/(1 + sin(z))^2 * cos(z) + 2 * cos(z)^3/(1 + sin(z))^3
>> vdfdz = subs(dfdz3,z,i/2)
vdfdz3 =
0.5081 - 0.7269i
```

**例 5** 计算积分: $\displaystyle\int_a^b \frac{3z+2}{z-1} dz$.

**分析:** 复变函数求积分可应用 int 命令, 该命令可以用来计算函数的不定积分与定积分.
计算不定积分的格式如下:
(1) int(f) 表示求函数 $f$ 的不定积分;
(2) int(f,z) 表示对函数 $f$ 中的自变量 $z$ 求不定积分.
计算定积分的格式如下:
(1) int(f,a,b) 表示求函数 $f$ 在区间 $[a,b]$ 的定积分;
(2) int(f,z,a,b) 表示求函数 $f$ 的自变量 $z$ 在区间 $[a,b]$ 的定积分.

**解** 在 MATLAB 命令窗口键入:

```
>> syms z a b
>> A = int((3 * z + 2)/(z - 1),z,a,b)
A =
3 * b + 5 * log(b - 1) - 3 * a - 5 * log(a - 1)
```

**例 6** 计算积分: $\displaystyle\int_C \bar{z} dz$, $C$ 为沿着从原点到点 $1+i$ 的直线段.

**解** 先将被积曲线的表达式写为 $z = (1+i)t (0 \leqslant t \leqslant 1)$.

```
>> syms t real % t 的取值为实数

>> z = (1 + i) * t;
>> A = int(conj(z) * diff(z),t,0,1)% diff(z) 为 z 的导数
A =
1
```

# 8.3 级数的 MATLAB 实现

Taylor（泰勒）级数展开在复变函数中有很重要的地位. 对于某些解析函数，Taylor 展开通常采用直接求 Taylor 系数、逐项求导、逐项积分和级数等方法. 这时不仅计算工作繁杂，而且仅能得到展开式的有限项. 本节主要介绍解析函数的 Taylor 级数展开的 MATLAB 操作. 主要命令为 taylor，具体的格式为：

（1）taylor(f)：返回 $f$ 函数的 5 次幂多项式近似；

（2）taylor(f,n)：返回 $n-1$ 次幂多项式近似；

（3）taylor(f,a)：返回 $a$ 点附近的幂多项式近似；

（4）taylor(f,z)：返回对 $f$ 中的变量 $z$ 展开；若不含 $x$，则对变量 $x = $ findsym (f)展开；

（5）talor(f,z,n,a)：返回对 $f$ 中的变量 $z$ 在 $a$ 点附近展开 $n-1$ 次幂多项式近似.

需要注意，taylor 展开运算实质上是符号运算，因此在 MATLAB 中执行此命令前应先定义符号变量 syms z，否则 MATLAB 将给出出错信息.

**例 1** 求下列函数在指定点的 Taylor 级数展开式：

（1）$\tan z$，$z_0 = \mathrm{pi}/4$；

（2）$\dfrac{\sin z}{z}$，$z_0 = 0$；

（3）$\dfrac{\mathrm{e}^z}{(1-z)}$，$z_0 = 0$.

**解** 在 MATLAB 中实现为：

```
> > syms z
> > taylor(tan(z),pi/4)
ans =
    1 +2 * z -1/2 * pi +2 * (z -1/4 * pi)^2 +8/3 * (z -1/4 * pi)^3 +10/3 * (z -1/4 *
pi)^4 +64/15 * (z -1/4 * pi)^5
> > taylor(sin(z)/z,0)
ans =
    1 -1/6 * z^2 +1/120 * z^4 -1/5040 * z^6 +1/362880 * z^8
> > taylor(exp(z)/(1 -z),5,z,0)   % 展开级数的前 5 项
    ans =1 +2 * z +5/2 * z^2 +8/3 * z^3 +65/24 * z^4
```

**例 2** 求下列函数在指定点的 Taylor 级数展开式：

（1）$\mathrm{e}^z$，$z_0 = 0$；（2）$\dfrac{1}{(1-z)}$，$z_0 = 0$.

**解** 在 MATLAB 编辑器中建立 M 文件 Example2. m：

```
clc
syms z
E6 = taylor(exp(z),0)      % 返回函数的 5 次幂多项式近似
E8 = taylor(1/(1 -z),0)    % 返回函数的 5 次幂多项式近似
```

运行结果为:
```
ans =
    z^5/120 + z^4/24 + z^3/6 + z^2/2 + z + 1
ans =
    z^5 + z^4 + z^3 + z^2 + z + 1
```

**例 3**  求幂级数 $\sum\limits_{n=0}^{\infty} \dfrac{e^{\frac{\pi}{n}i}}{z^n}$ 的收敛半径.

**解**  在 MATLAB 中实现为:

```
>> syms n
    >>an = exp(i*pi/n);% 幂级数的系数;
    >> R = abs(limit(an^(1/n),n,inf));根式法计算幂级数的收敛半径
    R =
    1
```

**例 4**  把函数 $\dfrac{1}{z-b}$ 表示成形如 $\sum\limits_{n=0}^{\infty} c_n(z-a)^n$ 的幂级数 $(a \neq b)$.

**解**  在 MATLAB 中实现为:

```
>> syms z a b
    >>f = 1/(z-b);% 幂级数的系数
    >>A = talor(f,z,4,a);
    A =
    1/(a-b)-1/(a-b)^2*(z-a)+1/(a-b)^3*(z-a)^2-1/(a-b)^4*(z-a)^3
```

## 8.4  留数与闭曲线积分的 MATLAB 实现

对沿闭合路径的积分, 先计算闭区域内各孤立奇点的留数, 再利用留数定理可得积分值. 在 MATLAB 中, 求留数可由函数 residue 实现 (只能解决有理分式的留数问题), 格式为: $[R, P, K] = $ residue $(B, A)$.

**说明:** $f(z) = \dfrac{B(s)}{A(s)} = \dfrac{R(1)}{s-P(1)} + \dfrac{R(2)}{s-P(2)} + \cdots + \dfrac{R(n)}{s-P(n)} + K(s)$

向量 $B$ 为 $f(z)$ 的分子系数; (以 $s$ 降幂排列)

向量 $A$ 为 $f(z)$ 的分母系数; (以 $s$ 降幂排列)

向量 $R$ 为留数;

向量 $P$ 为极点; 极点的数目 $n = $ length (A) $-1 = $ length (R) $= $ length (P).

向量 $K$ 为直接项, 如果 length (B) < length (A), 则 K = [ ], 即直接项系数为空; 否则 length (K) = length (B) - length (A) +1. 如果存在 $m$ 重极点, 即有 $P(j) = P(j+1) = \cdots = P(j+m-1)$, 则展开项包括以下形式

$$\frac{R(j)}{s-P(j)} + \frac{R(j+1)}{[s-P(j)]^2} + \cdots + \frac{R(j+m-1)}{[s-P(j)]^m}.$$

**例1(求留数)** 求函数 $\dfrac{z^3}{z+3}$ 在孤立奇点处的留数，并求其部分分式的展开式.

**解** 在 MATLAB 命令窗口键入：

```
>>B=[1 0 0 0];
>>A=[1 3];
>>[R,P,K]=residue(B,A)
R=
    -27
P=
    -3
K=
    1    -3    9
```

结果为 $\mathrm{Res}(f,-3)=-27$，且 $\dfrac{z^3}{z+3}=\dfrac{-27}{z+3}+z^2-3z+9$.

**例2(求留数)** 求函数 $\dfrac{z}{(2z+1)(z-2)}$ 在孤立奇点处的留数，并求其部分分式的展开式.

**解** 在 MATLAB 命令窗口键入：

```
>>B=[1 0];
>>A=[2 -3 -2];
>>[R,P,K]=residue(B,A)
R=
    2/5
    1/10
P=
    2
    -1/2
K=
    []
```

结果为 $\mathrm{Res}(f,2)=2/5$，$\mathrm{Res}(f,-1/2)=1/10$，且 $\dfrac{z}{(2z+1)(z-2)}=\dfrac{\frac{2}{5}}{z-2}+\dfrac{\frac{1}{10}}{z+\frac{1}{2}}$.

**例3(求留数)** 求下列函数在 $z=1$ 处的留数：

(1) $\dfrac{1}{(z^2-1)(z+2)}$；(2) $\dfrac{(z^3-1)(z+2)}{(z^4-1)^2}$.

**解** 在 MATLAB 编辑器中编辑 M 文件 Example 3. m：

```
clc
syms z
format rat
A1=sym2poly((z^2-1)*(z+2));      % 以降幂排列方式提取(1)中分母系数
B1=1;
A2=sym2poly((z^4-1)^2);          % 以降幂排列方式提取(2)中分母系数
B2=sym2poly((z^3-1)*(z+2));      % 以降幂排列方式提取(2)中分子系数
```

```
[r1,p1,k1] = residue(B1,A1)      % 求(1)的留数
[r2,p2,k2] = residue(B2,A2)      % 求(2)的留数
```

运行结果为:

```
r1 =      1/3          1/6          -1/2
p1 =      -2           1            -1
k1 =
          []
r2 =
          -1/8 +7/16i
           1/16 +3/16i
          -1/8 -7/16i
           1/16 -3/16i
          -5/16
          -1/8
           9/16
          -1/14411518807585564
p2 =
          -0.0000 + 1.0000i
          -0.0000 + 1.0000i
          -0.0000 - 1.0000i
          -0.0000 - 1.0000i
          -1.0000
          -1.0000
           1.0000
           1.0000
k2 =
          []
```

也可以通过求极限的方法计算留数. 如果已知孤立奇点 $z_0$ 和阶数 $n$, 那么在 MATLAB 中计算函数的留数只需利用下面的命令即可求得:

```
R = limit(F * (z - z0),z,z0)  % 单奇点的留数
R = limit(diff(F * (z - z0)^n,z,n - 1)/prod(1:n-1),z,z0)  % n 阶奇点的留数
```

**例 4(求留数)**   求函数 $\dfrac{1}{z^4(z-i)}$ 在孤立奇点处的留数.

**分析**: 由原函数可知, $z=0$ 是 4 级极点, $z=i$ 是 1 级极点.

**解**   由 MATLAB 命令可求出这两个奇点的留数:

```
> > syms z
> > f = 1/((z^4) * (z - i));
> > R1 = limit(diff(f * (z - 0)^4,z,3)/prod(1:3),z,0)
R1 =    % 原函数 z = 0 处的留数
 -1
> > R2 = limit(f * (z - i),z,i)
R2 =    % 原函数 z = i 处的留数
1
```

例 5(闭曲线积分)　计算 $\displaystyle\int_c \frac{z^{15}}{(z^2+1)^2\,(z^4+2)^3}dz,\ |z|=4$.

**解**　在 MATLAB 编辑器中建立 M 文件 Example5.m:

```
clc
syms z
A = sym2poly((z^2 +1)^2 * (z^4 +2)^3);    % 以降幂排列方式提取分母系数
B = sym2poly(z^15);                        % 以降幂排列方式提取分子系数
[r,p,k] = residue(B,A)                     % 求被积函数的留数
I = 2 * pi * i * sum(r)                     % 利用留数定理计算积分值
```

运行结果为:

```
r =
     11/54       - 585/3574i
    108/5207     + 807/8266i
     -1/72       - 184/37471i
     11/54       + 585/3574i
    108/5207     - 807/8266i
     -1/72       + 184/37471i
     11/54       + 585/3574i
   -108/5207     + 807/8266i
     -1/72       + 184/37471i
     11/54       - 585/3574i
   -108/5207     - 807/8266i
     -1/72       - 184/37471i
      5/54       +     1/31459143337211900i
     -1/38509073187710736 +       1/108i
      5/54       -     1/31459143337211900i
     -1/38509073187710736 -       1/108i
p =
   -1501/1785      + 1501/1785i
   -1501/1785      + 1501/1785i
   -1501/1785      + 1501/1785i
   -1501/1785      - 1501/1785i
   -1501/1785      - 1501/1785i
   -1501/1785      - 1501/1785i
    1501/1785      + 1501/1785i
    1501/1785      + 1501/1785i
    1501/1785      + 1501/1785i
    1501/1785      - 1501/1785i
    1501/1785      - 1501/1785i
    1501/1785      - 1501/1785i
    1/10876617967989122  +     1i
    1/10876617967989122  +     1i
    1/10876617967989122  -     1i
    1/10876617967989122  -     1i
k =
    []
```

```
I =
   -0.0000 + 5.9341i
```

**注意**：本题的准确解为 $2\pi i$，计算机运算时由于多次截取近似值使得结果有一定的偏差.

**例 6（闭曲线积分）** 计算 $\int_C f(z)\,dz$，$|z|=4$，其中 $f(z)$ 定义如下：

（1）$\dfrac{z^5}{1-z^3}$；（2）$\dfrac{1}{1+z^2}$；（3）$\dfrac{1}{z}$.

**解** 在 MATLAB 编辑器中建立 M 文件 Example6. m：

```
clc
syms z
A1 = [ -1,0,0,1];                  % (1)式分母系数
B1 = [1,0,0,0,0,0];                % (1)式分子系数
A2 = [1,0,1];                      % (2)式分母系数
B2 = 1;                            % (2)式分子系数
A3 = [1,0];                        % (3)式分母系数
B3 = 1;                            % (3)式分子系数
[r1,p1,k1] = residue(B1,A1);       % 求被积函数的留数
r1 = r1(find(abs(p1) < 2));        % 选取在围线内部的奇点对应的留数
I1 = 2 * pi * i * sum(r1)          % 利用留数定理计算积分值
[r2,p2,k2] = residue(B2,A2);       % 求被积函数的留数
r2 = r2(find(abs(p2) < 2));        % 选取在围线内部的奇点对应的留数
I2 = 2 * pi * i * sum(r2)          % 利用留数定理计算积分值
[r3,p3,k3] = residue(B3,A3);       % 求被积函数的留数
r3 = r3(find(abs(p3) < 2));        % 选取在围线内部的奇点对应的留数
I3 = 2 * pi * i * sum(r3)          % 利用留数定理计算积分值
```

运行结果为：

```
I1 =
    0 - 6.2832i
I2 =
    0
I3 =
    0 + 6.2832i
```

**注意**：根据留数定理，在计算时有必要判断奇点是否在给出的围线的内部，因此在上面计算中加入了一条指令：

```
r = r(find(abs(p) < K));          % 选取在围线内部的奇点对应的留数,K表示圆的半径
```

# 8.5　积分变换的 MATLAB 实现

本节主要介绍傅里叶变换及其逆变换、拉普拉斯变换及其逆变换的 MATLAB 操作.

### 8.5.1 傅里叶变换及其逆变换

在 MATLAB 中，傅里叶变换可由函数 fourier 实现. 命令格式如下：

（1）fourier(f)：返回默认独立自变量 $x$ 的函数 $f$ 的傅里叶变换，默认返回 $\omega$ 的函数.

（2）fourier(f,v)：返回以 $v$ 代替 $\omega$ 的傅里叶变换.

（3）fourier(f,u,v)：返回 $F(v) = int(f(u) * exp(-i * v * u), u, -inf, inf)$.

（4）ifourier(F)：返回默认独立自变量 $\omega$ 的函数 $F$ 的傅里叶逆变换，默认返回 $x$ 的函数.

（5）ifourier(F,u)：返回以 $u$ 代替 $x$ 的傅里叶逆变换.

（6）ifourier(F,v,u)：返回 $f(u) = 1/(2 * pi * int((F(v) * exp(-i * v * u), v), -inf, inf)$.

**例1** 分别求下列函数的傅里叶变换：

（1）$1/t$；（2）$F'(t)$；（3）$e^{-b^2 t^2}$ $(b > 0)$.

**解** 在 MATLAB 中实现为：

```
> > syms t w;syms b positive
> >A = fourier(1/t)
A =
i * pi * (Heaviside(-w) - Heaviside(w))% Heaviside(-w)为单位阶跃函数
> >B = fourier(diff(sym('F(x)')),x,w)
B =
I * w * fourier(F(x),x,w)
> >f = exp(-b^2 * x^2);
> >C = fourier(ft)
C =
(pi/b^2)^(1/2) * exp(-1/4 * w^2/b^2)
> >C = simplify(C)% 化简
C =
1/b * pi^(1/2) * exp(-1/4 * w^2/b^2)
```

**例2** 分别求下列函数的傅里叶变换：

（1）$f(t) = \begin{cases} e^{-\beta t}, t > 0, \\ 0, t < 0, \end{cases}$ $(\beta > 0)$；（2）$f(t) = \begin{cases} E, |t| < \dfrac{\tau}{2}, \\ 0, t > \dfrac{\tau}{2}, \end{cases}$ $(E > 0)$.

分析：需要调用 Heaviside 函数.

**解** 在 MATLAB 中实现为：

```
> > syms t w ;syms beta tau E positive
> >g1 = sym('Heaviside(t)');
> >f1 = exp(-beta * t) * g1;
> >F1 = fourier(f1)
F1 =
1/(beta + i * w)
> >g2 = sym('Heaviside(t + tau/2)');g3 = sym('Heaviside(t - tau/2)');
```

```
>>f2 = E * g2 - E * g3;
>>F2 = fourier( f2)
F2 =
E * exp(1/2 * i * tau * w) * (pi * Dirac(w) - i/w) - E * exp( -1/2 * i * tau * w) * (pi *
Dirac(w) - i/w)
>>F2 = simplify( F2)
F2 =
2 * E * sin(1/2 * tau * w) /w
```

**例 3** 分别求下列函数傅里叶变换意义下的卷积：

$$f_1(t) = \begin{cases} 0, t < 0, \\ 1, t \geq 0; \end{cases} \quad f_2(t) = \begin{cases} 0, t < 0, \\ e^t, t \geq 0. \end{cases}$$

**分析**：需要用傅里叶逆变换.

**解** 在 MATLAB 中实现为：

```
>> syms t w
>>f1 = sym('Heaviside(t)');
>>f2 = exp( -t) * f1;
>>juanji = ifourier( fourier( f1) * fourier( f2),w,t)
Juanji =
1/2 +1/2 * Heaviside(t) -1/2Heaviside( -t) - exp( -t) * Heaviside(t)
>>Juanji = simplify(Juanji)
Juanji =
Heaviside(t) - exp( -t) * Heaviside(t)
```

**例 4** 求函数 $\delta(\omega)$ 的傅里叶逆变换.

**分析**：需要调用 Dirac 函数.

**解** 在 MATLAB 中实现为：

```
>> syms w
>>ifourier(sym('Dirac(w)'))
ans =1/2/pi
```

### 8.5.2 拉普拉斯变换及其逆变换

在 MATLAB 中，拉普拉斯变换可由函数 laplace 实现. 命令格式如下：

（1）laplace(f)：返回默认独立自变量 $t$ 的函数 $f$ 的拉普拉斯变换，默认返回 $s$ 的函数.

（2）laplace(f,t)：返回以 $t$ 代替 $s$ 的拉普拉斯变换.

（3）laplace(f,w,z)：返回以 $z$ 代替 $s$ 的拉普拉斯变换（相对于 $\omega$ 的积分）.

（4）ilaplace(L)：返回默认独立自变量 $s$ 的函数 $L$ 的拉普拉斯逆变换，默认返回 $t$ 的函数.

（5）ilaplace(L,y)：返回以 $y$ 代替 $t$ 的拉普拉斯逆变换.

（6）ilaplace(L,y,x)：返回 $f(x) = int(L(y) * exp(x * y),y,c -i * inf,c +i * inf)$.

**例 5** 求函数 $e^{at}$（$a$ 为实数）的拉普拉斯变换.

**解** 在 MATLAB 中实现为：

```
>> syms t a s
>>f = exp(a * t);L = laplace(f)
L =
1/(s - a)
```

**例 6** 求函数 $u(5t)$ 的拉普拉斯变换.

**解** 在 MATLAB 中实现为：

```
>> syms t s
>>f = sym('Heaviside(5 * t)');L = laplace(f)
L =
1/s
```

**例 7** 已知函数 $f(t) = e^{-5t}\cos(2t + 1) + 3$，求 $f^{(5)}(t)$ 的拉普拉斯变换.

**解** 在 MATLAB 中实现为：

```
>> syms t s
>>f = exp( -5 * t) * cos(2 * t + 1) + 3;
>>L = simple(laplace(diff(f,t,5)))
L =
(1475 * s * cos(1) - 1189 * cos(1) - 24360 * sin(1) - 4282 * s * sin(1))/(s^2 + 10 * s + 29)
```

**例 8** 计算拉普拉斯变换意义下的卷积 $t * \sin t$.

**解** 在 MATLAB 中实现为：

```
>> syms t s
>>f1 = t;
>>f2 = sin(t);
>>F1 = laplace(f1);
>>F2 = laplace(f2);
>>juanji = ilaplace(F1 * F2)
juanji =
   t - sin(t)
```

# 习 题 答 案

## 第 1 章习题

1. $|z| = 1$，$\text{Arg}(z) = -\dfrac{\pi}{3} + 2k\pi$，$k = 0$，$\pm 1$，$\cdots$

2. （1）$z = \dfrac{1}{3 + 2i} = \dfrac{3 - 2i}{13}$，因此：$\text{Re}(z) = \dfrac{3}{13}$，$\text{Im}(z) = -\dfrac{2}{13}$；

（2）$z = \dfrac{-3 + i}{10}$，因此，$\text{Re}(z) = -\dfrac{3}{10}$，$\text{Im}(z) = \dfrac{1}{10}$；

（3）$z = \dfrac{3 - 5i}{2}$，因此，$\text{Re}(z) = \dfrac{3}{3}$，$\text{Im}(z) = -\dfrac{5}{2}$；

（4）$z = -1 + 3i$，因此，$\text{Re}(z) = -1$，$\text{Im}(z) = 3$.

3. （1）$i = \cos\dfrac{\pi}{2} + i\sin\dfrac{\pi}{2} = e^{\frac{\pi}{2}i}$；

（2）$-1 + \sqrt{3}i = 2\left(\cos\dfrac{2}{3}\pi + i\sin\dfrac{2}{3}\pi\right) = 2e^{\frac{2}{3}\pi i}$；

（3）$r(\sin\theta + i\cos\theta) = r\left[\cos\left(\dfrac{\pi}{2} - \theta\right) + i\sin\left(\dfrac{\pi}{2} - \theta\right)\right] = re^{\left(\frac{\pi}{2} - \theta\right)i}$；

（4）$r(\cos\theta - i\sin\theta) = r[\cos(-\theta) + i\sin(-\theta)] = re^{-\theta i}$；

（5）$1 - \cos\theta + i\sin\theta = 2\sin^2\dfrac{\theta}{2} + 2i\sin\dfrac{\theta}{2}\cos\dfrac{\theta}{2}$.

4. （1）$e^{-\frac{\pi}{4}i} = \cos\left(-\dfrac{\pi}{4}\right) + i\sin\left(-\dfrac{\pi}{4}\right) = \dfrac{\sqrt{2}}{2} + \left(-\dfrac{\sqrt{2}}{2}i\right) = \dfrac{\sqrt{2}}{2} - \dfrac{\sqrt{2}}{2}i$；

（2）$\dfrac{3 + 5i}{7i + 1} = \dfrac{(3 + 5i)(1 - 7i)}{(1 + 7i)(1 - 7i)} = -\dfrac{16}{25} + \dfrac{13}{25}i$；

（3）$(2 + i)(4 + 3i) = 8 - 3 + 4i + 6i = 5 + 10i$；

（4）$\dfrac{1}{i} + \dfrac{3}{1 + i} = -i + \dfrac{3(1 - i)}{2} = \dfrac{3}{2} - \dfrac{5}{2}i$.

8. （1）直线 $y = x$；（2）椭圆 $\dfrac{x^2}{a^2} + \dfrac{y^2}{b^2} = 1$；（3）双曲线 $xy = 1$；（4）双曲线 $xy = 1$ 中位于第一象限中的一支.

11. $z = \sqrt[4]{-a^4} = (a^4 e^{\pi i})^{\frac{1}{4}} = ae^{\frac{\pi + 2k\pi}{4}i}$，$k = 0, 1, 2, 3$.

12. （1）点 $z$ 的轨迹是 $z_1$ 与 $z_2$ 两点连线的中垂线，不是区域.

（2）以直线 $x = 2$ 为边界的左半平面（包括直线 $x = 2$）；不是区域.

（3）以虚轴为边界的右半平面（不包括虚轴）；是区域.

（4）以直线 $x = 2$，$x = 3$，$y = 0$，$y = x - 1$ 为边界的梯形（包括直线 $x = 2$，$x = 3$；不包括直线 $y = 0$，$y = x - 1$）；不是区域.

（5）以原点为圆心、2 为半径，及以 $z=3$ 为圆心、1 为半径的两闭圆外部；是区域．

（6）位于直线 $\text{Im}(z)=1$ 的上方（不包括直线 $\text{Im}(z)=1$），且在以原点为圆心、2 为半径的圆内部分（不包括直线圆弧）；是区域．

（7）以正实轴、射线 $\arg(z)=\dfrac{\pi}{4}$ 及圆弧 $|z|=1$ 为边界的扇形（不包括边界）；是区域．

（8）两个闭圆 $x^2+\left(y-\dfrac{1}{2}\right)^2=\dfrac{1}{4}$，$x^2+\left(y-\dfrac{3}{2}\right)^2=\dfrac{1}{4}$ 的外部；是区域．

## 第 2 章习题

1. 表示一半径为 1/2 的圆周．

2. （1）$w$ 平面内虚轴上从 0 到 4i 的一段，即 $0<\rho<4$，$\varphi=\dfrac{\pi}{2}$．

（2）$w$ 平面上扇形域，即 $0<\rho<4$，$0<\varphi<\dfrac{\pi}{2}$．

（3）以原点为焦点，张口向右的抛物线．

3. 连续．

4. （1）0；（2）不存在；（3）$-1/2$；（4）3/2．

5. （1）$z=0$ 处不连续，除 $z=0$ 外连续；（2）整个 $z$ 平面连续．

6. （1）$(z-1)^5$ 处处解析，$\left[(z-1)^5\right]'=5(z-1)^4$．

（2）$z^3+2iz$ 处处解析，$(z^3+2iz)'=3z^2+2i$．

（3）$\dfrac{1}{z^2+1}$ 的奇点为 $z^2+1=0$，即 $z=\pm i$．

（4）$z+\dfrac{1}{z+3}$ 的奇点为 $z=-3$．

7. （1）函数在 $z=0$ 点可导，$f'(0)=u_x+iv_x\Big|_{z=0}=0$，函数处处不解析．

（2）在直线 $y=x$ 上可导，$f'(x+ix)=u_x+iv_x\Big|_{y=x}=2x$，处处不解析．

（3）函数处处可导，处处解析．

（4）处处不可导，处处不解析．

8. $n=-3$，$l=-3$，$m=1$．

11. $f(x)=|z|+\text{Ln}z$ 在复平面上处处不可导．$f(z)$ 在复平面内除原点及负实轴外处处连续．

12. （1）$-i$；（2）$-\dfrac{1}{2}\pi i$；（3）$\ln 5+\left(\pi-\arctan\dfrac{4}{3}\right)i$；

（4）$\sin i=\dfrac{e^{i\cdot i}-e^{-i\cdot i}}{2i}=\dfrac{e-e^{-1}}{2}i$；

（5）$(1+i)^i=e^{i\ln\sqrt{2}-\frac{\pi}{4}-2k\pi}$；　（6）$27^{\frac{2}{3}}=9e^{\frac{4}{3}k\pi i}$，当 $k=0$，1，2 时的值为 9，$9e^{\frac{4}{3}\pi i}=-\dfrac{9}{2}(1+\sqrt{3}i)$，$9e^{\frac{8}{3}\pi i}=\dfrac{9}{2}(-1+\sqrt{3}i)$．

13. $|e^{z^2}| = e^{x^2-y^2}$, $\text{Arg}(e^{z^2}) = 2xy + 2k\pi$, $k$ 为任意整数.

14. (1) $z = \text{Ln}(1 + \sqrt{3}i) = \ln 2 + \left(\frac{1}{3} + 2k\right)\pi i$; (2) $z = e^{\frac{\pi}{2}i}$; (3) $z = k\pi - \frac{\pi}{4}$.

(4) $z = \text{Ln}i = \left(\frac{\pi}{2} + 2k\pi\right)i$, $k$ 为任意整数.

17. **解**：只需注意，若记 $f(z) = \varphi(x,y) + i\psi(x,y)$，则流场的流速为 $\vec{v} = \overline{f'(z)}$，流线为 $\psi(x,y) \equiv c_1$，等势线为 $\varphi(x,y) \equiv c_2$.

(1) 流速为 $\vec{v} = \overline{f'(z)} = \overline{2(z+i)} = 2(\bar{z} - i)$，流线为 $x(y+1) \equiv c_1$，等势线为 $x^2 - (y+1)^2 \equiv c_2$；

(2) 流速为 $\vec{v} = \overline{f'(z)} = \overline{3z^2} = 3(\bar{z})^2$，流线为 $3x^2y - y^3 \equiv c_1$，等势线为 $x^3 - 3xy^2 \equiv c_2$；

(3) 流速为 $\vec{v} = \overline{f'(z)} = \overline{\frac{-2z}{(z^2+1)^2}} = \frac{-2\bar{z}}{(\bar{z}^2+1)^2}$，流线为 $\frac{xy}{(x^2-y^2+1)^2 + 4x^2y^2} \equiv c_1$，等势线为 $\frac{x^2-y^2+1}{(x^2-y^2+1)^2 + 4x^2y^2} \equiv c_2$.

## 第 3 章习题

1. (1) i; (2) 2i; (3) 2i.

2. $(i-1)/3$.

3. (1) $-1/6 + i5/6$; (2) $-1/6 + i5/6$.

4. $\pi$.

6. 各积分的被积函数的奇点为：(1) $z = -2$; (2) $z = -1 \pm \sqrt{3}i$; (3) $z = \pm\sqrt{2}i$; (4) $z = k\pi + \frac{\pi}{2}$，$k$ 为任意整数；(5) 被积函数处处解析，无奇点. 不难看出，上述奇点的模皆大于 1，即皆在积分曲线之外，从而在积分曲线内被积函数解析，因此根据柯西基本定理，以上积分值都为 0.

7. $\pi i(e + e^{-1} - 2)$.

9. 用求原函数的方法：(1) $\frac{1}{2}(i-1)$; (2) $\left(\pi - \frac{1}{2}\text{sh}2\pi\right)i$; (3) $\sin 1 - \cos 1$.

10. $\oint_{|z|=2} \frac{z}{(9-z^2)(z+i)}dz = \oint_{|z|=2} \frac{\frac{z}{9-z^2}}{z-(-i)}dz = 2\pi i \left.\frac{z}{9-z^2}\right|_{z=-i} = \frac{\pi}{5}$.

11. (1) $-1$; (2) $e/2$; (3) $e/2 - 1$.

13. (1) $-\frac{\pi^5 i}{12}$; (2) $i\pi\sqrt{2}\sin\left(1 - \frac{\pi}{4}\right)$; (3) 0.

15. $f(z) = (x^2 - y^2 + xy) + i\left(-\frac{1}{2}x^2 + 2xy + \frac{1}{2}y^2 + c\right)$.

16. $p = \pm 1$.

17. (1) $f(z) = \left(1 - \frac{1}{2}i\right)z^2 + \frac{1}{2}i$; (2) $f(z) = -\frac{1}{z} + \frac{1}{2}$;

(3) $f(z) = \ln z + c_0$；其中的 $\ln z$ 为对数主值，$c_0$ 为任意实常数；

(4) $f(z) = ze^z$.

18. $xy \equiv c$.

## 第4章习题

1. （1）不收敛；（2）极限为0；（3）极限为0；（4）不收敛.

2. 不一定.

3. （1）发散；（2）条件收敛；（3）绝对收敛；（4）条件收敛；（5）绝对收敛.

5. （1）$R=1$；（2）$R=e$；（3）$R=1$；（4）$R=\sqrt{2}$.

7. $R' = R \cdot |b|$.

8. $\dfrac{1}{(1+z^2)^2} = \left(\dfrac{1}{1+z^2}\right)' \cdot \left(-\dfrac{1}{2z}\right) = 1 - 2z^2 + 3z^4 + \cdots + (-1)^{n+1} n z^{2n-2} + \cdots, |z| < 1.$

9. （1）$\dfrac{1}{z-2} = \sum\limits_{n=0}^{\infty} \dfrac{-1}{3^{n+1}} (z+1)^n, \quad |z+1| < 3$；

（2）$\dfrac{z}{(z+1)(z+2)} = \dfrac{1}{2} \sum\limits_{n=0}^{\infty} \dfrac{(z-2)^n}{4^n} - \dfrac{1}{3} \sum\limits_{n=0}^{\infty} \dfrac{(z-2)^n}{3^n} = \sum\limits_{n=0}^{\infty} \left(\dfrac{1}{2^{n+1}} - \dfrac{1}{3^n}\right)(z-2)^n,$

$|z-2| < 3$；

（3）$\dfrac{1}{z^2} = -\left(\dfrac{1}{z}\right)' = 1 - 2(z-1) + \cdots + (-1)^{n-1} n (z-1)^{n-1} + \cdots, |z-1| < 1.$

10. $\dfrac{1}{(z-1)(z-2)} = \dfrac{1}{z-2} - \dfrac{1}{z-1} = -\sum\limits_{n=0}^{+\infty} \dfrac{z^n}{2^{n+1}} - \sum\limits_{n=0}^{+\infty} \dfrac{1}{z^{n+1}}, 1 < |z| < 2$；

$\dfrac{1}{(z-1)(z-2)} = \dfrac{1}{z-2} - \dfrac{1}{z-1} = \sum\limits_{n=0}^{+\infty} \dfrac{2^n}{z^{n+1}} - \sum\limits_{n=0}^{+\infty} \dfrac{1}{z^{n+1}}; 2 < |z| < +\infty.$

11. $\dfrac{\sin z}{z^2} = \dfrac{1}{z} - \dfrac{z}{3!} + \dfrac{z^3}{5!} - \cdots + \dfrac{(-1)^n z^{2n-1}}{(2n+1)!} + \cdots; \dfrac{\sin z}{z} = 1 - \dfrac{z^2}{3!} + \dfrac{z^4}{5!} - \cdots + \dfrac{(-1)^n z^{2n}}{(2n+1)!} + \cdots.$

12. $e^{\frac{1}{z}} = 1 + \dfrac{1}{z} + \dfrac{1}{2!} \dfrac{1}{z^2} + \cdots + \dfrac{1}{n!} \dfrac{1}{z^n} + \cdots.$

13. $\dfrac{1}{(z^2-1)(z-3)} = \dfrac{1}{8} \left( -\sum\limits_{n=0}^{+\infty} \dfrac{z^n}{3^{n+1}} - \sum\limits_{n=0}^{+\infty} \dfrac{1}{z^{2n-1}} - \sum\limits_{n=0}^{+\infty} \dfrac{3}{z^{2n-2}} \right).$

14. （1）$\dfrac{1}{(z^2+1)(z-2)} = -\dfrac{1}{5} \left( \sum\limits_{n=0}^{\infty} \dfrac{z^n}{2^{n+1}} + \sum\limits_{n=0}^{\infty} (-1)^n \dfrac{1}{2^{n+1}} + \sum\limits_{n=0}^{\infty} (-1)^n \dfrac{2}{z^{2n+2}} \right).$

（2）在 $0 < |z| < 1$ 内，$\dfrac{z+1}{z^2(z-1)} = \dfrac{1}{z^2} - 2\sum\limits_{n=0}^{\infty} z^{n-2}$；在 $1 < |z| < +\infty$ 内，$\dfrac{z+1}{z^2(z-1)} = \dfrac{1}{z^2} +$

$2\sum\limits_{n=0}^{\infty} \dfrac{1}{z^{n+3}}$.

（3）在 $0 < |z-1| < 1$ 内，$\dfrac{1}{(z-1)(z-2)} = -\sum\limits_{n=-1}^{\infty} (z-1)^n$；

在 $1 < |z-2| < +\infty$ 内，$\dfrac{1}{(z-1)(z-2)} = \sum\limits_{n=0}^{\infty} (-1)^n \dfrac{1}{(z-2)^{n+2}}$.

15. （1）0；（2）$2\pi i$.

## 第 5 章习题

1. （1）$z = 0$ 是函数的 1 级极点，$z = \pm i$ 均是函数的 2 级极点.

（2）$z = 0$ 是函数的 2 级极点.

（3）$z = 0$ 是函数可去奇点.

（4）$z = 0$ 是 3 级极点，$z = 2k\pi i$，$k \neq 0$ 时，是 1 级极点.

（5）$z_0 = \pm i$ 是 2 级极点，$z_1 = (2k+1)i$，$k = 1$，$\pm 2$，…时，是 1 级极点.

（6）函数的孤立奇点是 $z = 0$，$z = \pm\sqrt{k\pi}$，$z = \pm i\sqrt{k\pi}$，$k = 1$，2，…

$z = 0$ 是 2 级极点，$z = \pm\sqrt{k\pi}$，$z = \pm i\sqrt{k\pi}$，$k = 1$，2，…时，是 1 级极点.

2. 是

3. （1）$z = 0$ 为 $f(z)$ 的可去奇点；（2）$z = 1$ 是 $f(z)$ 的 2 级极点.

4. 15 级零点.

5. （1）$z = 0$ 时，是 2 级零点；$z = k\pi$，$k \neq 0$ 时，是 1 级零点.

（2）$z = 0$ 时是 2 级零点.

（3）$z = 0$ 时是 4 级零点；$z_1 = k\pi$，$k \neq 0$ 时，是 1 级零点；$z_2 = 2k\pi i$，$k \neq 0$ 时，是 1 级
零点.

6. （1）$\operatorname{Res}[f(z),0] = -\dfrac{1}{2}$，$\operatorname{Res}[f(z),2] = \dfrac{3}{2}$.

（2）$\operatorname{Res}[f(z),i] = -\dfrac{3}{8}i$，$\operatorname{Res}[f(z),-i] = \dfrac{3}{8}i$.

（3）$\operatorname{Res}\left[\dfrac{1-e^{2z}}{z^4},0\right] = -\dfrac{4}{3}$.

（4）$\operatorname{Res}\left[z^2\sin\dfrac{1}{z},0\right] = -\dfrac{1}{6}$.

（5）$\operatorname{Res}\left[\cos\dfrac{1}{1-z},1\right] = 0$.

（6）$\operatorname{Res}\left[\dfrac{1}{z\sin z},0\right] = 0$. $\operatorname{Res}\left[\dfrac{1}{z\sin z},k\pi\right] = (-1)^k\dfrac{1}{k\pi}$，$k \neq 0$.

7. 1.

8. （1）$4\pi e^2 i$；（2）$\dfrac{\pi ei}{8}$；（3）0；（4）0；（5）$-2\pi i$；（6）$-12i$.

9. （1）$z = \infty$ 是 $e^{\frac{1}{z^2}}$ 的可去奇点，且 $\operatorname{Res}\left[e^{\frac{1}{z^2}},\infty\right] = -c_{-1} = 0$.

（2）$z = \infty$ 是 $\cos z - \sin z$ 的本性奇点，且 $\operatorname{Res}[\cos z - \sin z,\infty] = -c_{-1} = 0$.

（3）$z = \infty$ 是 $\dfrac{e^z}{z^2-1}$ 的本性奇点. $\operatorname{Res}\left[\dfrac{e^z}{z^2-1},\infty\right] = -c_{-1} = -\left(1+\dfrac{1}{3!}+\dfrac{1}{5!}+\cdots\right) = -\operatorname{sh}1$.

10. $\displaystyle\oint_c \dfrac{\mathrm{d}z}{(z+i)^{10}(z-1)(z-3)} = -\dfrac{\pi i}{(3+i)^{10}}$.

11. $I = \dfrac{2\pi}{\sqrt{a^2-1}}$.

12. $\displaystyle\int_0^{+\infty}\frac{x^2\mathrm{d}x}{(x^2+1)^2}=\frac{\pi}{4}$.

13. $\displaystyle\int_0^{+\infty}\frac{\mathrm{d}x}{(x^2+1)^2}=\frac{\pi}{4}$.

14. $I=\dfrac{\pi}{2}\mathrm{e}^{-m}$. 同时也可求得: $\displaystyle\int_{-\infty}^{+\infty}\frac{\sin mx}{1+x^2}\mathrm{d}x=0$.

15. 5 个.

16. (1) 在 $|z|<1$ 内无根; (2) 在 $1<|z|<3$ 内有 5 个根.

## 第 6 章习题

1. (1) $\dfrac{\mathrm{i}\sin 6\pi\omega}{\pi(1-\omega^2)}$; (2) $\dfrac{2}{1+\omega^2}$.

2. $f(t)=\cos\omega_0 t$.

4. $a(\omega)=\dfrac{2\sin\omega}{\pi\omega}+\dfrac{4\cos\omega}{\pi\omega^2}-\dfrac{4\sin\omega}{\pi\omega^3}$.

5. $F(\omega)=\dfrac{\sqrt{\pi}\omega}{2\mathrm{i}}\cdot\mathrm{e}^{-\frac{\omega^2}{4}}$.

6. (1) $\dfrac{\mathrm{i}}{4}F'\left(\dfrac{\omega}{2}\right)$; (2) $\mathrm{i}F'(\omega)-2F(\omega)$; (3) $-\dfrac{\mathrm{i}}{4}F'\left(-\dfrac{\omega}{2}\right)-F\left(-\dfrac{\omega}{2}\right)$;

(4) $\dfrac{1}{2\mathrm{i}}\dfrac{\mathrm{d}^3}{\mathrm{d}\omega^3}F\left(\dfrac{\omega}{2}\right)$.

7. (1) $F(\omega)=\begin{cases}-\dfrac{\mathrm{i}}{2}\sin\omega, & \text{当 } |\omega|\leqslant\pi;\\[2mm] 0, & \text{当 } |\omega|\geqslant\pi;\end{cases}$

(2) $F(\omega)=\dfrac{1}{2\sqrt{2}}\mathrm{e}^{-|\omega|/\sqrt{2}}\left(\cos\dfrac{|\omega|}{2}+\sin\dfrac{|\omega|}{2}\right)$;

(3) $F(\omega)=-\dfrac{\mathrm{i}}{2}\cdot\mathrm{e}^{-|\omega|/\sqrt{2}}\cdot\sin\dfrac{\omega}{2}$.

9. $\mathscr{F}[\mathrm{sgn}(t)]=\dfrac{2}{\mathrm{i}\omega}+\pi[\delta(\omega)-\delta(-\omega)]=\dfrac{2}{\mathrm{i}\omega}$.

13. $F(\omega)=\dfrac{\omega_0}{(a+\mathrm{i}\omega)^2+\omega_0^2}$.

14. $f(t)*g(t)=\begin{cases}0, & t<0,\\[2mm]\dfrac{1}{2}(\sin t-\cos t+\mathrm{e}^{-t}), & 0<t\leqslant\dfrac{\pi}{2},\\[2mm]\dfrac{1}{2}\mathrm{e}^{-t}(1+\mathrm{e}^{\frac{\pi}{2}}). & t>\dfrac{\pi}{2}.\end{cases}$

15. $F(\omega)=\dfrac{1}{2\mathrm{i}\omega}\left\{\dfrac{1}{1+\mathrm{i}\omega}-\dfrac{1+\mathrm{i}\omega}{(5-\omega^2)+2\mathrm{i}\omega}\right\}$.

16. $F(\omega)=\dfrac{2}{\pi}\cos\left(\dfrac{\pi}{2}\omega\right)$.

17. $F(\omega) = \dfrac{\pi i}{4}\left[3\delta(\omega+1) - \delta(\omega+3) + \delta(\omega-3) - 3\delta(\omega-1)\right]$.

## 第7章习题

1. (1) $\dfrac{1}{s}(2 - e^{-s} - e^{-2s})$；(2) $\dfrac{1}{s}(1 + e^{-\pi s}) + \dfrac{1 + e^{-\pi s}}{s^2 + 1}$.

2. (1) $\dfrac{1}{16}\sin 2t - \dfrac{1}{8}t \cdot \cos 2t$；(2) $\dfrac{1}{3}\sin t - \dfrac{1}{6}\sin 2t$；

(3) $2e^{2t} - e^t$；(4) $\dfrac{3}{4}\sin 2t - \dfrac{1}{2}t\cos 2t$；(5) $\dfrac{1}{2} - e^{-t} + \dfrac{1}{2}e^{-2t}$.

3. (1) $\dfrac{1}{s^2 + 4}$；(2) $\dfrac{1}{s + 4}$；(3) $\dfrac{2}{s(s^2 + 4)}$；(4) $\mathscr{L}(t^2) = \dfrac{2}{s^3}$；(5) $\dfrac{b}{s^2 - b^2}$.

4. $\dfrac{s^2}{s^2 + 1}$.

5. $\dfrac{1 + as}{s^2} - \dfrac{a}{s(1 - e^{-as})}$.

6. (1) $\dfrac{s}{(s^2 + l^2)^2}$；(2) $\dfrac{5}{(s + 2)^2 + 25}$；(3) $\dfrac{1}{s} - \dfrac{1}{(s - 1)^2}$；(4) $\dfrac{s + 4}{(s + 4)^2 + 16}$；

(5) $\dfrac{1}{s}e^{-2s}$；(6) $\dfrac{10 - 3s}{s^2 + 4}$；(7) $\dfrac{\Gamma\left(\dfrac{3}{2}\right)}{(s - \delta)^{\frac{3}{2}}}$；(8) $\dfrac{1}{s}(2s^2 + 3s + 2)$.

7. (1) $\dfrac{1}{2}t \cdot e^{-2t} \cdot \sin t$；(2) $\dfrac{1}{4}e^{-t} - \dfrac{1}{4}e^{-3t} + \dfrac{3}{2}t \cdot e^{-3t} - 3t^2 \cdot e^{-3t}$；

(3) $\dfrac{t}{4}\sin 2t$；(4) $2 \cdot \dfrac{\operatorname{sh} t}{t}$；(5) $-1 + 2e^t + 2te^t = 2te^t + 2e^t - 1$.

12. (1) $t$；(2) $\dfrac{1}{6}t^3$；(3) $e^t - t - 1$；(4) $\dfrac{1}{2a}\sin at - \dfrac{t}{2}\cos 2at$；

(5) $\begin{cases} 0, t < \tau \\ f(t - \tau), 0 \leqslant \tau < t \end{cases}$；(6) $\dfrac{t}{2}\sin t$.

17. (1) $-\dfrac{1}{4}e^{-t} + \dfrac{3}{8}e^t - \dfrac{1}{8}e^{-3t}$；(2) $-2\sin t - \cos 2t$；(3) $t \cdot e^t \cdot \sin t$；

(4) $\dfrac{1}{4}e^{-t} - \dfrac{1}{4}e^{-2t} + \dfrac{3}{2}t \cdot e^{-3t} - 3t^2 \cdot e^{-3t}$；(5) $\dfrac{1}{2}t \cdot \sin t$.

18. (1) $x(t) = y(t) = e^t$；

(2) $x(t) = \displaystyle\int_0^t (1 - 2\cos\tau) \cdot g(t - \tau)\,d\tau$；$y(t) = -\displaystyle\int_0^t g(\tau) \cdot \cos(t - \tau)\,d\tau$.

19. (1) $-3 + 5t - t^2$；(2) $\operatorname{sh} t$.

# 附录1 区域变换表

本表采自《复变数导论及其应用》一书（1959 年版，中译本）．

1. $w = z^2$

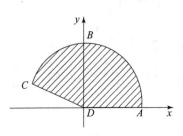 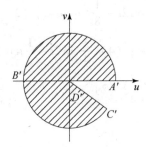

2. $w = z^2$

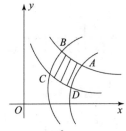 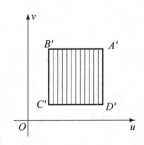

3. $w = z^2$；$A'B'$：$\rho = \dfrac{2k^2}{1 + \cos\varphi}$

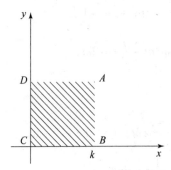 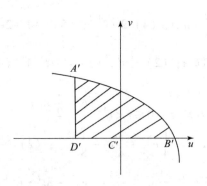

4. $w = \dfrac{1}{z}$

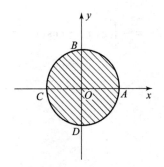 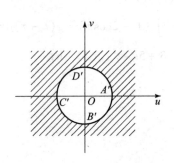

5. $w = \dfrac{1}{z}$

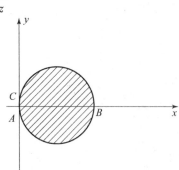
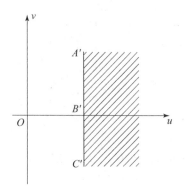

6. $w = \mathrm{e}^{z}$

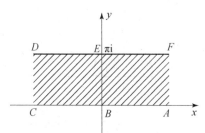
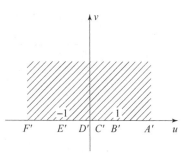

7. $w = \mathrm{e}^{z}$

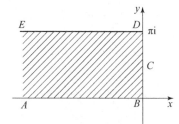
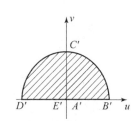

8. $w = \mathrm{e}^{z}$

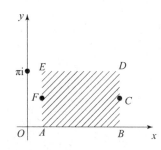
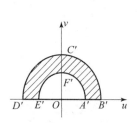

9. $w = \sin z$

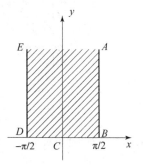
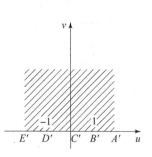

10. $w = \sin z$

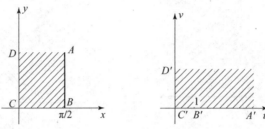

11. $w = \sin z$；$BCD$：$y = k$，$B'C'D'$：$\left(\dfrac{u}{\operatorname{ch} k}\right)^2 + \left(\dfrac{v}{\operatorname{sh} k}\right)^2 = 1$

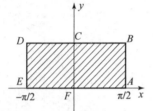
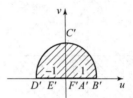

12. $w = \dfrac{z-1}{z+1}$

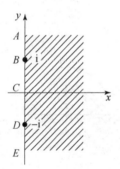
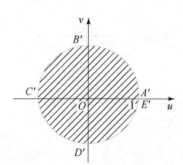

13. $w = \dfrac{\mathrm{i} - z}{\mathrm{i} + z}$

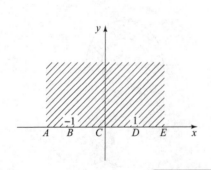
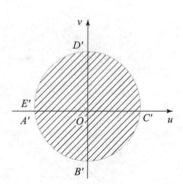

14. $w = \dfrac{z - \alpha}{\alpha z - 1}$，$\alpha = \dfrac{1 + x_1 x_2 + \sqrt{(1 - x_1^2)\ (1 - x_2^2)}}{x_1 + x_2}$，

$R_0 = \dfrac{1 - x_1 x_2 + \sqrt{(1 - x_1^2)\ (1 - x_2^2)}}{x_1 - x_2}$ （$\alpha > 1$ 及 $R_0 > 1$，当 $-1 < x_2 < x_1 < 1$ 时）

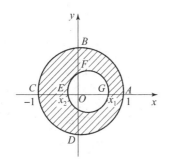 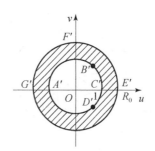

15. $w = \dfrac{z - \alpha}{\alpha z - 1}$,　$\alpha = \dfrac{1 + x_1 x_2 + \sqrt{(x_1^2 - 1)(x_2^2 - 1)}}{x_1 + x_2}$,

$R_0 = \dfrac{x_1 x_2 - 1 - \sqrt{(x_1^2 - 1)(x_2^2 - 1)}}{x_1 - x_2}$　（$x_2 < a < x_1$ 及 $0 < R_1 < 1$，当 $1 < x_2 < x_1$ 时）

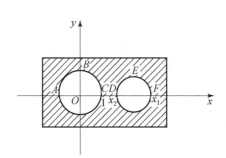 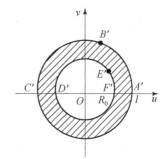

16. $w = z + \dfrac{1}{z}$

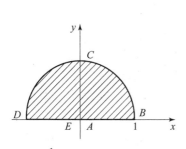 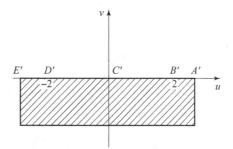

17. $w = z + \dfrac{1}{z}$

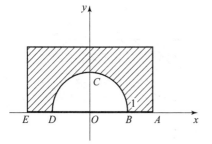 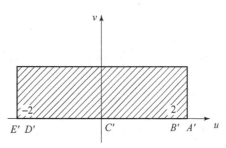

18. $w = z + \dfrac{1}{z}$，$B'C'D':\left(\dfrac{ku}{k^2 + 1}\right)^2 + \left(\dfrac{kv}{k^2 - 1}\right)^2 = 1$

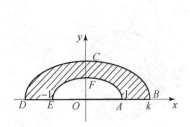

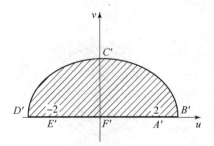

19. $w = \ln\dfrac{z-1}{z+1}$

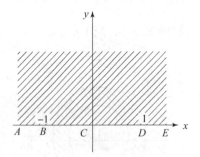

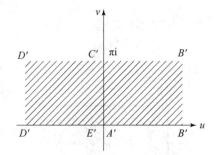

20. $w = \ln\dfrac{z-1}{z+1}$, $ABC$: $x^2 + y^2 - 2\cot k \cdot y = 1$

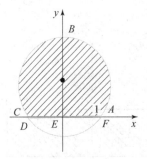

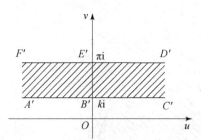

21. $w = k\ln\dfrac{k}{1-k} + \ln 2(1-k) + \mathrm{i}\pi - k\ln(z+1) - (1-k)\ln(z-1)$, $x_1 = 2k - 1$

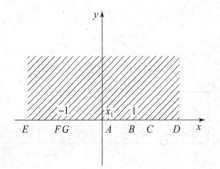

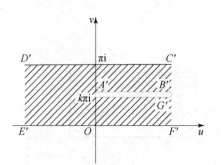

22. $w = \tan^2\dfrac{z}{2} = \dfrac{1 - \cos z}{1 + \cos z}$

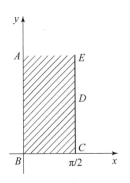

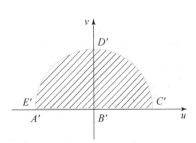

23. $w = \dfrac{\mathrm{e}^z + 1}{\mathrm{e}^z - 1}$

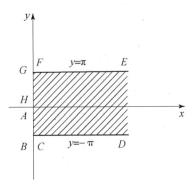

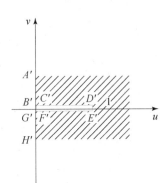

24. $w = \ln \dfrac{\mathrm{e}^z + 1}{\mathrm{e}^z - 1}$

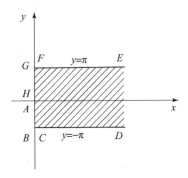

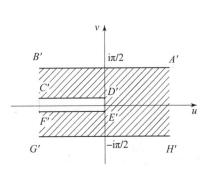

25. $w = \mathrm{i}\pi + z - \mathrm{Ln}\, z$

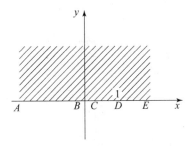

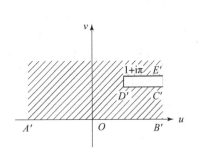

26. $w = 2\,(z+1)^{\frac{1}{2}} + \ln \dfrac{(z+1)^{\frac{1}{2}} - 1}{(z+1)^{\frac{1}{2}} + 1}$

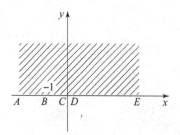
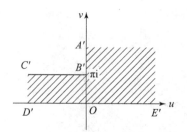

27. $w = \dfrac{i}{k}\ln\dfrac{1+ikt}{1-ikt} + \ln\dfrac{1+t}{1-t}, \quad t = \left(\dfrac{z-1}{z+k^2}\right)^{\frac{1}{2}}$

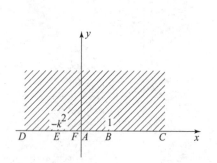
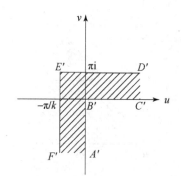

28. $w = \dfrac{h}{\pi}\left[(z^2-1)^{\frac{1}{2}} + \text{arch } z\right]$

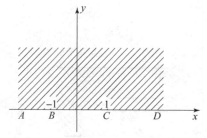
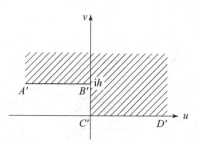

29. $w = \text{arch}\left(\dfrac{2z-k-1}{k-1}\right) - \dfrac{1}{k}\text{arch}\left[\dfrac{(k+1)z-2k}{(k-1)z}\right]$

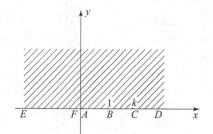
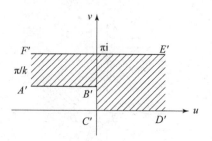

# 附录 2　傅里叶变换简表

| 序号 | $f(t)$ | $F(\omega)$ |
|---|---|---|
| 1 | 矩形单脉冲<br><br>$f(t) = \begin{cases} E, & \|t\| \leqslant \dfrac{\tau}{2}, \\ 0, & \text{其他} \end{cases}$ | $2E\dfrac{\sin\dfrac{\omega\tau}{2}}{\omega}$ |
| 2 | 指数衰减函数<br><br>$f(t) = \begin{cases} 0, & t<0, \\ \mathrm{e}^{-\beta t}, & t\geqslant 0 \end{cases} \quad (\beta>0)$ | $\dfrac{1}{\beta+\mathrm{j}\omega}$ |
| 3 | 三角形脉冲<br><br>$f(t) = \begin{cases} \dfrac{2A}{\tau}\left(\dfrac{\tau}{2}+t\right), & -\dfrac{\tau}{2}\leqslant t<0, \\ \dfrac{2A}{\tau}\left(\dfrac{\tau}{2}-t\right), & 0\leqslant t<\dfrac{\tau}{2} \end{cases}$ | $\dfrac{2A}{\tau\omega^2}\left(1-\cos\dfrac{\omega\tau}{2}\right)$ |
| 4 | 钟形脉冲<br><br>$f(t)=A\mathrm{e}^{-\beta t^2}\quad(\beta>0)$ | $\sqrt{\dfrac{\pi}{\beta}}A\mathrm{e}^{-\frac{\omega^2}{4\beta}}$ |
| 5 | 傅里叶核<br><br>$f(t)=\dfrac{\sin\omega_0 t}{\pi t}$ | $F(\omega) = \begin{cases} 1, & \|\omega\|\leqslant\omega_0, \\ 0, & \text{其他} \end{cases}$ |
| 6 | 高斯分布函数<br><br>$f(t)=\dfrac{2}{\sqrt{2\pi}\sigma}\mathrm{e}^{-\frac{t^2}{2\sigma^2}}$ | $\mathrm{e}^{-\frac{\sigma^2\omega^2}{2}}$ |
| 7 | 矩形射频脉冲<br><br>$f(t) = \begin{cases} E\cos\omega_0 t, & \|t\|\leqslant\dfrac{\tau}{2}, \\ 0, & \text{其他} \end{cases}$ | $\dfrac{E\tau}{2}\left[\dfrac{\sin(\omega-\omega_0)\dfrac{\tau}{2}}{(\omega-\omega_0)\dfrac{\tau}{2}}+\dfrac{\sin(\omega+\omega_0)\dfrac{\tau}{2}}{(\omega+\omega_0)\dfrac{\tau}{2}}\right]$ |
| 8 | 单位脉冲函数 $f(t)=\delta(t)$ | $1$ |
| 9 | 周期性脉冲函数<br><br>$f(t)=\displaystyle\sum_{n=-\infty}^{+\infty}\delta(t-nT)$<br><br>（$T$ 为脉冲函数的周期） | $\dfrac{2\pi}{T}\displaystyle\sum_{n=-\infty}^{+\infty}\delta\left(\omega-\dfrac{2n\pi}{T}\right)$ |

| 序号 | $f(t)$ | $F(\omega)$ |
|---|---|---|
| 10 | $f(t) = \cos \omega_0 t$ | $\pi[\delta(\omega + \omega_0) + \delta(\omega - \omega_0)]$ |
| 11 | $f(t) = \sin \omega_0 t$ | $j\pi[\delta(\omega + \omega_0) + \delta(\omega - \omega_0)]$ |
| 12 | 单位函数 $f(t) = u(t)$ | $\dfrac{1}{j\omega} + \pi\delta(\omega)$ |
| 13 | $u(t - c)$ | $\dfrac{1}{j\omega}e^{-j\omega c} + \pi\delta(\omega)$ |
| 14 | $u(t) \cdot t$ | $-\dfrac{1}{\omega^2} + \pi j \delta'(\omega)$ |
| 15 | $u(t) \cdot t^n$ | $\dfrac{n!}{(j\omega)^{n+1}} + \pi j^n \delta^{(n)}(\omega)$ |
| 16 | $u(t)\sin \alpha t$ | $\dfrac{\alpha}{\alpha^2 - \omega^2} + \dfrac{\pi}{2j}[\delta(\omega - \omega_0) - \delta(\omega + \omega_0)]$ |
| 17 | $u(t)\cos \alpha t$ | $\dfrac{j\omega}{\alpha^2 - \omega^2} + \dfrac{\pi}{2}[\delta(\omega - \omega_0) + \delta(\omega + \omega_0)]$ |
| 18 | $u(t)e^{j\alpha t}\cos \alpha t$ | $\dfrac{1}{j(\omega - \alpha)} + \pi\delta(\omega - \alpha)$ |
| 19 | $u(t - c)e^{j\alpha t}$ | $\dfrac{1}{j(\omega - \alpha)}e^{-j(\omega - \alpha)c} + \pi\delta(\omega - \alpha)$ |
| 20 | $u(t)e^{j\alpha t}t^n$ | $\dfrac{n!}{[j(\omega - \alpha)]^{n+1}} + \pi j^n \delta^{(n)}(\omega - \alpha)$ |
| 21 | $e^{\alpha|t|}, \operatorname{Re}(\alpha) < 0$ | $\dfrac{-2\alpha}{\omega^2 + \alpha^2}$ |
| 22 | $\delta(t - c)$ | $e^{-j\omega c}$ |
| 23 | $\delta'(t)$ | $j\omega$ |
| 24 | $\delta^{(n)}(t)$ | $(j\omega)^n$ |
| 25 | $\delta^{(n)}(t - c)$ | $(j\omega)^n e^{-j\omega c}$ |
| 26 | $1$ | $2\pi\delta(\omega)$ |
| 27 | $t$ | $2\pi j \delta'(\omega)$ |
| 28 | $t^n$ | $2\pi j^n \delta^{(n)}(\omega)$ |
| 29 | $e^{j\alpha t}$ | $2\pi\delta(\omega - \alpha)$ |
| 30 | $t^n e^{j\alpha t}$ | $2\pi j^n \delta^{(n)}(\omega - \alpha)$ |

续表

| 序号 | $f(t)$ | $F(\omega)$ |
|---|---|---|
| 31 | $\dfrac{1}{\alpha^2+t^2}$, $\mathrm{Re}(\alpha)<0$ | $-\dfrac{\pi}{\alpha}\mathrm{e}^{\alpha\mid\omega\mid}$ |
| 32 | $\dfrac{t}{(\alpha^2+t^2)^2}$ | $\dfrac{\mathrm{j}\omega\pi}{2\alpha}\mathrm{e}^{\alpha\mid\omega\mid}$ |
| 33 | $\dfrac{\mathrm{e}^{jbt}}{\alpha^2+t^2}$, $\mathrm{Re}(\alpha)<0$, $b$ 为实数 | $-\dfrac{\pi}{\alpha}\mathrm{e}^{\alpha\mid\omega-b\mid}$ |
| 34 | $\dfrac{\cos bt}{\alpha^2+t^2}$, $\mathrm{Re}(\alpha)<0$, $b$ 为实数 | $-\dfrac{\pi}{2\alpha}\left[\mathrm{e}^{\alpha\mid\omega-b\mid}+\mathrm{e}^{\alpha\mid\omega+b\mid}\right]$ |
| 35 | $\dfrac{\sin bt}{\alpha^2+t^2}$, $\mathrm{Re}(\alpha)<0$, $b$ 为实数 | $-\dfrac{\pi}{2\alpha\mathrm{j}}\left[\mathrm{e}^{\alpha\mid\omega-b\mid}-\mathrm{e}^{\alpha\mid\omega+b\mid}\right]$ |
| 36 | $\dfrac{\sin\alpha t}{\mathrm{sh}\,\pi t}$, $-\pi<\alpha<\pi$ | $\dfrac{\sin\alpha}{\mathrm{ch}\,\omega+\cos\alpha}$ |
| 37 | $\dfrac{\sin\alpha t}{\mathrm{ch}\,\pi t}$, $-\pi<\alpha<\pi$ | $-2\mathrm{j}\dfrac{\sin\dfrac{\alpha}{2}\mathrm{sh}\dfrac{\omega}{2}}{\mathrm{ch}\,\omega+\cos\alpha}$ |
| 38 | $\dfrac{\mathrm{ch}\,\alpha t}{\mathrm{ch}\,\pi t}$, $-\pi<\alpha<\pi$ | $2\dfrac{\cos\dfrac{\alpha}{2}\mathrm{ch}\dfrac{\omega}{2}}{\mathrm{ch}\,\omega+\cos\alpha}$ |
| 39 | $\dfrac{1}{\mathrm{ch}\,\alpha t}$ | $\dfrac{\pi}{\alpha}\cdot\dfrac{1}{\mathrm{ch}\dfrac{\pi\omega}{2\alpha}}$ |
| 40 | $\sin\alpha t^2$ | $\sqrt{\dfrac{\pi}{\alpha}}\cos\left(\dfrac{\omega^2}{4\alpha}+\dfrac{\pi}{4}\right)$ |
| 41 | $\cos\alpha t^2$ | $\sqrt{\dfrac{\pi}{\alpha}}\cos\left(\dfrac{\omega^2}{4\alpha}-\dfrac{\pi}{4}\right)$ |
| 42 | $\dfrac{1}{t}\sin\alpha t$ | $\begin{cases}\pi, & \mid\omega\mid\leqslant\alpha\\0, & \mid\omega\mid>\alpha\end{cases}$ |
| 43 | $\dfrac{1}{t^2}\sin^2\alpha t$ | $\begin{cases}\pi\left(\alpha-\dfrac{\mid\omega\mid}{2}\right), & \mid\omega\mid\leqslant2\alpha\\0, & \mid\omega\mid>2\alpha\end{cases}$ |
| 44 | $\dfrac{\sin\alpha t}{\sqrt{\mid t\mid}}$ | $\mathrm{j}\sqrt{\dfrac{\pi}{2}}\left(\dfrac{1}{\sqrt{\mid\omega+\alpha\mid}}-\dfrac{1}{\sqrt{\mid\omega-\alpha\mid}}\right)$ |
| 45 | $\dfrac{\cos\alpha t}{\sqrt{\mid t\mid}}$ | $\sqrt{\dfrac{\pi}{2}}\left(\dfrac{1}{\sqrt{\mid\omega+\alpha\mid}}+\dfrac{1}{\sqrt{\mid\omega-\alpha\mid}}\right)$ |

续表

| 序号 | $f(t)$ | $F(\omega)$ |
|---|---|---|
| 46 | $\dfrac{1}{\sqrt{|t|}}$ | $\sqrt{\dfrac{2\pi}{|\omega|}}$ |
| 47 | $\mathrm{sgn}\,t$ | $\dfrac{2}{j\omega}$ |
| 48 | $e^{-\alpha t^2}$, $\mathrm{Re}(\alpha)>0$ | $\sqrt{\dfrac{\pi}{\alpha}}e^{-\frac{\omega^2}{4\alpha}}$ |
| 49 | $|t|$ | $-\dfrac{2}{\omega^2}$ |
| 50 | $\dfrac{1}{|t|}$ | $\dfrac{\sqrt{2\pi}}{|\omega|}$ |

# 附录3 拉普拉斯变换简表

| 序号 | $f(t)$ | $F(s)$ |
|------|--------|--------|
| 1 | 1 | $\dfrac{1}{s}$ |
| 2 | $e^{at}$ | $\dfrac{1}{s-a}$ |
| 3 | $t^m(m>-1)$ | $\dfrac{\Gamma(m+1)}{s^{m+1}}$ |
| 4 | $t^m e^{at}(m>-1)$ | $\dfrac{\Gamma(m+1)}{(s-a)^{m+1}}$ |
| 5 | $\sin at$ | $\dfrac{a}{s^2+a^2}$ |
| 6 | $\cos at$ | $\dfrac{s}{s^2+a^2}$ |
| 7 | $\text{sh } at$ | $\dfrac{a}{s^2-a^2}$ |
| 8 | $\text{ch } at$ | $\dfrac{s}{s^2-a^2}$ |
| 9 | $t\sin at$ | $\dfrac{2as}{(s^2+a^2)^2}$ |
| 10 | $t\cos at$ | $\dfrac{s^2-a^2}{(s^2+a^2)^2}$ |
| 11 | $t\,\text{sh } at$ | $\dfrac{2as}{(s^2-a^2)^2}$ |
| 12 | $t\,\text{ch } at$ | $\dfrac{s^2+a^2}{(s^2-a^2)^2}$ |
| 13 | $t^m\sin at(m>-1)$ | $\dfrac{\Gamma(m+1)}{2j\,(s^2+a^2)^{m+1}}\cdot\left[(s+ja)^{m+1}-(s-ja)^{m+1}\right]$ |
| 14 | $t^m\cos at(m>-1)$ | $\dfrac{\Gamma(m+1)}{2\,(s^2+a^2)^{m+1}}\cdot\left[(s+ja)^{m+1}+(s-ja)^{m+1}\right]$ |
| 15 | $e^{-bt}\sin at$ | $\dfrac{a}{(s+b)^2+a^2}$ |
| 16 | $e^{-bt}\cos at$ | $\dfrac{s+b}{(s+b)^2+a^2}$ |
| 17 | $e^{-bt}\cos(at+c)$ | $\dfrac{(s+b)\cos c-a\sin c}{(s+b)^2+a^2}$ |

| 序号 | $f(t)$ | $F(s)$ |
|---|---|---|
| 18 | $\sin^2 t$ | $\dfrac{1}{2}\left(\dfrac{1}{s}-\dfrac{s}{s^2+4}\right)$ |
| 19 | $\cos^2 t$ | $\dfrac{1}{2}\left(\dfrac{1}{s}+\dfrac{s}{s^2+4}\right)$ |
| 20 | $\sin at\sin bt$ | $\dfrac{2abs}{\left[s^2+(a+b)^2\right]\left[s^2+(a-b)^2\right]}$ |
| 21 | $e^{at}-e^{bt}$ | $\dfrac{a-b}{(s-a)(s-b)}$ |
| 22 | $ae^{at}-be^{bt}$ | $\dfrac{(a-b)s}{(s-a)(s-b)}$ |
| 23 | $\dfrac{1}{a}\sin at-\dfrac{1}{b}\sin bt$ | $\dfrac{b^2-a^2}{(s^2+a^2)(s^2+b^2)}$ |
| 24 | $\cos at-\cos bt$ | $\dfrac{(b^2-a^2)s}{(s^2+a^2)(s^2+b^2)}$ |
| 25 | $\dfrac{1}{a^2}(1-\cos at)$ | $\dfrac{1}{s(s^2+a^2)}$ |
| 26 | $\dfrac{1}{a^3}(at-\sin at)$ | $\dfrac{1}{s^2(s^2+a^2)}$ |
| 27 | $\dfrac{1}{a^4}(\cos at-1)+\dfrac{1}{2a^2}t^2$ | $\dfrac{1}{s^3(s^2+a^2)}$ |
| 28 | $\dfrac{1}{a^4}(\operatorname{ch} at-1)-\dfrac{1}{2a^2}t^2$ | $\dfrac{1}{s^3(s^2-a^2)}$ |
| 29 | $\dfrac{1}{2a^3}(\sin at-at\cos at)$ | $\dfrac{1}{(s^2+a^2)^2}$ |
| 30 | $\dfrac{1}{2a}(\sin at+at\cos at)$ | $\dfrac{s^2}{(s^2+a^2)^2}$ |
| 31 | $\dfrac{1}{a^4}(1-\cos at)-\dfrac{1}{2a^3}t\sin at$ | $\dfrac{1}{s(s^2+a^2)^2}$ |
| 32 | $(1-at)e^{-at}$ | $\dfrac{s}{(s+a)^2}$ |
| 33 | $t\left(1-\dfrac{a}{2}t\right)e^{-at}$ | $\dfrac{s}{(s+a)^3}$ |
| 34 | $\dfrac{1}{a}(1-e^{-at})$ | $\dfrac{1}{s(s+a)}$ |
| 35[①] | $\dfrac{1}{ab}+\dfrac{1}{b-a}\left(\dfrac{e^{-bt}}{b}-\dfrac{e^{-at}}{a}\right)$ | $\dfrac{1}{s(s+a)(s+b)}$ |
| 36[①] | $\dfrac{e^{-at}}{(b-a)(c-a)}+\dfrac{e^{-bt}}{(a-b)(c-b)}+\dfrac{e^{-ct}}{(a-c)(b-c)}$ | $\dfrac{1}{(s+a)(s+b)(s+c)}$ |

| 序号 | $f(t)$ | $F(s)$ |
|---|---|---|
| 37① | $\dfrac{a\mathrm{e}^{-at}}{(c-a)(a-b)}+\dfrac{b\mathrm{e}^{-bt}}{(a-b)(b-c)}+$ $\dfrac{c\mathrm{e}^{-ct}}{(b-c)(c-a)}$ | $\dfrac{s}{(s+a)(s+b)(s+c)}$ |
| 38① | $\dfrac{a^2\mathrm{e}^{-at}}{(b-a)(c-a)}+\dfrac{b^2\mathrm{e}^{-bt}}{(a-b)(c-b)}+$ $\dfrac{c^2\mathrm{e}^{-ct}}{(a-c)(b-c)}$ | $\dfrac{s^2}{(s+a)(s+b)(s+c)}$ |
| 39① | $\dfrac{\mathrm{e}^{-at}-\mathrm{e}^{-bt}\left[1-(a-b)t\right]}{(a-b)^2}$ | $\dfrac{1}{(s+a)(s+b)^2}$ |
| 40① | $\dfrac{\left[a-b(a-b)t\right]\mathrm{e}^{-bt}-a\mathrm{e}^{-at}}{(a-b)^2}$ | $\dfrac{s}{(s+a)(s+b)^2}$ |
| 41 | $\mathrm{e}^{-at}-\mathrm{e}^{\frac{at}{2}}\left(\cos\dfrac{\sqrt{3}at}{2}-\sqrt{3}\sin t\dfrac{\sqrt{3}at}{2}\right)$ | $\dfrac{3a^2}{s^3+a^3}$ |
| 42 | $\sin at\,\mathrm{ch}\,at-\cos at\,\mathrm{sh}\,at$ | $\dfrac{4a^3}{s^4+4a^4}$ |
| 43 | $\dfrac{1}{2a^2}\sin at\,\mathrm{sh}\,at$ | $\dfrac{s}{s^4+4a^4}$ |
| 44 | $\dfrac{1}{2a^3}\left(\mathrm{sh}\,at-\sin at\right)$ | $\dfrac{1}{s^4-a^4}$ |
| 45 | $\dfrac{1}{2a^2}\left(\mathrm{ch}\,at-\cos at\right)$ | $\dfrac{s}{s^4-a^4}$ |
| 46 | $\dfrac{1}{\sqrt{\pi t}}$ | $\dfrac{1}{\sqrt{s}}$ |
| 47 | $2\sqrt{\dfrac{t}{\pi}}$ | $\dfrac{1}{s\sqrt{s}}$ |
| 48 | $\dfrac{1}{\sqrt{\pi t}}\mathrm{e}^{at}(1+2at)$ | $\dfrac{s}{(s-a)\sqrt{s-a}}$ |
| 49 | $\dfrac{1}{2\sqrt{\pi t^3}}(\mathrm{e}^{bt}-\mathrm{e}^{at})$ | $\sqrt{s-a}-\sqrt{s-b}$ |
| 50 | $\dfrac{1}{\sqrt{\pi t}}\cos 2\sqrt{at}$ | $\dfrac{1}{\sqrt{s}}\mathrm{e}^{-\frac{a}{s}}$ |
| 51 | $\dfrac{1}{\sqrt{\pi t}}\mathrm{ch}\,2\sqrt{at}$ | $\dfrac{1}{\sqrt{s}}\mathrm{e}^{\frac{a}{s}}$ |
| 52 | $\dfrac{1}{\sqrt{\pi t}}\sin 2\sqrt{at}$ | $\dfrac{1}{s\sqrt{s}}\mathrm{e}^{-\frac{a}{s}}$ |

续表

| 序号 | $f(t)$ | $F(s)$ |
|---|---|---|
| 53 | $\dfrac{1}{\sqrt{\pi t}}\operatorname{sh}2\sqrt{at}$ | $\dfrac{1}{s\sqrt{s}}e^{\frac{a}{s}}$ |
| 54 | $\dfrac{1}{t}(e^{bt}-e^{at})$ | $\ln\dfrac{s-a}{s-b}$ |
| 55 | $\dfrac{2}{t}$ | $\ln\dfrac{s+a}{s-a}=2\operatorname{arth}\dfrac{a}{s}$ |
| 56 | $\dfrac{2}{t}(1-\cos at)$ | $\ln\dfrac{s^2+a^2}{s^2}$ |
| 57 | $\dfrac{2}{t}(1-\operatorname{ch}at)$ | $\ln\dfrac{s^2-a^2}{s^2}$ |
| 58 | $\dfrac{1}{t}\sin at$ | $\arctan\dfrac{a}{s}$ |
| 59 | $\dfrac{1}{t}(\operatorname{ch}at-\cos bt)$ | $\ln\sqrt{\dfrac{s^2+b^2}{s^2-a^2}}$ |
| 60[②] | $\dfrac{1}{\pi t}\sin 2a\sqrt{t}$ | $\operatorname{erf}\left(\dfrac{a}{\sqrt{s}}\right)$ |
| 61[②] | $\dfrac{1}{\sqrt{\pi t}}e^{-2a\sqrt{t}}$ | $\dfrac{1}{\sqrt{s}}e^{\frac{a^2}{s}}\operatorname{erfc}\left(\dfrac{a}{\sqrt{s}}\right)$ |
| 62 | $\operatorname{erfc}\left(\dfrac{a}{2\sqrt{t}}\right)$ | $\dfrac{1}{s}e^{-a\sqrt{s}}$ |
| 63 | $\operatorname{erf}\left(\dfrac{t}{2a}\right)$ | $\dfrac{1}{s}e^{a^2s^2}\operatorname{erfc}(as)$ |
| 64 | $\dfrac{1}{\sqrt{\pi t}}e^{-2\sqrt{at}}$ | $\dfrac{1}{\sqrt{s}}e^{\frac{a}{s}}\operatorname{erfc}\left(\sqrt{\dfrac{a}{s}}\right)$ |
| 65 | $\dfrac{1}{\sqrt{\pi(t+a)}}$ | $\dfrac{1}{\sqrt{s}}e^{as}\operatorname{erfc}(\sqrt{as})$ |
| 66 | $\dfrac{1}{\sqrt{a}}\operatorname{erf}(\sqrt{at})$ | $\dfrac{1}{s\sqrt{s+a}}$ |
| 67 | $\dfrac{1}{\sqrt{a}}e^{at}\operatorname{erf}(\sqrt{at})$ | $\dfrac{1}{\sqrt{s}(s-a)}$ |
| 68 | $u(t)$ | $\dfrac{1}{s}$ |
| 69 | $tu(t)$ | $\dfrac{1}{s^2}$ |
| 70 | $t^m u(t)(m>-1)$ | $\dfrac{1}{s^{m+1}}\Gamma(m+1)$ |
| 71 | $\delta(t)$ | $1$ |

续表

| 序号 | $f(t)$ | $F(s)$ |
|---|---|---|
| 72 | $\delta^{(n)}(t)$ | $s^n$ |
| 73 | $\mathrm{sgn}t$ | $\dfrac{1}{s}$ |
| 74③ | $\mathrm{J}_0(at)$ | $\dfrac{1}{\sqrt{s^2+a^2}}$ |
| 75③ | $\mathrm{I}_0(at)$ | $\dfrac{1}{\sqrt{s^2-a^2}}$ |
| 76 | $\mathrm{J}_0(2\sqrt{at})$ | $\dfrac{1}{s}\mathrm{e}^{-\frac{a}{s}}$ |
| 77 | $\mathrm{e}^{-bt}\mathrm{I}_0(at)$ | $\dfrac{1}{\sqrt{(s+b)^2-a^2}}$ |
| 78 | $t\mathrm{J}_0(at)$ | $\dfrac{s}{(s^2+a^2)^{3/2}}$ |
| 79 | $t\mathrm{I}_0(at)$ | $\dfrac{s}{(s^2-a^2)^{3/2}}$ |
| 80 | $\mathrm{J}_0(a\sqrt{t(t+2b)})$ | $\dfrac{1}{\sqrt{s^2+a^2}}\mathrm{e}^{b(s-\sqrt{s^2+a^2})}$ |

注：①式中 $a$，$b$，$c$ 为不相等的常数.

② $\mathrm{erf}(x)=\dfrac{2}{\sqrt{\pi}}\displaystyle\int_0^x \mathrm{e}^{-t^2}\mathrm{d}t$，称为误差函数，$\mathrm{erfc}(x)=1-\mathrm{erf}(x)=\dfrac{2}{\sqrt{\pi}}\displaystyle\int_x^{+\infty}\mathrm{e}^{-t^2}\mathrm{d}t$，称为余误差函数.

③$\mathrm{I}_n(x)=\mathrm{j}^{-n}\mathrm{J}_n(\mathrm{j}x)$，$\mathrm{J}_n$ 称为第一类 $n$ 阶贝塞尔（Bessel）函数. $\mathrm{I}_n$ 称为第一类 $n$ 阶变形的贝塞尔函数，或称为虚宗量的贝塞尔函数.

# 参 考 文 献

[1] 孙振绮, 丁效华. 复变函数论与运算微积 [M]. 3 版, 北京：机械工业出版处, 2019.

[2] 西安交通大学高等数学教研室. 复变函数 [M]. 4 版, 北京：高等教育出版社, 1996.

[3] James Ward Brown. 复变函数及其应用 [M]. 9 版. 北京：机械工业出版社, 2015.

[4] Snider A D, Saff E B. 复分析基础及工程应用 [M]. 3 版. 北京：机械工业出版社, 2007.

[5] 石辛民, 翁智. 复变函数及其应用 [M]. 北京：清华大学出版社, 2012.

[6] 苏变萍. 复变函数与积分变换 [M]. 北京：高等教育出版社, 2003.

[7] 冯卫兵, 杨云锋, 胡煜寒, 等. 复变函数与积分变换 [M]. 北京：中国矿业大学出版社, 2013.

[8] 宋叔尼, 孙涛, 张国伟. 复变函数与积分变换 [M]. 北京：科学出版社, 2006.

[9] 刘建亚, 吴臻, 郑修才, 等. 复变函数与积分变换 [M]. 2 版. 北京：高等教育出版社, 2011.